Natur-Paradoxe

Ein Buch für die Jugend zur Erklärung von Erscheinungen,
die mit der täglichen Erfahrung im Widerspruch zu stehen scheinen

Nach Dr. W. Hampsons

„Paradoxes of nature and science"

bearbeitet von

Prof. Dr. C. Schäffer

Oberlehrer an der Oberrealschule
auf der Uhlenhorst zu Hamburg

Dritte, verbesserte und vermehrte Auflage

Mit 84 Textbildern

Springer Fachmedien Wiesbaden GmbH 1922

ISBN 978-3-663-15293-4   ISBN 978-3-663-15861-5 (eBook)
DOI 10.1007/978-3-663-15861-5
Softcover reprint of the hardcover 3rd edition 1922

Vorwort zur dritten Auflage.

Trotz der ungeheuer gestiegenen Herstellungskosten hat der Verlag die seit längerer Zeit vergriffene Jugendschrift neu herausgegeben in dem Vertrauen, daß sie bei ihrer dritten „Fahrt" die gleiche günstige Aufnahme finden wird wie bisher.

Die stattgehabten Änderungen bestehen hauptsächlich in kleinen Verbesserungen des Textes, in der Streichung des mathematischen Paradoxons, sowie in der Einfügung von drei neuen biologischen Paradoxen, für welche die Anregungen den „Populären biologischen Vorträgen" von H. Molisch (Jena 1921) entstammen. Zu besonderem Dank verpflichtet bin ich Herrn Prof. Dr. Molisch (Wien) auch für die Überlassung einer Abbildung aus seinem Buche. Herr Herbert Daecke (Hamburg) hatte die Freundlichkeit, die vorige Auflage teilweise kritisch durchzusehen. Auch ihm gilt mein verbindlichster Dank.

Hamburg, im August 1921.   **C. S.**

Inhaltsverzeichnis.

VI. Verdampfung und Sieden.

VII. Wärmeleitung.

VIII. Merkwürdige Luft- und Dampfströme.

IX. Angeblich unerschöpfliche Energiequellen.

X. Magnetismus.

Zweiter Teil.

Chemische Paradoxe.

I. Paradoxe Verbrennungserscheinungen.

II. Merkwürdige Wirkungen des Wassers.

III. Umwandlung von Elementen.

Dritter Teil.

Biologische und psychologische Paradoxe.

I. Botanische Paradoxe.

II. Zoologische Paradoxe.

III. Das Auge und das Sehen.

IV. Die Augen als falsche Zeugen.

V. Die Ohren als falsche Zeugen.

VI. Das Gefühl als falscher Zeuge.

Einleitung.

Lieber Leser! Dem Schreiber dieser Zeilen begegnete einst ein Mensch, der sich ein Vergnügen daraus machte, immer das Gegenteil von dem zu behaupten, was man im allgemeinen für wahr hält. Mit Vergnügen erinnern sich seine Zuhörer noch nach vielen Jahren der unterhaltenden Stunden, die sich ergaben, wenn es nun galt, die paradoxen Behauptungen auf ihre Richtigkeit zu prüfen. Jener Spaßvogel verstand es meisterhaft, seine widersinnigen oder doch widersinnig erscheinenden Sätze zu verteidigen, und nicht selten stellte sich zum großen Erstaunen aller Zuhörer und Mitstreitenden heraus, daß doch ein Körnchen Wahrheit — ja manchmal sogar ein ganz großes Korn! — in den Paradoxen und Rätseln unseres Freundes steckte. Er war aber nicht nur ein Spaßvogel. Oft lag ein „tiefer Sinn im kindischen Spiele". Keiner von uns allen, die wir das Glück hatten, mit ihm zu leben, ging davon, ohne reiche geistige Anregung mitzunehmen.

Solch einen belehrenden und unterhaltenden Freund, lieber Leser, wünsche ich auch dir. Er wird dir manche Stunde, die anderen leer ist, mit wertvollem Inhalt füllen helfen. — Nun fragst du mich: Wo finde ich aber einen solchen Freund? Sieh dich um, er ist stets bei dir. Schau hinein in die Natur und das Walten ihrer Kräfte! Sieh den Kreisel an, den da eben jener Knabe peitscht! Auch er ist ja ein Stück Natur. Warum fällt er denn nicht um? Immer noch steht er auf seiner Spitze und tanzt umher, wie wenn es keine Schwerkraft gäbe, die ihn zu Boden reißen will. Da hast du also ein wahres Natur-Paradoxon! Willst du es verstehen lernen, so brauchst du deinen Freund, die Natur, nur richtig zu fragen. Wenn du gelernt hast, in ihrer Sprache zu reden, so wird sie dir stets die unverfälschte Wahrheit antworten. Dieses Buch aber soll dir zeigen, wie du es anzufangen hast, sie zum Sprechen zu bringen. Nimm es und laß es dir zum guten Freunde werden!

Dr. C. S.

Erster Teil.
Physikalische Paradoxe.

I. Wagen und andere Transportmittel.

1. Ein Wagen, welcher auf wagerechtem Boden leichter beladen als leer zu ziehen ist.

Wenn Reisende, die von Japan zurückkehren, uns erzählen, daß der Jinrikisha-Führer[1] einen Passagier in seinem kleinen Wagen (Abb. 1) in einem Tage 40 Kilometer weit oder mehr zu ziehen vermag, so können wir das mit Rücksicht auf die bekannte wunderbare Ausdauer der Japaner als glaubhaft hinnehmen. Wenn man uns aber weiter erzählt, daß der Jinrikisha-Mann, selbst wenn er keinen besonderen Lohn für die Mehrarbeit erhält, lieber seinen Passagier zurückfährt, als seinen Wagen leer zurückzieht, so steigt in uns der Verdacht auf, daß man uns Jägerlatein auftischt. Tatsächlich läßt sich aber die Jinrikisha auf einem wagerechten Wege, der sich in gutem Zustande befindet, leichter beladen ziehen als leer. Wie mag sich das erklären? Zunächst wissen wir, daß es weit leichter ist, 3 Zentner in einem leichten Wagen auf einem Bahngeleise entlang zu ziehen, als 1 Zentner auf dem Rücken zu tragen, denn diese Art, die Last zu befördern, verlangt von den Beinen, daß sie ein Mehrgewicht von 1 Zentner tragen. Der Jinrikisha-Führer, der mit seinem leeren Wagen zurückkehrt, hat sein eigenes Gewicht mit seinen Beinen zu tragen. Es würde ein gutes Geschäft für ihn sein, wenn er einen Teil seines Gewichtes von seinen Beinen auf die Räder übertragen könnte, selbst wenn diese außerdem noch doppelt so viel zu tragen hätten, als seinen Beinen abgenommen würde. Aber die Jinrikisha ist nicht so gebaut, daß man darauf sitzen und zu gleicher Zeit sie vorwärtsbewegen kann, wie man es bei einem Zweirad tut. Die einzige Art, wie man einen Teil seines Gewichtes auf die Räder übertragen kann, während man die Jinrikisha zieht, besteht darin, daß man sich auf die Deichsel stützt.

---

1) Sprich: Dschinrickscha. Jin = Mensch, riki = Kraft, sha = Wagen.

Abb. 1. Eine japanische Jinritisha.

Nun ist der Oberteil des Wagens so leicht, daß der geringste Druck auf die Deichsel ihn in die Höhe hebt. Um also die Deichsel zu befähigen, einen ansehnlichen Teil seines eigenen Körpergewichtes zu tragen, muß der Führer hierfür ein Gegengewicht schaffen, indem er eine nicht zu kleine Masse auf dem Sitze seines Fuhrwerks anbringt. Dieses Gegengewicht muß beträchtlich schwerer sein als derjenige Teil seines eigenen Gewichtes, von dem er befreit werden will, da der Angriffspunkt des Gegengewichts dem Drehungspunkt näher und daher sein Hebelarm kürzer ist. Ein Passagier wird in der Tat ein geeignetes Gewicht für diesen Zweck liefern.

Wenn in der Abb. 2 der Schwerpunkt des Passagiers (über A) halb so weit hinter der über C liegenden Radachse liegt wie B, der Punkt, auf den der Führer einen Teil seines Gewichts überträgt, vor derselben sich befindet, so ist klar, daß der Hebelarm für B doppelt so lang ist

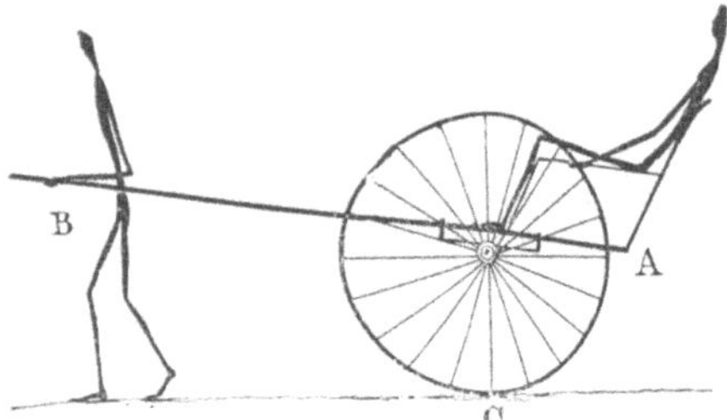

Abb. 2. Gleichgewicht an der beladenen Jinrikisha.

wie für *A*. Wenn daher der Mann und sein Passagier von demselben Gewichte sind, so hält das halbe Gewicht des Führers dem ganzen Gewicht des Passagiers das Gleichgewicht. Ruht aber das halbe Gewicht des Mannes bei *B* auf der Deichsel, so braucht er nur noch die andere Hälfte mit seinen Beinen zu tragen. Das ist eine große Erleichterung. Andererseits ist die Arbeit, das Passagiergewicht und das halbe Eigengewicht auf leichten Rädern auf einem guten Weg entlang zu ziehen, sehr klein. Keinesfalls kann sie den Gewinn aufheben, der darin liegt, daß der Mann seine Beine von dem halben Körpergewicht befreit hat. So ist die Jinrikisha tatsächlich leichter beladen als leer zu ziehen.

Es ist wohl unnötig, zu sagen, daß der japanische Jinrikisha-Führer für gewöhnlich seinen Passagier nicht ohne Entgelt zurückfährt. Aber, wenn er es verweigert, so geschieht es mehr aus kaufmännischen als aus mechanischen Gründen.

Die Auseinandersetzung trifft nicht zu, wenn die Fahrt bergauf geht. In solchen Fällen kommt zu der Zugarbeit die Arbeit, welche nötig ist, um ein gegebenes Gewicht auf eine verlangte Höhe zu bringen. Wollte man diese Arbeit durch Aufnahme eines Passagiers verdoppeln, so würde dadurch der Gewinn, der aus der Übertragung des eigenen halben Körpergewichts auf die Räder entspringt, mindestens aufgehoben. Ähnliches gilt für den Fall, daß die Wege erweicht sind. Die Zugarbeit wird dann vermehrt durch das Einschneiden der Räder in den Boden. Für die leichte Jinrikisha selbst ist der Effekt unbedeutend; aber wenn das Gewicht eines Passagiers und das halbe Gewicht des Jinrikisha-Mannes hinzukommt, so wird die Sache ernster, und ein Passagier, der kein Fahrgeld bezahlt, würde unwillkommen sein. Es würde von Interesse sein, zu wissen, ob man versucht hat, den Vorteil der Verminderung des Körpergewichts auch für den Fall zu sichern, daß kein Passagier da ist. Es scheint, daß dieses erreicht werden könnte, wenn man die Deichseln so befestigte, daß sie in dem Achsengestell verschoben werden könnten. Wenn der Sitz $1/4$ des Körper-

gewichtes des Führers aus=
machte, würde er den vier=
fachen Hebelarm erfordern,
um dem ganzen Körper=
gewichte, den doppelten He=
belarm, um dem halben
Körpergewicht das Gleich=
gewicht zu halten. Wenn
kein Passagier vorhanden ist,

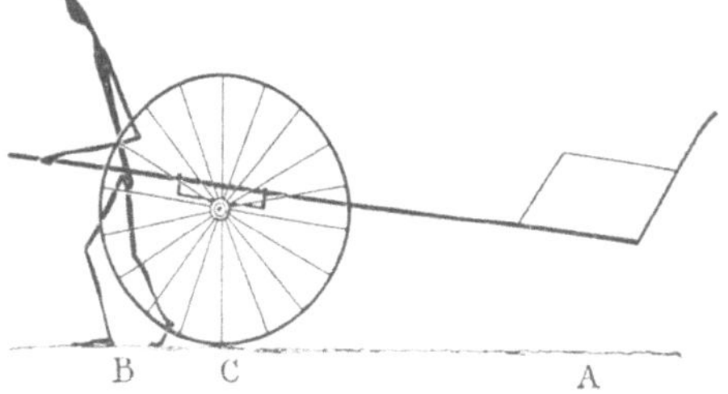

Abb. 3. Vorschlag zur Erzielung von Gleichgewicht an der leeren Jinrikisha.

schiebe man den Sitz zurück, wie das die Abb. 3 zeigt, bis AC drei=
mal so lang ist wie BC. Dann kann der Mann $3/4$ seines Gewichtes
auf den Deichseln ruhen lassen, mit anderen Worten, seine Beine
von $3/4$ seines Körpergewichtes befreien, ohne zu dem Gesamtgewicht,
welches beim Bergaufgehen zu heben ist, noch etwas hinzuzufügen.

2. Wenn ein Eisenbahnzug mit einer stündlichen Geschwindig-keit von 90 km vorwärtsfährt, welche Teile desselben bewegen sich dann mit etwa 15 km Geschwindigkeit rückwärts?

Es soll die Aufgabe dieses Abschnittes sein, zu zeigen, daß, wenn
z. B. ein Schnellzug sich mit der obengenannten Geschwindigkeit be=
wegt, stets kleine Teile an jedem Wagen, an der Lokomotive und
dem Tender zu finden sind, welche sich buchstäblich mit einer stünd=
lichen Geschwindigkeit von 15 km rückwärts bewegen. Wie ist das
möglich?

Nimm eine kreisförmige Scheibe, etwa von der Größe eines
Zweimarkstückes, und ziehe einen Radius AC (Abb. 4). Lege die
Scheibe auf den Tisch gegen den Rand eines dünnen, flachen
Lineals oder eines anderen Gegenstandes, der dünner ist als die
Scheibe, und zwar so, daß die Scheibe das Lineal mit dem Punkte C
berührt. Nun rolle die Scheibe ein wenig rückwärts und vorwärts
am Lineal entlang, so daß der Punkt B sich um 2—3 mm verschiebt.
Die genaueste Beobachtung wird keine Bewegung des Punktes C ent=
decken lassen. Erst wenn die Scheibe ein wenig weiter gerollt wird,
so daß B sich um 4—5 mm fortbewegt, so wird die Bewegung des
Punktes C, von der Kante des Lineals fort, erkennbar. Dagegen
wird keinerlei Vorwärts= oder Rückwärtsbewegung des Punktes in der
Richtung des Lineals zu sehen sein.

Diese Tatsache möge man in größerem Maßstabe untersuchen, indem man ein Zweirad so weit fortschiebt, bis es durch ein senkrechtes Hindernis, etwa eine Hauswand aufgehalten wird. Nun bringe man einen Kreidestrich an dem tiefsten Punkte des Rades und auf dem Boden darunter an. Darauf entferne man die Maschine ein wenig von der Wand, und wenn sie um 25 mm verschoben ist, wird die gezeichnete Stelle des Rades sich dem Anschein nach überhaupt nicht bewegt haben. Wenn das Zweirad langsam ein wenig weiter zurückgeschoben wird, so ist die erste sichtbare Bewegung des bezeichneten Punktes eine Bewegung vom Boden fort, also nach oben. Eine Verschiebung des Kreidestriches von der Wand fort ist noch immer nicht zu erkennen.

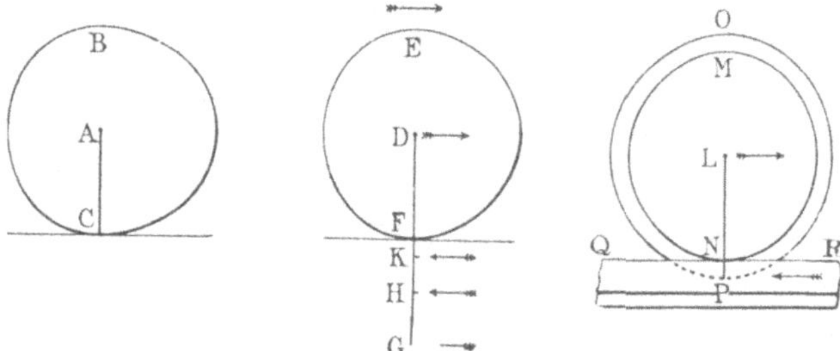

Abb. 4. Zum Beweise, daß gewisse Teile eines Eisenbahnwagens sich rückwärts bewegen.

Tatsächlich hat also bei allen Rädern und bei allen Geschwindigkeiten der den Boden berührende Teil innerhalb sehr kurzer Zeiträume so gut wie gar keine Bewegung, so daß, selbst wenn ein Eisenbahnzug 1 km in der Minute zurücklegt, jedes Rad in jedem Augenblick einen Teil hat — nämlich den tiefsten Teil, der in diesem Augenblicke auf dem Geleise ruht —, welcher sich, praktisch gesprochen, überhaupt nicht vorwärts bewegt.

Nachdem dieses festgestellt ist, nehme man ein dünnes Stäbchen, welches doppelt so lang ist wie die Strecke AC, und klebe es in der Lage DG an der Scheibe fest, so daß also seine halbe Länge über den Rand vorragt. Nun bringe man die Scheibe in dieselbe Lage wie vorher, mit dem Punkt F gegen die Kante des Lineals, während die äußere Hälfte FG des Stäbchens über die Kante hinausragt. Man rolle die Scheibe wieder leicht rückwärts und vorwärts, indem man den Punkt G am äußersten Ende des Stäbchens beobachtet. Man wird sehen, daß er sich stets in der entgegengesetzten Richtung wie der Punkt D bewegt, so daß, wenn D sich längs des Lineals 1 mm nach rechts bewegt, G sich 1 mm nach links verschiebt. F ist währenddessen der Mittelpunkt eines Kreises, dessen Durchmesser DG ist, und die Endpunkte des Durchmessers bewegen sich in entgegengesetzten Richtungen. Ein Punkt H, der von F nur halb so weit entfernt ist wie G, bewegt sich nur halb so weit und daher, weil die Zeit dieselbe ist, nur mit der Hälfte derjenigen Geschwindigkeit rückwärts, mit welcher sich D vorwärts bewegt. Wenn die Strecke FK $^1/_6$ von FG beträgt, so wird K sich um $^1/_6$ des Betrages rückwärts verschieben, um den D vorwärts kommt.

Wenn EF ein Rad ist und D der Mittelpunkt der Achse, mittels welcher es an einem Wagen befestigt ist, so wird D notwendigerweise zu allen Zeiten dieselbe Geschwindigkeit haben wie der Wagen selbst, während der Punkt F still steht in dem Augenblick, wo er den Boden berührt. In demselben Augenblick wird ein Punkt K, welcher fest mit dem Rad verbunden ist, sich mit $^1/_6$ derjenigen Geschwindigkeit rückwärts bewegen, mit welcher der Wagen vorwärts läuft, gleichgültig, welche Geschwindigkeit das auch sein mag.

Solch eine Anordnung haben wir nun an dem Rade eines Eisenbahnwagens. Dieses hat einen Rand OP, welcher über den rollenden Umfang MN vorragt. Wenn der Radius LN 48 cm lang und der Rand NP 8 cm breit ist, dann bewegt sich der Punkt P, der 8 cm unter der Oberfläche des Geleises liegt, mit $^1/_6$ der Geschwindigkeit der Achse und deshalb auch mit $^1/_6$ der Geschwindigkeit des Zuges rückwärts.

So hat also, wenn ein D-Zug mit 90 km stündlicher Geschwindigkeit westlich in der Richtung nach Hamburg fährt, jedes Rad eines jeden Wagens in jedem Augenblick einen Teil an seinem Spurkranz, welcher sich mit 15 km stündlicher Geschwindigkeit ostwärts in der Richtung nach Berlin bewegt.

3. Die vermeintlichen Vorteile einer winkelförmigen Fahrradkurbel.

Von allen Teilen des Zweirades hat keiner die Erfinder mehr beschäftigt als die Kurbel und ihre Bewegungen. Endlos viele Erfindungen sind gemacht, um durch Einfügung besonderer Vorrichtungen in die Kurbel dem Fuß eine andere als die einfach kreisförmige Bewegung zu geben. Dabei verfolgte man hauptsächlich zwei Absichten:

erstens für den Fuß einen größeren Angriffshebelarm zu schaffen, zweitens die Länge des vom Fuß zurückzulegenden Weges zu verringern.

Ein Erfinder, dessen Modell sogar einst auf einer Ausstellung zu sehen war, meinte das Problem durch eine Konstruktion gelöst zu haben, die weit einfacher war als alle bisher vorgeschlagenen komplizierten Mechanismen. Seine Kurbel ist in Abb. 5 dargestellt, *C* ist der Ort für die Befestigung des Pedals, die Lage des Triebrades und der Kette ist

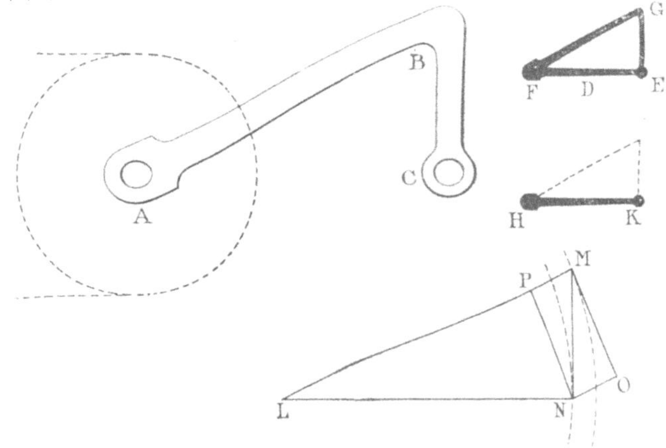

Abb. 5. Die winkelförmige Kurbel.

durch punktierte Linien angedeutet, die Entfernung *AC* ist gleich der Länge einer gewöhnlichen geraden Kurbel. Die Überlegung des Erfinders war die folgende. Erstens: Wenn die Länge des Kurbelabschnittes *AB* größer als die Länge einer gewöhnlichen Kurbel (*AC*) gemacht wird, so wird durch ein in *B* angebrachtes Pedal die drehende Kraft des Fußes besser ausgenutzt. Dabei müßte aber der Fuß einen ungewöhnlich großen Weg zurücklegen, nämlich einen Kreis vom Radius *AB*. Deshalb wird der Abschnitt *BC* unter einem spitzen Winkel an *AB* angebracht, so daß ein in *C* befestigtes Pedal sich in der üblichen Entfernung von der Kurbelachse befindet. Zweitens: Der Winkel *ABC* ist so, daß, sobald *AB* den wirkungsvollsten Teil seiner Bewegung beginnt, *BC* vertikal steht und folglich der abwärtsgerichtete Druck des Fußes (in *C*) unmittelbar und vollständig auf den Punkt *B* übertragen wird, wo er den Arm *AB* gerade so kräftig dreht, wie wenn sich das Pedal bei *B* befände.

Für solche, die ein wenig praktische Kenntnis mechanischer Einrichtungen besitzen, liegt das Trügerische dieser Behauptungen zu klar zutage, um noch irgendeiner Erklärung zu bedürfen. Den meisten anderen wird die folgende Überlegung zeigen, daß die Betrachtungen des Erfinders dem gesunden Menschenverstande widersprechen.

Die Wirkung eines Hebelarms ist bestimmt durch seine Länge, das ist in unserem Falle die Entfernung AC zwischen der Kurbelachse und dem Pedal. Es macht keinen Unterschied für die Kraftwirkung, welche Form dieser Hebelarm hat, wenigstens solange, wie er stark genug ist, um seine Starrheit zu bewahren. Er mag ganz gerade sein wie eine gewöhnliche Fahrradkurbel; er mag S-förmig sein, wie oft die Schleifsteinkurbeln an den Karren herumziehender Scherenschleifer; oder er mag die Form einer Scheibe haben, wie man das oft an Kränen sieht, die Ladungen an Bord von Schiffen befördern. Die Gestalt ist ohne jede Bedeutung für den Kraftarm des Hebels, der stets gleich der geradlinigen Entfernung des Angriffspunktes der Kraft (Pedal) von der Drehungsachse ist.

Betrachten wir nun die Winkelkurbel unseres Erfinders. Da sie von starrem Metall ist, so wird C stets in derselben Entfernung von A bleiben. Wir können deshalb eine starre Metallverbindung AC anbringen, wie das bei D angedeutet ist, ohne irgend etwas an der Wirkung zu ändern. Daraus folgt aber weiter, daß wir nun auch die Teile AB und BC (FG und GE) entfernen dürfen, so daß nur noch EF (HK) übrig bleibt. Mit anderen Worten, eine gerade Kurbel AC oder HK wird genau dieselbe Wirkung haben wie die winkelförmige Kurbel ABC, vorausgesetzt, daß die Entfernung HK gleich AC ist.

Durch den Nachweis, daß ABC durch AC ersetzt werden kann, wird nun eigentlich die zweite Behauptung, daß man bei Anwendung der Winkelkurbel die Kraft des Fußes besser ausnutzt, mit widerlegt. Dennoch sei auch dieser Punkt noch etwas genauer geprüft. Der Winkel LMN sei gleich dem Winkel ABC. Die Kraft greift in N vertikal an und wird auf M übertragen durch MN. Nun sei die Größe dieser Kraft durch die Strecke MN dargestellt, LN sei horizontal und der Winkel LNM deshalb ein rechter Winkel. Der Fehler in der Überlegung unseres Erfinders besteht nun darin, daß er meint, die Richtung MN, in welcher die Kraft angewandt wird, stimme mit der Bewegungsrichtung überein. Diese wird vielmehr durch die Richtung der Tangente MO bezeichnet. Deshalb wird auch keineswegs die ganze durch MN dargestellte Kraft zur Erzeugung der Drehung ausgenutzt.

Um zu finden, wieviel davon ausgenutzt wird, konstruiert man das „Parallelogramm der Kräfte", indem man durch N zu MO und PM die Parallelen zieht. Dann sieht man, daß die Kraft MN sich bei M in zwei Kräfte spaltet, von denen die eine, deren Richtung und Stärke durch PM bezeichnet wird, unter Ausübung eines Druckes auf die starre Kurbel verloren geht, während die Strecke MO Richtung und Größe derjenigen Kraft darstellt, welche bei M zur Drehung der Kurbel Verwendung findet. Da nun MO kleiner ist als MN, weil eine Kathete eines rechtwinkligen Dreiecks stets kleiner ist als die Hypotenuse, so sehen wir, daß der Erfinder mit Unrecht annimmt, die Kraft MN werde voll ausgenutzt.

Denken wir uns die Kraft nicht von N mittels des Kurbelabschnittes MN auf M übertragen, sondern ersetzen wir, wie wir das vorhin schon taten, die Winkelkurbel durch eine gerade Kurbel LN, an deren Endpunkt N die Kraft MN angreift, dann hat diese Kraft nun allerdings die Richtung der Tangente und wird (bei horizontaler Stellung von LN) voll ausgenutzt. Sie greift aber nun an einem kürzeren Hebelarm LN an, und dadurch ist der scheinbare Gewinn wieder aufgehoben. Ob der Druck des Fußes unmittelbar in N auf die gerade Kurbel LN oder unmittelbar in M auf LM angewandt wird, in beiden Fällen übt er genau dieselbe Wirkung aus, ob nun die volle Kraft MN am kürzeren Hebelarm oder die kleinere am längeren Arm angreift.

Dennoch war der Erfinder, der diese Kurbel ausstellte, in der Lage, Empfehlungen von Leuten abzudrucken, welche die Winkelkurbel benutzt hatten und welche bezeugten, daß sie durch diese Vorrichtung beim Fahren bedeutend an Kraft gewonnen hätten, derart, daß sie in einigen Fällen Steigungen zu überwinden vermochten, welche sie vorher vergeblich zu besiegen suchten. Wie erklärt sich dieser Widerspruch? Teilweise dadurch, daß die Umstände zur Zeit des Versuchs ausnahmsweise günstig waren. Die Maschine war vielleicht neu, nach anderen Richtungen hin vollkommener gebaut. Die Wege können glatter, härter und sauberer als gewöhnlich gewesen sein. Der Wind war vielleicht günstiger, und diese Tatsache wurde nicht genügend beachtet. Oder endlich: der Fahrer war gerade zu dieser Zeit kräftiger als früher.

Bedeutungsvoller aber als alle diese Ursachen ist wahrscheinlich

der geistige Zustand des Fahrers und sein Einfluß auf die körperlichen
Kräfte. Er hat Interesse an der neuen Erfindung gewonnen. Er
hofft, sie möge einen Fortschritt bedeuten. Vielleicht hat er sich schon
aus theoretischen Gründen zu ihren Gunsten ausgesprochen, er vertraut
darauf, daß sie sich als sehr vorteilhaft erweisen wird, und ist eifrig
bemüht, seine Meinung durch einen praktischen Versuch zu rechtfertigen.
Hierdurch angefeuert ist er tatsächlich zu größeren Anstrengungen fähig
als je zuvor und fährt einen Hügel hinauf, der bis dahin unüberwind=
lich war.

Der Einfluß des Geistes auf den Körper ist wohlbekannt, und
was wir eben kennen gelernt haben, ist nur ein neues Beispiel dafür.
Der Fahrer begreift nicht, daß die Ursache seiner erhöhten Kraft
psychischer und nicht mechanischer Natur ist, und der Erfinder heimst
den Gewinn bei dieser Verwechslung ein. Laßt uns ihn nicht darum
beneiden! Der Gewinn eines Erfinders ist durchschnittlich gering genug.

II. Rollende und fliegende Bewegung.
1. Die intelligenten Billardkugeln.

Man ordne drei gleich große Billardkugeln (Abb. 6 *A*, *B*, *C*) in einer
Reihe längs der Bande eines Billards so an, daß sie sich berühren, und
lege eine andere (*D*) in die Verlängerung dieser Reihe, etwa 15 cm von
C entfernt.

Nun gebe man der Kugel *D* einen leichten Stoß in der Richtung
nach *C*, indem man die Kugel bis zur Lage *E* vorwärtsschiebt und
dann sich selbst überläßt. Wenn alle Bewegung aufgehört hat, wird
die Lage der Kugel so sein, wie sie in Abb. 6 *a*, *b*, *c*, *d* dargestellt ist.
Der Ball *D* ist ungefähr in derjenigen Lage (*d*) zur Ruhe gekommen,
in welcher er sich befand, als er auf die anderen Bälle stieß. Die Bälle
B und *C* sind anscheinend genau da geblieben, wo sie waren. Die Kugel *A*

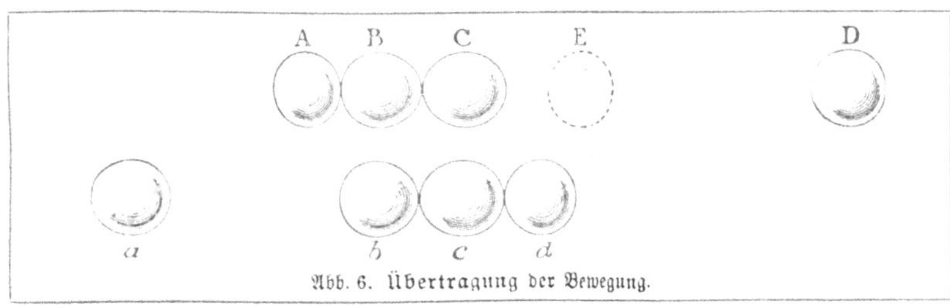

Abb. 6. Übertragung der Bewegung.

aber ist in der Richtung der ursprünglichen Bewegung von D fortgerollt, und zwar bis a. A schien genau in dem Augenblick mit der Bewegung zu beginnen, wo D auf C stieß und zur Ruhe kam. A schien ferner mit derjenigen Geschwindigkeit zu beginnen, mit der D endigte, so daß A (unter Überwindung der Reibung) so weit rollte, wie D es getan hätte, wenn nicht die Bewegung von D durch die anderen Kugeln unterbrochen worden wäre.

Wie kommt es nun, daß nur A sich bewegt? Wie kommt es ferner, daß, wie sehr auch die Geschwindigkeit von D oder die Zahl der Bälle in der ruhenden Reihe abgeändert wird, die Kugel A genau „weiß", mit welcher Geschwindigkeit sie ihren Lauf zu beginnen und wie weit sie zu laufen hat?

Nehmen wir es einstweilen als nicht zu erklärende Tatsache hin, daß D in der Lage d plötzlich zur Ruhe kommt. Dann ist klar, daß an Stelle dieser plötzlich aufhörenden Bewegung irgendeine andere Bewegung treten muß, z. B. diejenige von A. Da nun aber das nicht möglich ist, ohne daß die Kugeln B und C mitwirken, so erhebt sich die Frage: Wie kommt es, daß B und C nicht an der Bewegung teilnehmen? Warum wird die Bewegung nicht gleichmäßig auf A, B, C und D verteilt, derart, daß alle vier Kugeln sich weiter bewegen, wenn auch vielleicht langsamer und weniger weit?

Was wir eben kennen gelernt haben, ist aber noch nicht das Überraschendste. Gesetzt, es handle sich um 4, 5, 6 oder 7 ruhende Bälle und statt der einzelnen stoßenden Kugel würden 2 oder 3 Kugeln benutzt, die, in einer Reihe liegend und einander berührend, zusammen gegen die ruhenden Kugeln hin in Bewegung gesetzt würden. Dann werden die vom Stoß getroffenen Kugeln einen noch weit höheren Grad von „Intelligenz" bekunden. Sie scheinen stets zu wissen, wie viele Bälle den Stoß hervorgebracht haben, und werden stets genau ebenso viele Bälle ihrer eigenen Reihe in Bewegung setzen.

Um diese rätselhafte Erscheinung aufzuklären, brauchen wir zunächst die Begriffe „Arbeit" und „Energie". Man sagt: ein Körper verrichtet eine Arbeit, wenn er seine Masse oder die Masse eines anderen Körpers eine Strecke weit fortbewegt. Durch Verdopplung oder Verdreifachung der Masse oder des Weges wird auch die Arbeit verdoppelt oder verdreifacht. Die Fähigkeit eines Körpers aber, eine solche Arbeit zu leisten, heißt **Energie**. Da eine sich bewegende Kugel eine andere ins Rollen bringen kann, so hat sie also eine gewisse Energie (Bewegungsenergie).[1] Diese Energie ist um so größer, je größer die Masse der Kugel (oder der Kugeln) ist und je schneller sie sich bewegt; und zwar verdoppelt oder verdreifacht sich die Energie, wenn die Masse zwei= oder dreimal so groß wird. Für unsere Versuche nehmen wir an, daß die stoßende Hand stets mit derselben Geschwindigkeit bewegt werde, also auch die gestoßene Kugel, daß somit nur die Größe der Masse (also die Zahl der Kugeln) in Betracht kommt.

Ein weiterer Begriff, den wir brauchen, ist die „Trägheit", d. h. das Bestreben eines Körpers, in dem Zustande zu verharren, in dem er sich befindet (vgl. auch Abschnitt III, 1). In unserem Falle ist die ruhende Kugelreihe „träge". Das äußert sich darin, daß es nicht gelingt, durch den kurz dauernden Stoß der bewegten Kugel die ganze Reihe um ein nennenswertes Stück weiter zu bewegen. Endlich muß man wissen, daß die aus Elfenbein bestehenden Billardkugeln sehr elastisch sind, d. h. daß sie unter der Einwirkung von Druck oder Stoß ihre Form ändern (abgeplattet werden) und daß sie bestrebt sind, die ursprüngliche Kugelgestalt wieder anzunehmen.

Mit diesen Begriffen ausgerüstet, können wir die Erscheinung er= klären, und zwar betrachten wir zuerst den Fall, daß eine Kugel in Be= wegung gesetzt wird. Diese auf die Kugelreihe auftreffende Kugel ver= mag die Trägheit der ganzen Reihe ebensowenig zu überwinden, wie ein kurzer Faustschlag oder Hammerschlag eine geöffnete Tür zu be= wegen vermag. Wohl aber wird die erste Kugel der ruhenden Reihe durch den Stoß abgeplattet werden. Die sich wieder ausdehnende Kugel wird die zweite abplatten, diese die dritte usw. Es geht gewisser= maßen durch die Kugelreihe eine **Kompressionswelle**, deren Ge= schwindigkeit von der Geschwindigkeit des stoßenden Balles abhängt. Die Bewegungsenergie des stoßenden Balles hat sich dabei in die Energie der Kompressionswelle umgewandelt. Sobald diese Welle aber die letzte Kugel erreicht, findet sie, von der Reibung dieser Kugel an ihrer Unter= lage abgesehen, keinen Widerstand mehr vor. Deshalb kann sich die Wellenenergie wieder in Bewegungsenergie umwandeln und die letzte Kugel setzt sich mit einer Geschwindigkeit in Bewegung, die annähernd gleich der Geschwindigkeit der stoßenden Kugel ist.

---

[1] Weiteres über Energie siehe im Abschnitt III, 4.

2 *

Wird der Stoß auf die Kugelreihe nicht von einer, sondern von zwei gleichzeitig bewegten (gleichgroßen) Kugeln hervorgebracht, so ist die Geschwindigkeit, die sich am Ende der Kugelreihe ergibt, annähernd wieder gleich der Geschwindigkeit der stoßenden Kugeln. Da aber die dem Ende der Kugelreihe durch die Kompressionswelle zugeführte Energie jetzt doppelt so groß ist wie im ersten Falle, so vermag sie auch die doppelte Arbeit zu leisten, d. h. zwei Kugeln in Bewegung zu setzen. Bei Anwendung dieser Überlegung auf eine größere Kugelzahl ergibt sich das Gesetz, daß die Zahl der bewegten Kugeln stets gleich der Zahl der stoßenden sein muß.

Die Energieübertragung auf die letzten Kugeln kann man sich auch auf folgende Weise vorstellen. Nehmen wir an, die Zahl der stoßenden Bälle sei 2. Da der letzte Ball der Reihe sich mit der Geschwindigkeit der beiden stoßenden Bälle in Bewegung setzt, so nimmt er die Hälfte Energie mit sich fort, welche von den beiden stoßenden Bällen abgegeben wurde, als sie zur Ruhe kamen. Deshalb hat der vorletzte Ball, indem er den letzten fortstieß, nur die Hälfte der ihm durch die mittleren (ruhenden Kugeln) überlieferten Energie abgegeben.

Indem er die andere Hälfte zurückbehielt, hat er genug behalten, um sich selbst mit derselben Geschwindigkeit in Bewegung zu setzen. Da er kein Hindernis in Gestalt eines ruhenden Balles vor sich hat, folgt er deshalb der anderen Kugel. — Der drittletzte Ball aber hat in dem Augenblicke, wo die 2 letzten Kugeln sich mit der Geschwindigkeit der stoßenden Kugeln in Bewegung setzen, die ganze ihm überlieferte Energie abgegeben, muß also in Ruhe bleiben. Eine ähnliche Erklärung ergibt sich, wenn die Zahl der stoßenden Bälle mehr als 2 beträgt.

2. Bälle um die Ecke zu werfen.

Mit dieser Tätigkeit sind wir durchaus vertraut, wenn die „Ecke" eine aufrechte ist. Jeder Knabe weiß, daß, wenn ein Schneeball einen Polizisten in der Gegend des untersten Rockknopfes treffen soll — natürlich aus einer Entfernung, welche gestattet, das Experiment gefahrlos zu machen —, man weit höher zielen muß, etwa nach der Spitze seines Helmes. Der Grund liegt in der unvermeidlichen Fallbewegung, die das Geschoß während seines Fluges ausführt. Flinten und Kanonen müssen ebenfalls auf einen Punkt gerichtet werden, der beträchtlich höher liegt als derjenige, der getroffen werden soll. So kann eine Kugel, welche von *A* (Abb. 7) abgefeuert wird, einen Menschen in *B*, der von *A* aus nicht zu sehen ist, treffen, indem die Kugel über das Dach eines dazwischen liegenden Hauses fliegt. Abgefeuert war sie in der Richtung der punktierten Linie *AC*. Da sie aber tatsächlich nach *B* gelangt ist, so kann man wohl sagen, sie sei abwärts „um die Ecke" geflogen. Der Grund für diese Abweichung von der ursprünglichen Bewegungsrichtung liegt darin, daß eine Kraft vorhanden ist, welche das Geschoß dauernd ab= wärts zieht, nämlich die Schwerkraft, deren Stärke wir durch das Gewicht der Kugel messen können.

Abb. 7. Ablenkung eines Geschosses von seiner ursprünglichen Bewegungsrichtung

Wenn die Schwerkraft horizontal wirken könnte, so könnte ein Geschoß dadurch veranlaßt werden, seitwärts um die Ecke zu fliegen, also so, wie wir den Ausdruck „um die Ecke" gewöhnlich brauchen. Wenn nun auch die Schwerkraft das nicht kann, so gibt es doch andere Kräfte, welche es vermögen. Der Wind zum Beispiel, wenn er quer zu der Schußrichtung weht, treibt die Kugel von ihrer ursprünglichen Richtung ab. Die Wirkung ist oft so bedeutend, daß ein Schütze beim Zielen genau damit zu rechnen hat.

Das sind nun aber dauernd von außen wirkende Kräfte. Kann vielleicht auch irgendeine vorübergehend auf eine Kugel oder einen Ball wirkende Kraft dem Geschoß das Bestreben erteilen, von der ur= sprünglichen Richtung abzuweichen? Das ist in der Tat möglich und ist beispielsweise erfüllt beim Kricket=Spiel, Lawn=Tennis und Base=Ball.

Abb. 8 *A* und *E* stellen Bälle dar, welche sich in der Richtung des großen Pfeiles, also von links nach rechts bewegen. Die Bälle sind von oben gesehen, d. h. die Ebene des Papieres liegt wagerecht. Nun gebe man dem Ball *A* in dem Augenblick, wo er geworfen wird, eine Drehung um eine senkrechte Achse, wie das durch die kleinen gekrümmten Pfeile angedeutet wird. Dann verschiebt sich die nach *D* zeigende Vorderfläche des Balles in der Richtung des Pfeiles *B* und strebt danach, auch die vor dem Ball befindliche Luft in dieser Richtung zu verschieben. Wie aber kommt es, daß der Ball sich in entgegen= gesetzter Richtung verschiebt? Das erklärt sich durch die „Gleichheit und entgegengesetzte Richtung der Aktion und Reaktion".

Was darunter zu verstehen ist, werden die folgenden Beispiele er=

läutern. Wenn man in einem Boot steht und man stößt eine Person, welche auf der Anlegebrücke steht, so bewirkt man dadurch nicht nur eine Bewegung der Person vom Boote fort, sondern auch eine Bewegung des eigenen Körpers (und damit des Bootes) von der Anlegebrücke weg. Dasselbe geschieht, wenn man in einer Schaukel sitzt und gegen jemand einen Stoß ausführt; man bewegt nicht nur die gestoßene Person, sondern auch sich selbst, und zwar in entgegengesetzter Richtung. Auch das Rudern kann als Beispiel gelten, denn das Boot bewegt sich in einer Richtung, die derjenigen entgegengesetzt ist, in welcher die Ruder das Wasser zu verschieben suchen.

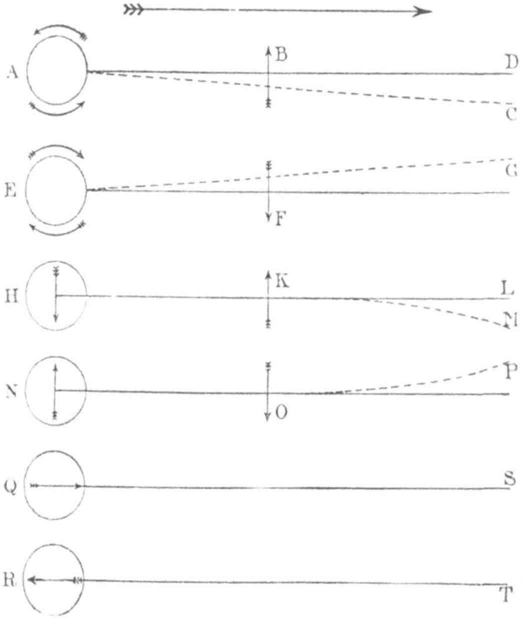

So wird nun auch, wenn die Vorderfläche des Balles die Luft in der Richtung des Pfeiles B verschiebt, der Ball selbst einen Antrieb in

Abb. 8. Ablenkung der Bewegungsrichtung von Kugeln.

der entgegengesetzten Richtung erhalten und sich deshalb auf der punktierten Linie nach C bewegen, statt geradeaus nach D zu fliegen.

Führte der Ball nur eine Drehung am Ort aus, so würde die Verschiebung der Luft durch die an ihr sich reibende Vorderfläche ein Gegengewicht finden in der entgegengesetzten Verschiebung derjenigen Luftmasse, welche durch Reibung an der Hinterfläche des Balles bewegt wird. Anders liegt die Sache aber hier. Der Ball bewegt sich von A nach D. Er drückt die vor ihm befindliche Luft zusammen, hinter ihm entsteht ein Raum mit verdünnter Luft. Der Widerstand, den die Vorderfläche, indem sie sich an der Luft reibt, erfährt, ist deshalb größer als derjenige an der Hinterfläche. Darin liegt der Grund, weshalb wir den letzteren in unserer Betrachtung der Einfachheit halber vernachlässigen dürfen.

Wenn man dem Ball die entgegengesetzte Drehung erteilt (wie in Abb. 8 *E*), dann bewegt sich seine Vorderfläche in der Richtung des Pfeiles *F* und treibt die Luft in dieser Richtung zur Seite. Folglich wird der Ball nach der entgegengesetzten Richtung gedrängt und fliegt längs der punktierten Linie nach *G*.

Ähnliches ergibt sich, wenn man dem Ball in dem Augenblicke, wo er wagerecht geworfen wird, eine Drehung um eine horizontale Achse erteilt, und zwar so, daß diese Achse mit der Wurfrichtung zusammenhängt. Der Pfeil *H* deutet die Richtung an, in welcher sich die Oberseite des Balles, der Pfeil *K* die Richtung, in der sich die Unterseite des Balles verschiebt. Anfangs wird diese Drehung den Ball nicht von seinem Fluge *HL* ablenken. Da nämlich die Luft oberhalb und unterhalb des Balles von der gleichen Beschaffenheit ist, so werden sich die Reibungswiderstände an der Oberseite und Unterseite zunächst aufheben. Wenn der Ball sich aber eine Strecke weit bewegt hat und schon eine deutliche Fallbewegung zeigt, dann hat seine Unterseite die Luft verdichtet, während an der Oberseite eine Verdünnung eingetreten ist. Nun ist die Sachlage ähnlich wie bei unserem ersten Experiment. Während der Ball die an ihm sich reibende verdichtete Luft der Unterseite in der Richtung *K* zur Seite schiebt, erfährt er selbst einen Widerstand, der bewirkt, daß er in der Richtung nach *M* abgelenkt wird. In ähnlicher Weise bewirkt eine Drehung in entgegengesetzter Richtung (*N*), daß der Ball nach *P* gelangt.

Während die Drehungsachse des Balles in dem ersten der betrachteten Hauptfälle vertikal stand, in dem zweiten Falle horizontal lag und mit der horizontalen Bewegungsrichtung zusammenfiel, ist nun noch ein dritter Fall denkbar, daß nämlich die horizontal liegende Drehungsachse senkrecht zur Bewegungsrichtung des Balles steht. Die Drehungsebene liegt dann also vertikal und in der Richtung, in der der Ball geschleudert wird.

In der Abb. 8 zeigt *Q* die obere Fläche des Balles, wie sie sich durch Drehung des Balles in der Richtung des Pfeiles verschiebt. In *R* ist die Drehung des Balles die entgegengesetzte. Der Ball *Q* bewegt sich nach *S*, der Ball *R* nach *T*. Nun ist klar, daß in dem ersten Falle (*Q*) die Vorderseite des Balles sich abwärts verschiebt und die vor ihr liegende verdichtete Luft nach unten bewegt. Folglich strebt die „Reaktion", den Ball nach oben zu schieben, das heißt aber: sie hindert ihn, so schnell zu fallen, wie er es ohne Drehbewegung tun würde. Oder — mit anderen Worten —: die Wurfweite des Balles wird vergrößert. — Im zweiten Falle (R) ist das Gegenteil der Fall: die vordere Fläche bewegt die Luft nach oben, die Reaktion wirkt auf den Ball nach unten, so daß er schneller fällt, als die Schwerkraft allein ihn fallen lassen würde.

In verschiedenen Ballspielen spielen die Drehungen eine wichtige Rolle, indem sie bewirken, daß der Schläger sich über den voraussichtlichen Flug des Balles täuscht. Die Wirkung wird gewöhnlich dadurch kompliziert, daß zwei der beschriebenen Drehungen zusammenwirken. Beim Kricket und Tennis wird sie noch weiter kompliziert durch den Einfluß der Drehung auf die Richtung im Augenblicke des Abprallens.

Dieser Abschnitt betrifft jedoch nur die Ablenkung, welche durch eine Drehung während des Fluges in der Luft hervorgebracht wird. Diese Wirkung der Drehung spielt eine bedeutende Rolle beim Baseball, wo der Schläger den Ball in seinem ursprünglichen Fluge aufzunehmen hat, also ohne daß der Ball vorher auf den Boden aufschlägt. Einige der geschicktesten Spieler verstehen es, die Drehungen H und N auszunutzen, indem sie Bälle so werfen, daß sie auf dem größten Teile ihres Weges geradeaus fliegen, zum Schluß aber eine unerwartete Schwenkung machen.

Solche Leute können einen Ball so werfen, daß er in ununterbrochenem Fluge um die Ecke eines Hauses fliegt und so sich den Blicken des Werfenden entzieht.

3. Bumerangs.

Unter den verschiedenen Waffen und Erfindungen wilder Völkerschaften hat keine mehr Interesse erregt als der Bumerang der Eingeborenen Australiens (vgl. Abb. 9), und zwar wegen der geradezu wunderbaren Eigenschaften, über welche man hat berichten hören. Man sagt, daß er Kreise, Schleifen, ja sogar die Figur einer 8 in der Luft beschreiben kann, daß er, nachdem er das Wild getroffen hat, zu dem Jäger, der ihn warf, zurückkehrt, daß er um ein Haus fliegen und auf der anderen Seite wieder zurückkommen kann, oder daß er zurückkommt und hinter dem Werfenden niederfällt.

Der Bumerang ist ein flaches winkelförmiges Stück harten Holzes mit scharfen Kanten. Die Abbildung 10 zeigt seine gewöhnliche Gestalt, und

Abb. 9. Ein Australier, den Bumerang werfend.

zwar von oben und von der Seite gesehen. Der Winkel, den die beiden Enden miteinander bilden, ist kein bestimmter, er ist wesentlich durch den Verlauf der Holzfaser bestimmt. Die beiden Schenkel liegen nicht immer genau in derselben Ebene, sondern zeigen eine leichte Drehung, so daß, während die Vorderkante eines Schenkels leicht aufwärts ge-richtet ist, die Hinter-kante etwas abwärts zeigt.

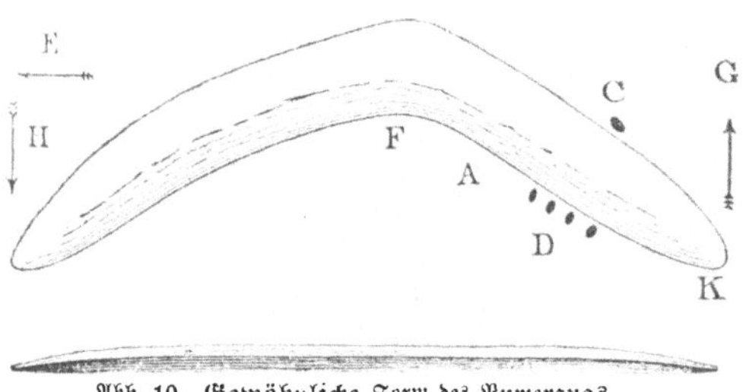

Abb. 10. Gewöhnliche Form des Bumerangs.

Die Leistungen dieser Waffe hängen nicht nur von ihrer Form, sondern auch wesentlich von der Art ab, wie sie gebraucht wird. In ihrer Flachheit gleicht sie einem Blatt, einem Stück Papier oder einem Stück Blech, und, soweit die Flachheit in Betracht kommt, könnte man erwarten, daß der Bumerang sich wie einer dieser Gegenstände verhält. Wenn wir nun die genannten Gegenstände beobachten, wie sie von einer ge-nügenden Höhe fallen, so sehen wir, daß sie anstatt mit derselben Kante voran stetig und sanft abwärts zu gleiten, unter Ausführung zahlreicher verschiedenartiger Bewegungen fallen. Die fallenden Blätter im Herbst führen oft während ihres ganzen Falles, indem sie sich fortwährend überschlagen, eine rollende Bewegung aus. Andere haben eine Art schwingender Bewegung, indem sie beim Fallen einen Zickzackweg machen. Noch andere drehen sich, indem sie manchmal sich horizontal halten, manchmal aber mit einem Ende tiefer als mit dem anderen, so daß sie einen Kegelmantel beschreiben.

Keine dieser Bewegungen ist geeignet, um unsere Waffe einem im voraus bestimmten Ziele zuzuführen, nachdem sie die Hand verlassen hat. Anders wäre es, wenn sie wie ein Vogelflügel eine annähernd horizontale Lage beibehalten würde. Sie könnte dann wie der Vogel mit stetiger Bewegung durch die Luft schweben. Der Widerstand der Luft würde dabei ihren Fall zum Teil wesentlich verlangsamen.

Damit die unregelmäßigen Bewegungen und das Überschlagen vermieden werden und damit die scharfe Kante stets bei der Bewegung vorangeht, muß in dem Augenblick, wo die Waffe geschleudert wird, irgend etwas seitens des Werfenden geschehen. Dieses „Etwas" besteht darin, daß er den Bumerang sich in einer annähernd horizontalen Ebene, d. h. um eine annähernd vertikale Achse drehen läßt.

Wir werden in dem Abschnitt über das Gyroskop sehen, daß ein in Umdrehung begriffener Körper kräftig allen Versuchen widersteht, seine Drehungsebene zu ändern. Man kann ihn rückwärts, vorwärts, seitwärts, aufwärts und abwärts ganz leicht bewegen, ohne irgendeinen Widerstand als den seines Gewichtes. Versucht man ihm aber eine andere Neigung zu geben, so daß er sich in einer anderen Ebene drehen soll, so widersteht er dieser Veränderung mit einer Energie, welche ganz verschieden ist von derjenigen der Schwerkraft.

In einer solchen Drehung haben wir also ein Mittel zur Erzeugung einer stetigen Bewegung. Wir können damit allen Bestrebungen nach Abweichung von der vorgeschriebenen Bahn gleich zu Anfang Einhalt tun. Auch dem Bumerang gibt der Werfende das Bestreben mit, sich in einer bestimmten Richtung zu bewegen. Die Art, wie seine etwas unregelmäßigen Kanten die Luft durchschneiden, würde ihn bald veranlassen, unregelmäßige Bewegungen auszuführen, welche, wenn man ihnen gestattete größer zu werden, zu schwingenden Bewegungen oder zu beständigem Überschlagen ausarten würden, wie wir sie in den fallenden Blättern, Papierstücken usw. sehen. Die dem Wurfgeschoß erteilte Drehung aber beseitigt solche Unregelmäßigkeiten im Augenblick, wo sie entstehen wollen.

Die Art und Weise, wie die Drehung des Bumerang zustande kommt, können wir uns in der Abb. 10 klar machen. Angenommen, das Geschoß werde in der Richtung des Pfeiles E geworfen, also von rechts nach links, und sei gerade im Begriff, die unter ihm befindliche Hand zu verlassen. Nun bleiben in dem Augenblicke, wo die Waffe durch Zurückbiegen des Daumens C losgelassen wird, die Finger als ein Hindernis in D und, um an ihnen vorbeizukommen, muß der Bumerang sich in der Richtung der Pfeile G und H drehen. Die Drehung wird weiter beschleunigt durch einen Stoß in der Richtung G.

Damit sind allerdings diejenigen Eigentümlichkeiten des Fluges, welche den Bumerang ganz besonders berühmt gemacht haben, noch nicht erklärt. Da ist zuerst die Tatsache, daß der Bumerang zu dem Werfenden zurückkehren kann. In der Abb. 11 möge AB den Werfenden vorstellen und die gestrichelte Linie AC die Wurfrichtung. Wäre nun AC eine ebene Fläche von poliertem Metall,

welche wie ein schräges Dach geneigt ist, und würde der Bumerang
an dieser Gleitfläche entlang geworfen, so würde er, nachdem ihn der
ursprüngliche Antrieb so hoch wie möglich getragen hätte, einfach um=
kehren und wieder zu der Stelle herabgleiten, von der er gekommen ist.

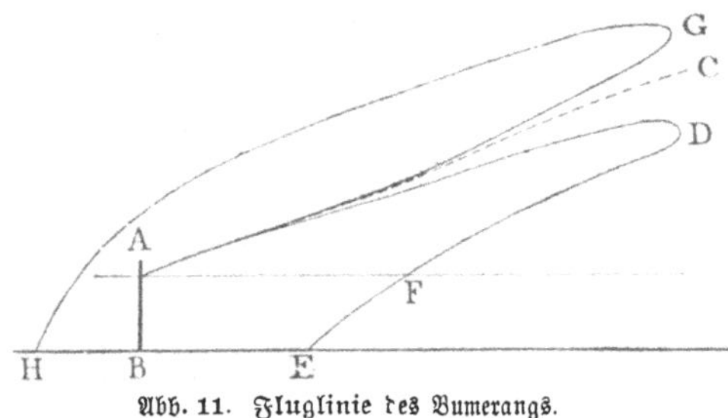

Abb. 11. Fluglinie des Bumerangs.

Tatsächlich ist der Bu=
merang in ähnlicher Weise
unterstützt, wenn auch
nicht durch eine metallische
Ebene. Wenn er so ge=
worfen wird, daß er die
eine Fläche nach oben,
die andere nach unten
kehrt, und die drehende
Bewegung ihn in dieser Richtung erhält, so ruht er auf der Luft
wie ein Papierdrache oder wie die Flügel eines schwebenden Vogels.
Wie diese ist er aber nicht fest unterstützt; die Luft gibt nach, und
er bewegt sich langsam abwärts, so daß er, statt die Richtung AC
zu behalten, in welcher er geworfen wurde, der nicht punktierten Linie
folgt und bei D, immer langsamer fallend, umkehrt und auf der Luft
fast wie auf einer metallischen Fläche abwärts gleitet, allerdings unter
andauerndem Fallen. So erreicht er die Höhe F, von welcher er abging,
fällt aber, indem er seine Bewegung bis zum Boden fortsetzt, fast vor
den Füßen des Werfenden nieder.

Man kann ein ähnliches Experiment auch ohne Bumerang aus=
führen, indem man ein rechteckiges Stück leichter, aber steifer Pappe
(„Karton"), das man an einer Ecke anfaßt, schräg in die Höhe wirft
und dabei für eine schnelle Umdrehung desselben sorgt.

Die Bumerangs sind nun aber, wie schon erwähnt, nicht alle
von genau derselben Form. Wenn man sie genau betrachtet, wird
man finden, daß bei einigen die scharfe Kante nicht gerade verläuft,
wie in Abb. 10, sondern so, daß (Abb. 12) die Kante auf dem Ende A
nahezu in der Höhe der oberen Fläche, bei B nahezu in der Höhe
der unteren Fläche liegt. Das Umgekehrte ist der Fall bei den in der
Abbildung unsichtbaren hinteren Kanten. Der Bumerang ähnelt dann
einem kleinen Windmühlenrade, wie es in der Abb. 12 dargestellt ist.
Dieses Rad hat schräge Flügel. Nehmen wir an, es drehe sich so,
daß die linken Flügel sich abwärts bewegen, so gehen die oberen

Kanten C, D, E, F voran und schneiden die Luft so, daß sie an ihr hinaufzugleiten streben. Die Drehung wird durch eine Schnur bewirkt, welche um die an dem Rade befestigte Achse gewickelt ist. Wenn die Drehung schnell genug und das Rad groß genug ist, wird das Rad zur Zimmerdecke, ja selbst so hoch wie ein Haus fliegen.

Ein Bumerang von der Form der Abb. 12 ist offenbar

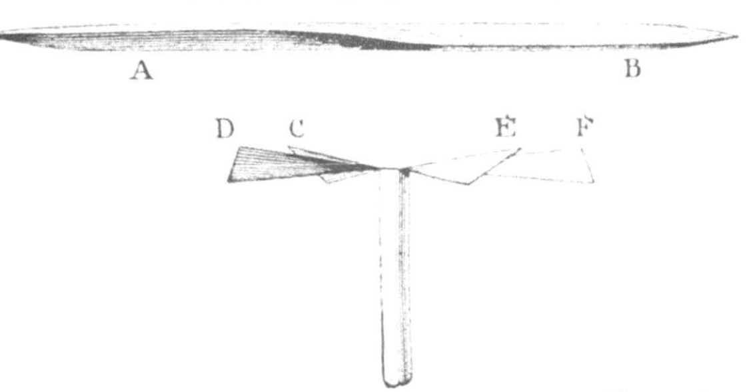

Abb. 12. Zur Erklärung der Schraubenbewegung eines Bumerangs.

von ganz ähnlichem Bau wie dieses Rad. Zwar besitzt er nur zwei Flügel, auch sind diese im Vergleich zu ihrer Fläche weit schwerer. Aber bis zu einem gewissen Grade wird er sich ebenso verhalten, wenn er in der gleichen Weise gedreht wird. Wenn der Bumerang der Abb. 12 sich so dreht, daß das Ende A auf den Leser zukommt, so wird jedes Ende aufzusteigen streben, und zwar mit einer Kraft, welche proportional ist zu der Kraft, mit welcher die Drehung hervorgerufen wurde.

So kann das Bestreben aufzusteigen das durch die Schwerkraft bewirkte Fallen aufheben. Anstatt, daß in Abb. 11 der Bumerang den Weg $ADFE$ macht, kann er in der Wurfrichtung AC fliegen und kann in derselben Linie zurückkehren. Wird er aber in eine schnellere Umdrehung versetzt, so wird er sich über diese Linie erheben, etwa den Weg AGH zurücklegen und somit hinter dem Werfenden zu Boden fallen.

Der Bumerang kann aber noch mehr überraschende Dinge vollbringen; er kann Kreise, Ellipsen und komplizierte Figuren beschreiben. Um zu verstehen, wie diese Abänderungen zustande kommen, müssen wir uns daran erinnern, daß der Bumerang nicht nur in eine Drehbewegung versetzt wird, sondern zugleich in eine sehr energische Vorwärtsbewegung. Wir wollen annehmen, die letztere Bewegung finde in der Abb. 12 vorwärts (vom Leser weg) statt, d. h. senkrecht zu der Druckseite unseres Buches, die Drehung aber ebenso, wie es vorhin angenommen ist. Das Ende B geht also vorwärts durch die Seite hindurch, das Ende A kommt auf den Leser zu.

Dann ist klar, daß jedes Ende, wenn es sich zur Rechten befindet, die Luft schneller und kräftiger durchschneiden wird, als wenn es zur Linken liegt. Das rechtsseitige Ende hat ja die Geschwindigkeit der ganzen Waffe, vermehrt um die Geschwindigkeit der Drehung, während das linksseitige Ende die Geschwindigkeit der Waffe, vermindert um die Drehungsgeschwindigkeit, besitzt. Wenn nun die schräge Unterseite des Bumerang auf der rechten Seite so viel kräftiger auf die Luft trifft als auf der linken, so hat das rechte Ende eine stärkere Tendenz zu steigen als das linke. Wir werden bei Betrachtung des Gyroskopes sehen, daß, wenn eine äußere Kraft die Drehungsebene eines sich drehenden Körpers in einer bestimmten Richtung zu verlegen sucht, diese Änderung nicht so einfach erfolgt, sondern daß dabei gleichsam ein Kompromiß zwischen dem alten und dem erstrebten Zustande entsteht. In unserem Falle besteht dieses Kompromiß darin, daß nicht einfach das rechte Ende höher steigt als das linke, sondern zugleich die dem Leser abgekehrte Kante sich hebt. Das Ergebnis ist also eine Hebung des rechten Vorderviertels.

Die Änderung der Drehungsebene hat eine weitere Folge in Gestalt einer Änderung der allgemeinen Flugrichtung. Wenn der Vorderrand nämlich höher liegt als der Hinterrand, so bietet die Waffe von jetzt an nicht mehr ihre schneidende Kante der Luft dar. Ihre untere Fläche trifft die Luft schräger als vorher und das Resultat ist, daß sie bestrebt ist, einen Bogen aufwärts und nach links zu beschreiben. Da die Ursachen dauernde sind, so findet eine Häufung ihrer Wirkungen statt, so daß der Bumerang schließlich einen Teil eines Kreises, einen ganzen Kreis oder gar mehr als einen ganzen Kreis beschreibt.

Die Erhebung der einen Seite kann so groß werden, daß die Waffe sich überschlägt, und diese und andere Abänderungen, die durch die Drehung hervorgerufen werden, bringen weitere Komplikationen im Fluge des Bumerang hervor. Es würde aber zu ermüdend werden, wollten wir diese im einzelnen erörtern. Abb. 13 zeigt einige

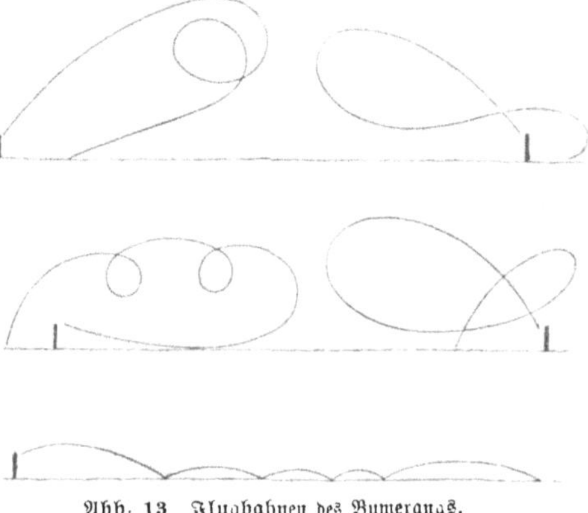

Abb. 13. Flugbahnen des Bumerangs.

der wirklich ausgeführten Flugbahnen, darunter auch eine merkwürdige Bewegung am Boden entlang, wobei der Bumerang mehrfach vom Boden abprallt. Die aufrechte Strecke stellt den Werfenden vor.

Wer nicht ganz ungeschickt in der Handhabung des Messers ist, wird aus einem geeigneten Stück Holz nach einigem Probieren wohl ein Instrument schnitzen können, mit dem sich einige der beschriebenen Erscheinungen zeigen lassen. Auch findet man Bumerangs hier und da zum Kauf angeboten.

In Ermangelung eines richtigen Bumerangs läßt sich aber ein ähnliches Wurfgeschoß auch aus einer Visitenkarte schneiden. Man kann es dann auf die eine Hand legen und mit Daumen und Zeigefinger der anderen Hand fortschnellen, oder man faßt es an der einen Spitze und wirft es unter Erzeugung einer möglichst schnellen Umdrehung schräg in die Höhe.

Bessere Erfolge erhält man, wenn man den Papierbumerang mittels einer kleinen, selbstgefertigten Schleudermaschine, wie sie in Abb. 14 dargestellt ist, in Bewegung setzt. Man nimmt ein Brett von etwa 1 cm Dicke, 25 cm Länge und 12 cm Breite. An der einen Seite wird ein Stück herausgesägt, wie es die Abbildung zeigt. AB ist ein Streifen Fischbein oder Stahl. Dieser ist mit Faden oder Draht bei A an dem Brett befestigt. Er ist so lang, daß das Ende B, welches in der Abb. 14 heruntergebogen dargestellt ist, wenn es losgelassen wird, an der Ecke C eben vorbeigeht. Es schlägt dann gegen das eine Ende des kleinen, aus Karton oder dünnem Blech hergestellten Bumerang und erteilt diesem zugleich eine Vorwärtsbewegung und eine starke Drehung in der Flugebene.

Bei D werden 3 kurze Drahtstücke oder kopflose Nägel in die Kante des Brettes so hineingetrieben, daß sie hinter der Mittellinie sich befinden. Sie bilden dann eine passende Unterstützung für den kleinen Bume-rang. Indem man die Größe und das Gewicht des Ge-schosses, die Stärke und das Gewicht der Feder und den Grad der Drehung der beiden Bumerangschenkel verändert, kann man viele der be-schriebenen Resultate auf einer Wiese, einem Hofe oder selbst in einem geräumigen Zimmer leicht erlangen.

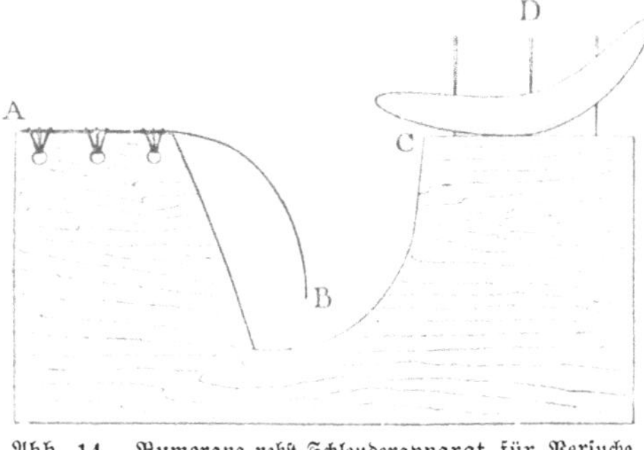

Abb. 14. Bumerang nebst Schleuderapparat für Versuche im Zimmer.

4. Der Weg eines Vogels in der Luft.

Die Bewegung eines Vogels durch die Luft oder eines Fisches durch das Wasser ist von jeher ein Gegenstand des Nachdenkens gewesen für alle, die das Bedürfnis haben, das, was sie täglich beobachten, auch zu verstehen. Wie rätselhaft erscheint es doch, daß kleine Fische imstande sind, so schnell und anscheinend ohne große Anstrengung durch ein Medium hindurchzuschießen, das, wie das Wasser, schnellen Bewegungen einen so großen Widerstand entgegensetzt!

Der Vogelflug kann, wenn auch einzelne Punkte noch der Aufklärung harren, zum größten Teil als erklärt betrachtet werden. Trotzdem zeigt er uns manche Erscheinungen, die genau das Gegenteil von dem sind, was wir erwarten sollten.

Eine solche viel besprochene Erscheinung ist das Schweben großer Vögel, die sich oft stundenlang in der Luft halten, ohne, wie es scheint, Flügelbewegungen auszuführen. Wollen wir das verstehen, so müssen wir uns zunächst sagen, daß ein Vogel mit ausgebreiteten Flügeln lang= samer fallen wird als ein Gegenstand von demselben Gewicht und kleinerer Oberfläche. Er verhält sich wie ein Fallschirm. Die unter ihm befindliche Luft, die er verdrängen muß, wird einen um so größeren Widerstand leisten, also eine um so größere „Tragkraft" entfalten, je größer die Fläche ist. Es ist klar, daß dieselbe Verlangsamung des Fallens auch eintreten muß, wenn ein Vogel, nachdem er sich durch Flügelschläge einen Antrieb gegeben hat, mit ausgebreiteten Flügeln durch die Luft hindurchgleitet. Das notwendige Sinken wird um so weniger auffallen, je größer die durch die Flügelschläge erzeugte Geschwindigkeit ist.

Das vorhin erwähnte stundenlange Schweben oder Segeln großer Vögel ohne Flügelschlag ist natürlich damit nicht erklärt. Die Beob= achtung zeigt, daß diese Bewegung stets eine mehr oder weniger krei= sende ist, daß sie nur bei vorhandenem Winde stattfindet und daß der Vogel auf seiner kreisförmigen, elliptischen oder spiraligen Bahn die Kraft des Windes als hebende Kraft ausnutzt, indem er seine Flügel in bestimmte schräge Lagen bringt. Eine Erörterung dieser Flugart ohne eine strenge mathematisch=physikalische Untersuchung ist aber un= möglich.

Man will jedoch auch Fälle beobachtet haben, in denen überhaupt kein Sinken und kein Vorwärtsgleiten des Vogels zu sehen war. Bei solchen Beobachtungen können allerdings leicht Irrtümer unterlaufen.

In großen Höhen können Höhen=
unterschiede und Ortsveränderungen
leicht übersehen werden. Nehmen
wir aber die Richtigkeit der Be=
obachtung als erwiesen an, dann ist
die folgende Erklärung möglich.

Die Bewegungen der Wolken und
Untersuchungen mittels Luftballon
und Drachen haben gezeigt, daß in
den höheren Luftschichten oft ganz

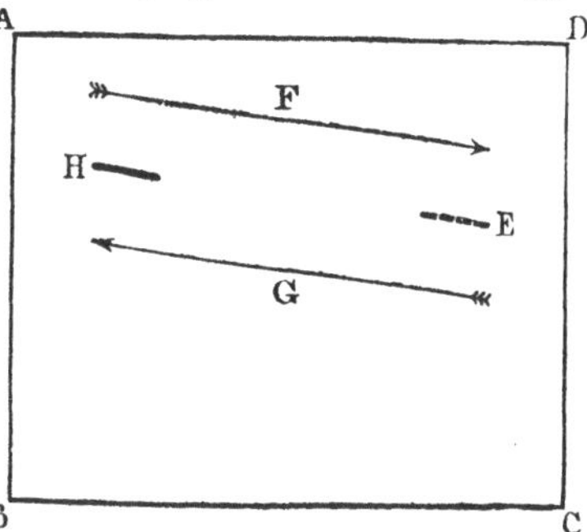

Abb. 15. Zur Erklärung des Schwebens

andere Strömungen vorhanden sind als in den unteren uns zugäng=
lichen Schichten. Nehmen wir nun an, in einer höheren Schicht sei ein
schräg aufsteigender, von der wagerechten Richtung nur wenig ab=
weichender Luftstrom vorhanden.

In Abb. 15 stellt *ABCD* einen Teil jener Luftschicht dar, in welcher der
Vogel *H* ruhig gleitet. *E* sei die Lage, bis zu welcher er sich in einer
Sekunde bewegt haben würde, falls die Luft ganz ruhte. Die Be=
wegungsrichtung ist durch den Pfeil *F* veranschaulicht. Wenn die Luft
sich in genau entgegengesetzter Richtung (*G*) mit derselben Geschwindig=
keit bewegt, so ist es klar, daß die wirkliche Lage des Vogels unverändert
bleiben muß.

Eine andere Frage, die bei der Betrachtung des Vogelfluges auf=
taucht, lautet: Wie ist es möglich, daß ein Vogel sich so schnell
vorwärts bewegt, ohne daß er mit den Flügeln **rückwärts**
gegen die Luft schlägt? Wenn ein Ruderer sein Boot vorwärts
treibt, so schlägt er das Ruder rückwärts gegen das Wasser. Ein Rad=
dampfer tut dasselbe mit seinem Schaufelrad und eine Ente oder ein
Schwan mit den Füßen. Wenn wir aber einen Vogel, der seine Flügel
langsam genug bewegt, etwa eine Krähe oder eine Möwe, sorgfältig
beobachten, so entdecken wir nicht die geringste Rückwärts= und Vor=
wärtsbewegung der Flügel. Das Abwärtsschlagen der Flügel erklärt
nun zwar ohne weiteres das Aufsteigen des Tieres. Wie aber kommt
dadurch die Vorwärtsbewegung zustande?

Die Erklärung ergibt sich aus der Tatsache, daß beim Ab=
wärtsschlagen der Flügel der Vorderrand tiefer liegt als
der Hinterrand. In Abb. 16 sind in *A* und *B* die Querschnitte von
zwei verschiedenen Lagen eines fliegenden Vogels dargestellt. Die punk=

tierten Flügellinien bedeuten die Hinterränder, die ausgezogenen die Vorderränder. In Abb. 16 *A* sieht man die Oberseite der Flügel, in Abb. 16 *B* die Unterseite. In Abb. 16 *A* hat das nahezu beendete Herunterschlagen der Flügel den Körper zum Steigen gebracht. In *B* ist das

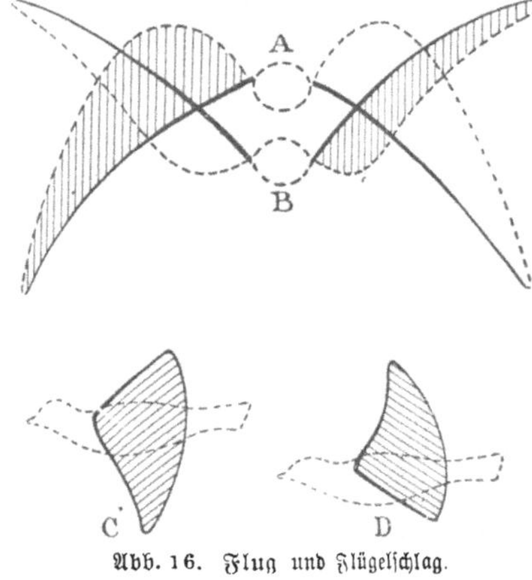

Abb. 16. Flug und Flügelschlag.

Hinaufschlagen nahezu beendet und der weniger gut unterstützte Körper ist etwas gefallen. *C* und *D* sind Ansichten derselben Lagen, aber von der Seite gesehen. In *C* sieht man also die Oberseite der Flügel, in *D* wieder die Unterseite. In Abb. 16 *A* und *C* liegt nun der Vorderrand des Flügels tiefer als der Hinterrand. Wenn der so gestellte Flügel senkrecht abwärts geschlagen wird, so ist die Folge, daß er die Luft nicht nur nach unten, sondern auch nach hinten treibt, daß somit der Flügel und mit ihm der Vogel vorwärts geschoben wird.

In unserer Abbildung ist die Schrägstellung des Flügels, die diese Bewegung hervorbringt, im Interesse der Deutlichkeit bedeutend übertrieben. In Wirklichkeit ist sie weit geringer, ja eine ganz schwache Schrägstellung reicht aus, um die Vorwärtsbewegung hervorzubringen. Es ist auch gar nicht einmal die ganze Flügelfläche, welche an dieser Schrägstellung teilnimmt, wir haben es genau genommen nur mit einer Formveränderung der Spitze und des Hinterrandes des Flügels zu tun. Der Flügel besitzt in seinem Vorderrande als Stütze die Arm- und Fingerknochen. Von hier gehen die Schwungfedern aus, die im wesentlichen die Flugfläche bilden. Der Hinterrand des Flügels ist deshalb viel biegsamer als der Vorderrand. Er kann sich also nach oben biegen, wenn der Flügel mit genügender Geschwindigkeit nach unten gegen die Luft geschlagen wird. Da die Flügelspitze die größte Geschwindigkeit von allen Teilen des Flügels hat, so wird die Aufbiegung des Hinterrandes besonders in der Nähe dieser Spitze erfolgen. Diese keineswegs den ganzen Flügel betreffende Formveränderung ist also die Ursache der Vorwärtsbewegung. — Man kann sich von dem dadurch bewirkten

Zuge nach vorn leicht selbst überzeugen, wenn man mit einem in ausgestrecktem Zustande getrockneten Hühnerflügel schnelle Flugbewegungen durch die Luft ausführt. Man fühlt alsdann deutlich, wie der Vorderrand des Flügels nach vorn gezogen wird. Noch deutlicher wird die Erscheinung bei Benutzung des folgenden einfachen Flügelmodells. An einem Bambusstab von vielleicht 2 m Länge (Angelrute) verbinde man das dünne Ende und die Mitte durch eine Schnur, die so straff angezogen ist, daß die dünne Hälfte des Stabes deutlich gebogen ist. Alsdann wird der so erzeugte Rahmen mit einem Stück Baumwoll- oder Leinenstoff überzogen. Schlägt man mit diesem künstlichen Flügel von oben nach unten kräftig durch die Luft, so biegt sich der nur durch die Schnur gestützte Hinterrand in die Höhe. Die Wirkung ist so stark, daß es bei einiger Geschwindigkeit überhaupt nicht gelingt, mit diesem Apparat senkrecht abwärts zu schlagen, vorausgesetzt, daß man durch festes Anfassen des Stieles eine Drehung des ganzen Flügels verhindert.

Zum Schluß noch ein paar Worte über das Heben der Flügel! Wenn die Flugmuskeln, welche den Flügel nach unten gezogen haben, erschlaffen, so wird der Luftwiderstand, der die untere Fläche der Flügel trifft, unter schwachem Sinken des Vogelkörpers die Flügel nach oben drücken. Dabei kann der durch Knochen gestützte Vorderrand des Flügels nun vielleicht auch durch die Hebemuskeln des Flügels mit emporgezogen werden. Der Hauptsache nach aber scheint es sich nicht um ein aktives Heben der Flügel zu handeln, der Aufschlag der Flügel scheint vielmehr wesentlich passiv zu erfolgen.

III. Scheinbare Aufhebung der Schwerkraft.

1. Feste Körper, welche der Schwerkraft trotzen (Kreiselbewegung).

Der Apparat, mit welchem wir uns in diesem Abschnitte beschäftigen wollen, führt den Namen Gyroskop und ist in Lehrmittelhandlungen, hier und da wohl auch als Spielzeug, käuflich. Wer aber mit der Säge, z. B. einer Laubsäge, umzugehen versteht, kann leicht einen guten Ersatz dafür selbst herstellen.

Nimm ein ebenes, astfreies Brett und zeichne darauf einen Kreis von 12—15 cm Durchmesser. Säge sorgfältig auf dieser Kreislinie entlang, bohre durch den Mittelpunkt ein Loch und befestige darin eine Achse, so daß sie auf der einen Seite 8—10 cm, auf der anderen Seite

5 cm vorragt. Ein hölzerner Federhalter wird eine gute Achse darstellen. Die Achse muß möglichst genau senkrecht zum Rade und möglichst genau in der Mitte angebracht werden. An ihrem längeren Teile, nahe dem Ende, mache eine tiefe Kerbe, wie es die Abb. 17 bei *A* zeigt. Nun verfertige einen kleinen Drahtring, der gerade so weit ist, daß er sich eben über die Achse schieben läßt. Diesen schiebe bis zur Kerbe und drücke ihn dann etwas zusammen, damit er nicht wieder abgleiten kann. Endlich befestige an dem Drahtring eine feine Schnur (oder einen starken Zwirnsfaden), die fast so lang ist wie die Entfernung eines Fensters in einem oberen Stockwerk vom Erdboden. Der Apparat ist jetzt fertig.

Die Schnur wird nun auf die Achse gewickelt. Zu diesem Zwecke wickelt man sie zuerst ein paarmal fest um das Ende der Achse, um sie zu befestigen. Darauf faßt man das Ende *B*

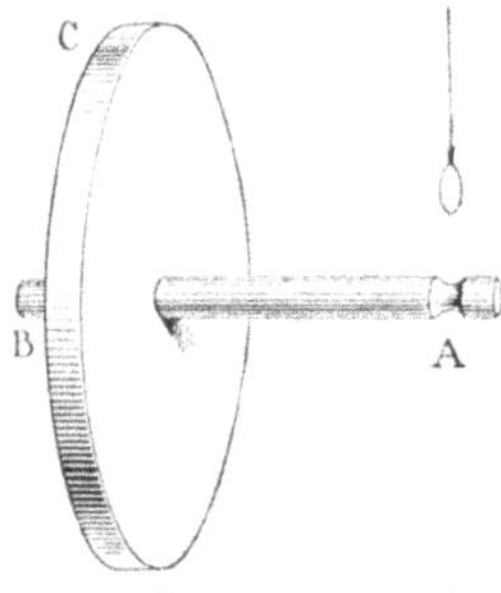

Abb. 17. Gyroskop eigener Konstruktion.

mit der rechten Hand, legt *A* auf eine Tischkante, führt mit Daumen und Zeigefinger der linken Hand die Schnur und wickelt sie, indem man die Achse mit der rechten Hand dreht, auf. Das letzte Ende der Schnur muß dicht neben dem Rade aufgewickelt sein.

Jetzt lehnt man sich aus dem Fenster heraus oder besser noch über das Geländer eines Balkons, hält das Ende der Schnur in der linken Hand, gibt dem Rade, indem man es bei *C* anfaßt, eine senkrechte Lage (wie in Abb. 17) und läßt es los, indem man ihm mit der rechten Hand einen kräftigen Antrieb zur Abrollung der Schnur gibt.

Man sollte nun meinen, daß die Radachse, da sie nur an einem Ende durch die Schnur unterstützt ist, während des Herunterfallens sich senkrecht stellt (das Ende mit der Schnur nach oben, das andere durch das Gewicht des Rades nach unten). Zum größten Erstaunen derjenigen, welche noch kein Gyroskop beobachtet haben, wird es aber in der Lage, die die Figur zeigt, verharren. Je weiter es fällt, desto schneller wird es sich drehen, bis endlich die Schnur ganz abgewickelt ist. Dann wird es sich noch einige Zeit unter Beibehaltung seiner Lage in dem Drahtring weiter drehen, scheinbar in offenem Widerspruch mit dem bestbegründeten Naturgesetze der Schwere oder der allgemeinen Massenanziehung (Gravitation).

Würde das Rad sich nicht drehen und würden wir versuchen, seine Achse in wagerechter Lage zu erhalten, indem wir nur das eine Ende durch die Schnur unterstützen, so würde der Versuch zu einem lächerlichen Mißerfolg führen. Wie kann nun die Umdrehung des Rades das unmöglich Scheinende mög-lich machen? Bevor wir daran gehen, dieses dem Nichtmathe-matiker zu erklären, wollen wir einige Eigenschaften des Gyro-skops an einem käuflichen Ap-parat von etwas weniger ein-fachem Bau kennen lernen.

Solch ein Gyroskop zeigt uns die Abb. 18, in welcher A eine Metallscheibe mit verdicktem und deshalb recht schwerem Rande ist und B ein kreisförmiger

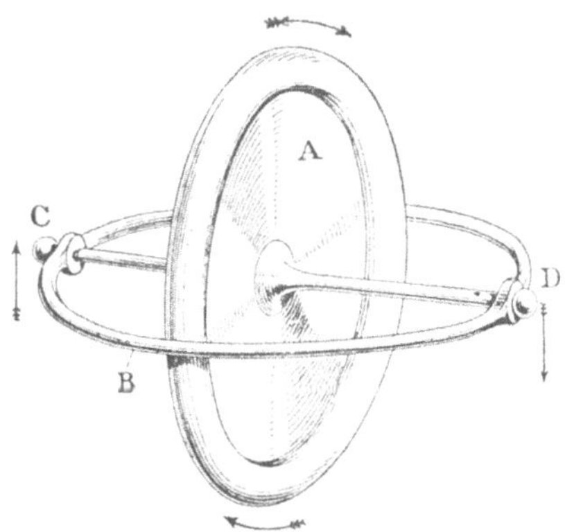

Abb. 18. Käufliches Gyroskop.

Rahmen, an welchem die zugespitzten Enden der Achse durch Schrauben (C und D), welche am Ende eine Vertiefung besitzen, befestigt sind. Eine Schnur, welche durch ein Loch nahe dem einen Ende der Achse ge-zogen ist, wird um die Achse gewickelt. Durch Abziehen der Schnur kann das Rad in sehr schnelle Umdrehung versetzt werden.

Hält man nun das Gyroskop, während es sich rasch dreht, in senkrechter Lage lose an den beiden Schraubenköpfen C und D und versucht man, das Instrument derart zu neigen, daß der Kopf C gehoben, der Kopf D gesenkt wird, so setzt das sich drehende Rad dieser Drehung einen großen Widerstand entgegen, und es ist sehr wahrscheinlich, daß es der Hand dessen, der zum ersten Male damit experimentiert, entgleitet. Es verhält sich fast, als ob es lebend wäre, und trägt scheinbar eine absichtliche Widerspenstigkeit zur Schau. Es kann leicht gehoben und gesenkt werden, denn sein Gewicht bleibt unverändert; auch kann es seitwärts, vorwärts und rückwärts bewegt werden, ganz wie jeder andere Körper, vorausge-setzt, daß seine Drehungsebene und Drehungsachse immer nach derselben Richtung zeigt. Aber jedem Versuche, seine Drehungsachse zu neigen, widersetzt es sich. Je größer und schwerer das Gyroskop ist und je schneller es sich dreht, desto stärker ist der Widerstand, den es leistet.

Wenn nun das Gyroskop sich dreht, die Fläche des Rades vertikal und die Achse horizontal liegt, so braucht man es, um es am Fallen zu hindern, nur an einem Ende der Achse zu unterstützen, entweder, wie in unserem ursprünglichen einfachen Experiment durch eine Schnur oder bei einem vollkommneren Apparat durch eine Säule, welche an ihrem oberen Ende eine schüsselförmige Vertiefung hat. Das Gyroskop widersteht also der Schwerkraft. Allerdings ist die Lage der Achse nicht absolut unveränderlich. Ist die Bewegung des Rades sehr schnell, so bemerken wir freilich nichts von einer Neigung der Achse. Sie macht sich aber um so deutlicher bemerkbar, je mehr die Geschwindigkeit abnimmt. Wir können also, genau genommen, nur sagen, daß die Achse das Bestreben hat, ihre ursprüngliche Lage beizubehalten. Wie erklärt sich das?

Es ist ein allgemeines Naturgesetz, von dem man bis jetzt keine Ausnahmen kennt, daß jeder Körper bestrebt ist, in dem Zustande zu verharren, in dem er sich befindet (vgl. S. 13). Man nennt es das Trägheitsgesetz oder das Gesetz vom Beharrungsvermögen. So ist auch ein sich bewegender Körper bestrebt, seine Bewegung immer mit derselben Geschwindigkeit und in derselben Richtung aufrechtzuerhalten. Die Kraft, mit der er etwaigen Hindernissen widersteht, wächst mit seinem Gewicht und seiner Geschwindigkeit.

In einer sich drehenden Masse z. B. hat jedes Teilchen des Umfanges in jedem Augenblick die Tendenz, sich in der Richtung einer geraden Linie zu bewegen, welche auf dem Radius seiner kreisförmigen Bahn senkrecht steht, d. h. in der Richtung einer Tangente des Kreises. Wir sehen das an dem Steine in der Schleuder, welcher, nachdem er eine Zeitlang im Kreise bewegt worden ist, nach dem Verlassen der Schleuder nicht seine kreisförmige Bahn weiter verfolgt, sondern denjenigen Teil seiner Bewegung fortsetzt, in dem er sich im Augenblicke des Freiwerdens befand, daß er also geradlinig in der Richtung der Tangente fortfliegt. Dasselbe sehen wir an schlammigen Wagenrädern, welche sich schnell drehen. Die Schlammtropfen bewegen sich, wenn sie sich vom Rade loslösen, wie der Stein, der die Schleuder verläßt, und zeigen deutlich, welches ihre Bewegungsrichtung in dem Augenblicke des Loslösens war. Diese sogenannte „Trägheit" der Körper erklärt nun auch das Streben unseres Gyroskops, in seiner einmal angenommenen Lage zu verharren.

Wir wollen uns aber auch über die Größe der Kraft klar werden, welche nötig ist, um die Tätigkeit des Apparates zu überwinden. In

Abb. 19 soll *ABC* ein von der Kante gesehenes Gyroskop darstellen, welches sich um die Achse *GH* so dreht, daß der vordere Teil des Rades sich abwärts, der hintere sich aufwärts bewegt. Der höchste Punkt *A* geht also vorn abwärts, der tiefste Punkt *C* hinten aufwärts. Die Teilchen am hinteren Rande in der Höhe der Achse haben somit das Bestreben, sich senkrecht nach oben in der Richtung *BM* zu bewegen. Diese sollen nun genauer betrachtet werden.

Man neige das Gyroskop so, daß es in der Ebene *DBF* und seine Achse in der Richtung *KL* liegt. Die eben genannten Teilchen werden dann bestrebt sein, sich in der Richtung *BN* loszulösen. Nehmen wir an, der Rand des Rades bewege sich mit einer Geschwindigkeit von 50 m in der Sekunde. Dann würden, wenn der Rand sich plötzlich in seine kleinsten Teile auflösen würde, diejenigen im Hintergrunde 50 m in einer Sekunde in der Richtung *BN* fliegen, während sie vor der Drehung 50 m in der Richtung *BM* sich bewegt hätten. Da, wenn *BM* eine Strecke von 50 m darstellt, *MN* etwa gleich 20 m ist, so ist das Resultat dasselbe, wie wenn sich die Teilchen

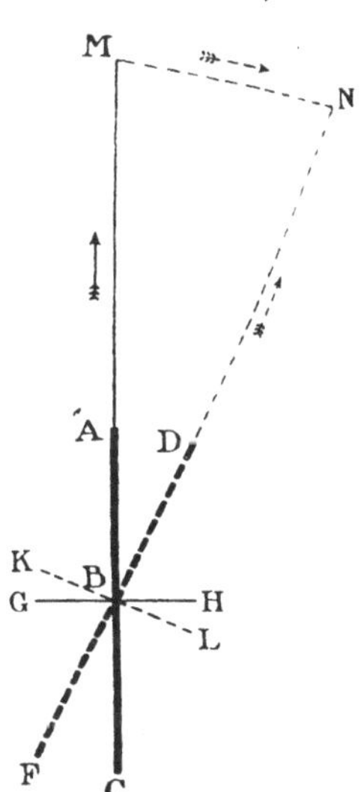

Abb. 19. Warum das Gyroskop einer Veränderung der Achsenneigung widerstrebt.

innerhalb derselben Sekunde 50 m in der Richtung *BM* und dann 20 m in der Richtung *MN* bewegt hätten. Es ist also, um die in der Zeichnung dargestellte Neigung des Rades gegen seine ursprüngliche Lage hervorzubringen, eine Kraft nötig, welche die betrachteten Teilchen in einer Sekunde um 20 m fortbewegen könnte. Mit anderen Worten: es ist ein ganz beträchtlicher Teil der ursprünglichen, die Umdrehung des Rades bewirkenden Kraft nötig, um die gewünschte Abweichung von der ursprünglichen Lage zu bewirken. Es kann sich ja jeder auch an anderen Beispielen davon überzeugen, daß oft eine bedeutende Kraft nötig ist, um die Bewegungsrichtung eines Körpers zu ändern. Wenn wir die Richtung einer Schar von Kugeln verändern wollen, nachdem sie den Lauf eines Magazingewehrs verlassen haben, indem wir dem Lauf einen Schild schräg entgegenhalten, so ist leicht zu verstehen, daß wir einen kräftigen Druck gegen den Schild ausüben müssen. Nachdem aber das Gyroskop in Umdrehung versetzt ist, verhält sich jedes Teilchen seines Randes wie eine Kugel, die den Lauf verlassen hat. Die Lage der Drehungsebene des Rades zu verändern, ist dann gleichbedeutend mit einer Richtungsänderung der Bewegung dieser Teilchen.

Es ist schon erwähnt, daß, wenn das Gyroskop an den Schraubenköpfen gehalten wird und man es zu neigen versucht, es sich geradezu zu drehen und zu wenden scheint, um sich aus der Hand des Experimentierenden zu befreien. Ferner wird man bei dem früher geschilderten Versuche, den selbstgefertigten Apparat von einem hochgelegenen Fenster herunterzulassen, ohne Zweifel beobachten, daß, neben der durch das Abwickeln der Schnur hervorgerufenen Drehung in senkrechter Ebene, eine Drehung der ganzen Achse in einer horizontalen Ebene um ihr unterstütztes Ende stattfindet. Diese Bewegung wird der Beobachter anfangs ebenfalls als eine Folge des Abwickelns der Schnur betrachten. Es zeigt sich aber weiter, daß, wenn die Schnur in der entgegengesetzten Richtung aufgewickelt war und folglich die Drehung des Rades entgegengesetzt erfolgt wie vorher, auch die Achse sich nach der anderen Seite herumdreht. Bei genauerem Zusehen stellt sich heraus, daß die Drehung der Achse stets in derselben Richtung erfolgt, in der sich die untersten Teilchen des Rades bewegen. Die gleichen Beobachtungen sind auch an dem käuflichen Apparat (Abb. 18) zu machen.

Wie kommt nun diese auffallende Bewegung zustande? Unsere Abb. 20 soll helfen, das zu erklären. *AB* sei das von der Kante gesehene Gyroskop-Rad. Seine Bewegung sei wieder wie in Abb. 19, so daß also ein bei *A* befindliches Teilchen sich auf den Beschauer der Abbildung zu bewegt. Der Knopf *C* ruhe in der schon erwähnten Vertiefung eines säulenförmigen Trägers. Nun drücke man den anderen Knopf *D* bis *E* herab, so daß sich der Punkt *A* auf dem Kreisbogen *AG* nach *F* bewegt und das Rad die Lage der gestrichelten geraden Linie annimmt. So kann das Resultat nur sein, wenn das Rad ursprünglich in Ruhe ist. Nun bewegt sich aber das bei *A* befindliche Teilchen vorwärts und dann vorn abwärts in der Richtung

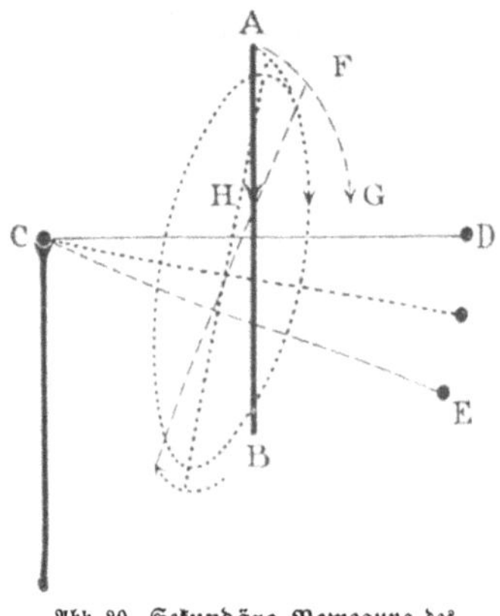

Abb. 20. Sekundäre Bewegung des Gyroskops.

des Pfeiles *AH*. Diese Bewegung wird es nicht einfach zugunsten der Bewegung nach *G* aufgeben. Das Resultat wird vielmehr sein, daß es einen mittleren Weg einschlägt, etwa in der Richtung der punktierten Linie.

Indem es dieses tut, bewegt es sich rechts von seiner ursprünglichen Richtung abwärts. Das kann es aber nur, indem der Vorderrand sich nach rechts bewegt oder, was dasselbe sagt: der rechte Endpunkt der Achse rückwärtsgeht. So kommt also infolge eines Druckes von oben auf das freie Ende eine Drehung der Achse um ihr unterstütztes Ende zustande. Da nun aber ein Gyroskop auch stets unter dem Einflusse der Schwerkraft steht und diese somit das freie Ende der Achse ebenso herabzuziehen sucht, wie in der bisherigen Betrachtung der Druck unserer Hand, so sieht man jetzt ein, warum ein jedes Gyroskop diese Drehung zu allen Zeiten zeigen muß.

Es erklärt sich ferner aus unserer Betrachtung an der Abb. 20, warum bei entgegengesetzter Drehung des Rades auch die Achse sich in entgegengesetzter Richtung bewegt. Ebenso ist ohne weiteres klar, daß die Richtung der Achsendrehung auch dadurch umgekehrt werden kann, daß man, während das Rad sich dreht, das andere Ende der Achse unterstützt. Die Bewegungsrichtung des Punktes *B* zeigt dann den entgegengesetzten Weg um den neuen Unterstützungspunkt.

Leicht erklärlich ist jetzt auch die folgende Erscheinung. Wenn wir das freie Achsenende des einseitig unterstützten Gyroskops mit einem senkrecht gehaltenen Bleistift etwas schneller vorwärts schieben, als es von selbst sich bewegen würde, so hebt sich dieses Ende. Wenn wir es mit Hilfe des Bleistifts zurückhalten, so senkt es sich. Auch hier handelt es sich um das Zusammenwirken der beiden Bewegungsantriebe, die auf jedes Teilchen des Rades wirken. Wenn wir die aus beiden sich ergebende Bewegung beschleunigen, erhalten wir dasselbe Resultat, wie wenn wir die Schwerkraft vermindern; verlangsamen wir aber die erstere, so gewinnt die Schwerkraft scheinbar an Größe.

Jetzt erklärt es sich auch, warum ein Kreisel stets eine aufrechte Stellung annimmt. Wenn er sich ein wenig zur Seite neigt, so zieht die Schwerkraft am freien, d. h. am oberen Ende und bewirkt, daß sich dieses freie Ende, also auch der Kreisel, um den Unterstützungspunkt dreht. Indem aber die Spitze sich auf dem Boden reibt und im Bogen vorwärtsschiebt, beschleunigt sie die Drehbewegung des anderen Endes der Achse. Wie wir gesehen haben, bewirkt eine Beschleunigung der Drehung,

daß das freie (obere) Ende der Achse sich hebt. Der Kreisel strebt des=
halb, solange seine Drehung schnell genug ist, die senkrechte Stellung
stets wieder zu gewinnen.

2. Flüssigkeiten, die nicht fallen; Wasser, das bergan fließt.

Man fülle ein Trinkglas mit Wasser, bis es überläuft, und bedecke
es mit einem Stück steifen Papiers. Während man das Papier leicht
gegen das Glas drückt, kehre man das Glas um und entferne die Hand vom
Papier (Abb. 21 A). Dann wird
das Papier in seiner Lage bleiben
und das Wasser wird nicht aus=
fließen.

Diese scheinbare Aufhebung der
Schwerkraft erklärt sich durch den
Luftdruck. Da auch die Luft
ein Gewicht besitzt, so drückt sie
auf alle unter und in ihr befind=
lichen Körper. Da ferner ihre
Teilchen sehr leicht verschiebbar
sind, ähnlich wie in einer Flüssig=
keit, so pflanzt sich der Druck
höherer Luftschichten in den tie=
feren nach allen Richtungen
fort. Deshalb drückt die Luft auf
einen von ihr umgebenen Körper
nicht nur von oben, sondern auch
von den Seiten und — von

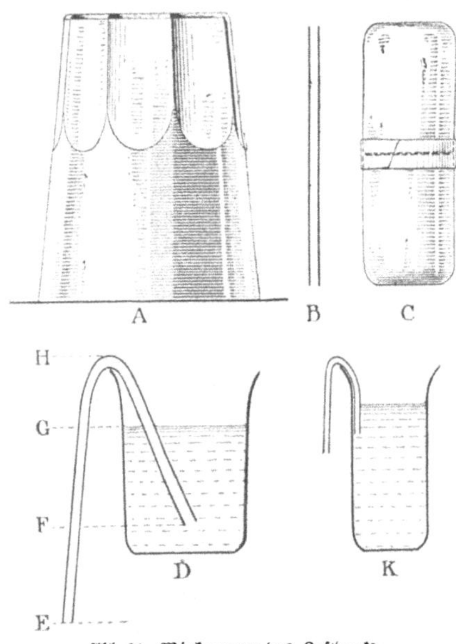

Abb. 21. Wirkungen des Luftdrucks

unten! So kommt es, daß sie durch ihren von unten gegen das Papier
gerichteten Druck das Wasser zu tragen vermag. Sie könnte sogar noch viel
mehr Wasser tragen als in unserem Experiment. Der Luftdruck auf
jedes Quadratzentimeter beträgt nämlich etwa 1000 g. In einem
zylindrischen Glase, dessen Höhe (innen gemessen) 10 cm beträgt, stehen
aber über jedem Quadratzentimeter Papier nur 10 g Wasser, d. h.
der Luftdruck könnte das Hundertfache von dem leisten, was wir ihm
bei unserem Versuche zumuten. Wenn der Versuch mißlingt, indem
das Wasser manchmal doch ausfließt, so erklärt sich das dadurch, daß
die Luft Gelegenheit gefunden hat, in das Wasser einzudringen. Das

zu verhindern, ist die alleinige Aufgabe des Papiers. — Ein enges Rohr (Abb. 21 *B*), das mit Wasser gefüllt ist, wird aber auch ohne Papier das Wasser nicht ausfließen lassen, wenn das obere Ende etwa durch einen Finger verschlossen wird; denn das Wasser besitzt eine genügend große Zusammenhangskraft (Kohäsion), um bei so kleiner Fläche das Eindringen von Luftblasen selbst zu hindern.

Unser Versuch mit dem Wasserglase gestattet noch eine interessante Abänderung. Man fülle 2 gleich weite Trinkgläser mit ebenem (am besten mit abgeschliffenem) Rande unter Wasser — etwa in der Badewanne — und setze sie mit ihren Rändern aufeinander, lege um die Ränder einen Papierstreifen und stelle die Gläser unter Wasser senkrecht (Abb. 21 *C*). Nun hebe man sie vorsichtig aus dem Wasser heraus. Wenn man für genau senkrechte Stellung sorgt, so kann man beide Gläser halten, während man nur das obere anfaßt. Das untere Glas nebst dem darin befindlichen Wasser wird durch den von unten wirkenden Luftdruck gehalten. — Für dieses Experiment eignen sich am besten Wassergläser mit senkrechter Seitenwand, weil bei ihnen sich der Papierstreifen besser dem Glase anlegen wird. Die Aufgabe des Papiers besteht natürlich nicht darin, die Gläser durch seine Festigkeit zusammenzuhalten, es dient vielmehr einfach zur gleichmäßigen Verteilung des Luftdruckes und verhindert, daß Luftblasen an einigen Stellen eintreten, während Wasser an anderen ausfließt. Damit das recht klar hervortritt, benutze man aber nicht etwa starkes Papier, sondern im Gegenteil recht schwaches. Dann sind wir sicher, daß wir nicht dem Luftdruck zuschreiben, was eigentlich auf Rechnung der Festigkeit des Papiers kommt.

Anfänger im Experimentieren seien darauf aufmerksam gemacht, daß die Hauptgefahr des Mißlingens bei einem Experiment nicht dann vorliegt, wenn jemand für sich den Versuch zum ersten Male macht. Im Gegenteil kommt ein Mißerfolg viel häufiger vor, wenn der Experimentator, nachdem er für sich allein erfolgreich war, die Erscheinung gespannten Bewunderern zeigen will. Ein weiser Experimentator wird deshalb die beiden letzten Versuche in und über der Badewanne sowohl zeigen als auch einüben. Dann wird, falls ein Wasserglas oder sein Inhalt es fertig bringt, den atmosphärischen Druck zu überlisten, kein Schaden an Glaswaren, Tischdecken oder Teppichen entstehen.

Von der Röhre *B* war angenommen, sie sei zu eng, um gleichzeitig Wasser hinunterfließen und Luft aufsteigen zu lassen, habe also vielleicht

einen Querſchnitt von 20 Quadratmillimetern. Da nun der Luft=
druck für 1 qcm (= 100 qmm) etwa 1 kg iſt, ſo würde er auf die Waſſer=
ſäule in der Röhre ungefähr mit 200 g drücken. Eine Waſſerſäule von
20 qmm Querſchnitt müßte aber 10 m hoch ſein, um 200 g zu wiegen.
Es iſt deshalb klar, daß, wenn eine Röhre von dieſer Länge mit Waſſer
gefüllt und ihr oberes Ende geſchloſſen wäre, der Luftdruck das Waſſer
auch in einer ſo langen Röhre zurückhalten würde.

Eine andere Erſcheinung, die eine ſcheinbare Aufhebung der Schwer=
kraft darſtellt, iſt in Abb. 21 *D* angedeutet. Man verſchaffe ſich zur Aus=
führung des Verſuches ein nicht zu weites Glasrohr von der abgebildeten
Form. Dieſes fülle man mit Waſſer, verſchließe es mit einem Finger
und ſtelle es, wie die Abbildung zeigt, in das Gefäß. Sobald der Verſchluß
entfernt iſt, fließt bei *E* Waſſer aus, gleichzeitig ſteigt aber Waſſer von
D nach *H* und dieſer Vorgang dauert ſo lange, bis der kurze Schenkel
des Rohres nicht mehr ins Waſſer eintaucht, weil die Waſſeroberfläche
zu tief geſunken iſt. Was wir jetzt kennen gelernt haben, iſt die wohl=
bekannte Wirkung des „Hebers". Das Waſſer läuft in ihm buchſtäblich
bergan, und man kann ihn deshalb benutzen, um ein Gefäß zu entleeren,
ohne es zu neigen oder eine Öffnung daran anzubringen.

Um uns die Wirkung des Hebers zu erklären, wollen wir zuerſt unſer
gebogenes Rohr zum Teil mit Waſſer füllen (unter Vermeidung von
Luftblaſen) und es mit den Öffnungen nach oben, alſo umgekehrt
wie in Abb. 21 *D* halten. Geben wir ihm dann verſchiedene Neigung,
ſo verſchiebt ſich das Waſſer im Rohr jedesmal ſo, daß die beiden Ober=
flächen gleichhoch, d. h. in derſelben wagerechten Ebene liegen. Das
iſt das bekannte Geſetz von den leitend verbundenen („kommuni=
zierenden") Gefäßen oder Röhren. Offenbar drücken bei dieſem
Verſuch die beiden Waſſerſäulen an der Biegungsſtelle des Rohres
gegeneinander und halten ſich gegenſeitig das Gleichgewicht. Merk=
würdig iſt dabei nur, daß dieſe Waſſerſäulen, wie ſich bei verſchiedener
Neigung des Rohres zeigt, durchaus nicht gleich lang zu ſein brauchen.
Vielmehr kommt es, wenn Gleichgewicht herrſchen ſoll, nur darauf an,
daß die oberen Grenzflächen beider Säulen derſelben wagerechten
Ebene angehören oder, anders ausgedrückt, daß beide Waſſer=
ſäulen gleiche ſenkrechte Höhe haben.

Bringen wir die ganz mit Waſſer gefüllte Röhre in eine ſolche
Lage, daß die Öffnungen nach unten gekehrt ſind, aber in derſelben

wagerechten Ebene liegen, so haben wir wieder zwei Wassersäulen von zwar verschiedener Länge, aber gleicher senkrechter Höhe. Diesmal drücken aber die Säulen nicht aufeinander, sondern sie ziehen aneinander, und zwar an der Biegungsstelle. Wegen ihrer gleichen Höhe müssen sie sich dabei offenbar wieder das Gleichgewicht halten. Dieser Versuch klingt zwar sehr einfach, ist aber praktisch deshalb nicht ausführbar, weil eine so vollständige Ruhe in der Luft und in der Flüssigkeit, wie sie dazu erforderlich wäre, sich nicht herstellen läßt. Dies hindert uns aber nicht, die angestellte Betrachtung auf unser Heberproblem anzuwenden. Hängt nämlich das Rohr in der abgebildeten Stellung am Glase, nachdem es vorher mit Wasser gefüllt wurde, so halten sich die über der Ebene G liegenden und bis H reichenden Wassersäulen im Rohre das Gleichgewicht. Die von den Ebenen G und E begrenzte Wassersäule wirkt deswegen wie ein Übergewicht. Sie zieht die mit ihr durch Kohäsion verbundenen Wasserteilchen zwischen den Ebenen G und K mit fort und diese ihrerseits heben das Wasser im kürzeren Schenkel. So erklärt es sich, wie das Wasser bergan über den Rand des Glases ausfließt.

Den Luftdruck, der von beiden Seiten auf die Flüssigkeit drückt, brauchen wir bei unserer Überlegung deshalb nicht mit zu berücksichtigen, weil er auf beiden Seiten gleich stark wirkt und seine Wirkungen sich somit geradeso aufheben, wie die Druckwirkungen der zwischen den Ebenen G und H gelegenen beiden Wassersäulen.

Als Heber braucht man übrigens nicht gerade ein gebogenes Glasrohr zu benutzen, man kann auch 2 gerade Röhren durch einen kurzen Schlauch verbinden, oder man verwendet nichts als einen Schlauch. Die Füllung des Hebers erfolgt, indem man ihn in eine Schale mit Wasser legt oder unter einen Wasserhahn hält oder ihn mittels eines Trichters mit Flüssigkeit füllt oder endlich, indem man ihn zuerst leer in das Gefäß hängt und dann bei E saugt.

Es gibt aber noch eine dritte Art, ihn zu füllen. Man kann dazu nämlich die Kapillaranziehung benutzen. Wenn die Röhre B in Wasser gestellt wird, so daß das obere Ende über die Wasseroberfläche emporragt, so steht das Wasser innen höher als außen. Das ist die Folge der vereinigten Wirkung der Oberflächenspannung des Wassers und der Anziehung (Adhäsion), welche jede Flüssigkeit durch einen von ihr benetzbaren festen Körper erfährt. Je enger die Röhre ist, desto höher

steigt innen das Wasser. Eine sehr enge Röhre nennt man eine Kapillarröhre oder Kapillare, d. h. ein Haarröhrchen. Daher also der Ausdruck „Kapillaranziehung"! Nimmt man nun eine gebogene Kapillare
(in Abb. 21 *K*) und füllt das Gefäß, in welches man sie hineinhängt,
hoch genug mit Wasser, so kann die Flüssigkeit die Biegungsstelle durch
Kapillaranziehung überwinden und bewegt sich dann auch infolge ihres
Gewichtes im äußeren Schenkel abwärts. Sobald sie im äußeren Schenkel das Niveau der Wasseroberfläche des Gefäßes erreicht hat, wirkt der
Apparat wie ein gewöhnlicher Heber.

Ein Stück Zeug oder ein Docht kann als eine Vereinigung von sehr
feinen Kapillarröhren betrachtet werden, da beide aus zahlreichen,
sich nur zum Teil berührenden Fasern bestehen. Diese Kapillaren
können deshalb Öl aufsaugen, um eine Flamme zu nähren. Wenn
aber ein Stück Zeug wie in *K* angebracht wird, indem das eine Ende
in das Wasser eintaucht, welches ein Gefäß nahezu füllt, und das andere
Ende außen niederhängt, so kann es als Heber wirken. Enthält ein
nahezu mit Wasser angefülltes Gefäß zahlreiche überhängende Blätter,
so wirkt auch diese Anordnung wie ein Kapillarheber und erzeugt bald
eine beträchtliche Wasserlache auf dem Tische.

Einen etwas komplizierteren mit Heberwirkung arbeitenden Apparat,
den wir im chemischen Abschnitte dieses Buches mehrfach verwenden
werden, wollen wir uns jetzt noch herstellen. Es handelt sich um eine
Einrichtung, die erstens zum Auffangen von Luft oder anderen Gasen,
zweitens aber auch zur Erzeugung eines Gas- oder Luftstromes benutzt werden kann. Solche Vorrichtungen pflegt man wohl Gasometer zu nennen. Man verschafft sich
zwei gleiche Flaschen (Abb. 22) aus farb-
losem Glase von der Form und Größe
einer Rotweinflasche (³/₄ Liter) und führt
durch den tadellos schließenden Pfropfen
zwei enge Glasröhren, die eine bis nahe
zum Boden, die andere nur bis zur unteren
Fläche des Pfropfens. Will man ungefähr
Gas- und Luftmessungen damit vor-
nehmen, so „eicht" man die Flaschen, indem man aus der bis zum Pfropfen gefüllten Flasche nach und nach 50 oder 100

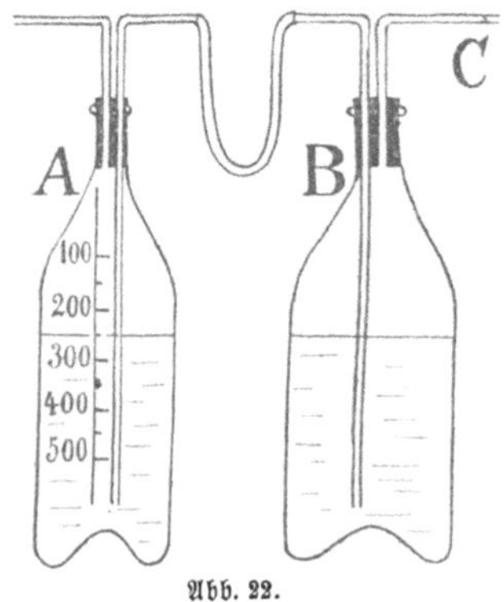

Abb. 22.

Kubikzentimeter Wasser in einen (käuflichen) Maßzylinder ausgießt und den Stand des Wassers in der Flasche jedesmal auf einem angeklebten Papierstreifen durch einen Tuschestrich kennzeichnet. Der Papierstreifen kann durch Lackieren gegen das Aufweichen geschützt werden. Nun werden beide Flaschen bis etwas über die Mitte (falls sie geeicht sind, genau bis zum Teilstrich 250) mit Wasser gefüllt. Die durch einen Schlauch verbundenen langen Röhren, die schon im Pfropfen stecken, werden in einen größeren Wasserbehälter oder unter dem Wasserleitungshahn ganz mit Wasser gefüllt, der Schlauch aber wird durch einen Quetschhahn zusammengequetscht. Wenn die Röhren eng genug sind, so wird, während die Pfropfen auf die Flaschen gesetzt werden, kein Wasser aus den Röhren fließen und keine Luft eindringen. Dafür ist durchaus zu sorgen! Stehen die beiden Flaschen bei geöffnetem Quetschhahn ruhig auf dem Tisch, so liegen ihre Flüssigkeitsoberflächen gleich hoch. Hebt man aber die eine Flasche, so tritt Wasser nach dem Hebergesetz aus ihr in die andere, bis die Oberflächen wieder gleich hoch sind. Dabei wird Luft aus der sich füllenden Flasche herausgepreßt und ebensoviel in die sich leerende Flasche eingesogen. Ja, wenn die Flaschen gut geeicht sind, lassen sich sehr wohl ungefähre Messungen der Luftmengen ausführen. Beispiele dafür finden sich im chemischen Teile dieses Buches. — Auch in diesem Apparat fließt das Wasser scheinbar unter Verleugnung der Schwerkraft bergan.

3. Ein nicht bergab, sondern bergan rollender Körper.

Man lasse sich vom Drechsler einen kurzen, dicken hölzernen Doppelkegel, wie er in Abb. 23 dargestellt ist, anfertigen oder man leime 2 einfache Holzkegel mit ihren Grundflächen zusammen. Will man sich damit begnügen, einen nur vorübergehend brauchbaren Körper herzustellen, so schnitzt man ihn aus einer großen Rübe. Bei einiger Geschicklichkeit wird es gelingen, ihn mittels eines sehr scharfen Messers in der für unser Experiment nötigen Regelmäßigkeit anzufertigen. Ein anderes Verfahren besteht darin, aus sehr starkem und festem Schreibpapier zwei runde, weit geöffnete Düten zu drehen und diese mit einem dicken,

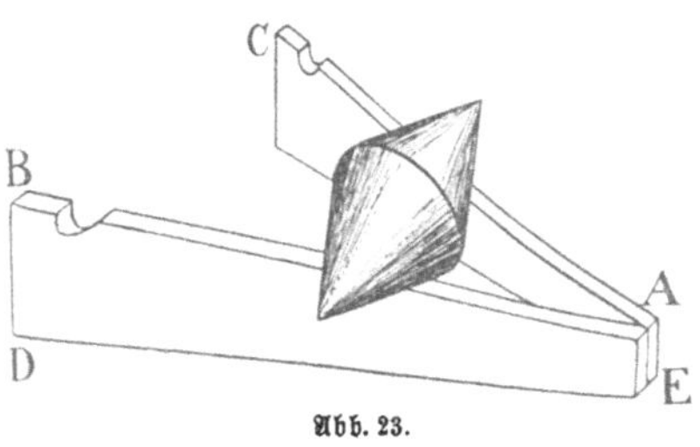

Abb. 23.

bald erhärtenden Gipsbrei zu füllen. Die beiden Gipskegel lassen sich nachträglich miteinander durch etwas frischen Gipsbrei verkleben und mit dem Messer ausreichend glätten. — Nun schneidet man sich aus dünnem Holz (Zigarrenkistenholz) oder aus dicker Pappe 2 Bretter von der Form eines Trapezes mit 2 rechten Winkeln (bei E und D) und verbindet sie mittels Draht oder Scharnier, wie es die Abb. 23 zeigt. Legt man dann den Doppelkegel auf die schräg liegenden Kanten AB und AC, und zwar nahe ihrer tiefsten Stelle (A), so rollt der Doppel-kegel, falls die Bretter einen genügend großen Winkel miteinander bilden und die Steigung der Kanten nicht zu stark ist, von A und B, also von einer tieferen Stelle nach einer höheren Stelle der Kanten; man kann also wohl sagen: er läuft bergan. Da wir gewohnt sind, zu sehen, daß Körper, die sich selbst überlassen sind, fallen, d. h. nach einer tieferen Lage hinstreben, so erscheint das Verhalten unseres Doppelkegels auf den ersten Blick wirklich paradox. Der Anschein wird aber, wie wir bald erkennen werden, nur dadurch hervorgerufen, daß wir unsere bisherigen Erfahrungen durch den recht unbestimmten Satz: „die Körper streben nach einer tieferen Lage hin" ausgedrückt haben.

Um zu einer genaueren Ausdrucksweise zu gelangen, müssen wir den Begriff des Schwerpunktes zu Hilfe nehmen. — Jeder Körper ist schwer, d. h. er übt einen Druck auf seine Unterlage aus. Widersteht die Unterlage dem Druck, so befindet sich der Körper in Ruhe, so z. B. ein auf dem Tische liegender Würfel. Um einen Körper in seiner Lage (und zwar in jeder beliebigen Lage) festzuhalten, ist es aber durchaus nicht nötig, eine ganze Fläche des Körpers zu unterstützen, wie in dem Bei-spiele des auf dem Tische liegenden Würfels eine Würfelfläche. Es gibt vielmehr in jedem Körper einen Punkt, dessen Unterstützung be-wirkt, daß der Körper in jeder beliebigen Lage zur Ruhe gebracht werden kann. Da durch die Unterstützung dieses einen Punktes gewissermaßen die Schwere des Körpers aufgehoben ist, so heißt dieser Punkt Schwer-punkt. Man drückt die Bedeutung des Schwerpunktes auch wohl so aus, daß man sagt: im Schwerpunkt können wir uns die Schwere der einzelnen Teile des Körpers konzentriert denken.

Dementsprechend hat denn auch jeder Körper das Bestreben, seinem Schwerpunkt die tiefste unter den gegebenen Verhältnissen mögliche Lage zu geben. Einige Beispiele sollen das erläutern. So liegt der Schwerpunkt eines dreieckigen Stückes Pappe in dem Schnittpunkte der Mittellinien oder Mitteltransversalen, die man erhält, wenn man die Mitten der Dreiecksseiten mit den gegenüberliegenden Ecken verbindet. Durchsticht man mittels einer feinen Nadel das Dreieck, so nimmt es stets eine solche Lage an, daß der Schwerpunkt senkrecht unter dem Aufhängepunkt liegt, also seine tiefste Lage hat. Durchsticht man aber die Fläche genau in diesem Punkte, so kann sie in jeder beliebigen Lage zur Ruhe gebracht werden. Was wir uns an dieser Fläche (oder richtiger: an einem sehr flachen Körper) klar gemacht haben, gilt für jeden Körper. Stelle ich einen Würfel mit einer Ecke auf den Tisch, und zwar so, daß der Mittelpunkt (Schwerpunkt) des Würfels senkrecht über dem unterstützten Punkte liegt, so kippt der Körper sehr bald um und kommt erst zur Ruhe, wenn sein Schwerpunkt die unter den gegebenen Verhältnissen mögliche tiefste Lage angenommen hat, d. h. er bleibt auf einer seiner Flächen liegen. Würde ich den Würfel an einer Ecke aufhängen, so würde der Schwerpunkt nach Erlangung der Ruhelage wieder genau senkrecht unter dem Aufhängepunkt liegen. Auch ein bekanntes Spielzeug zeigt das Streben des Schwerpunktes nach der tiefsten Lage. Es ist der sogenannte „Stehauf", eine Puppe oder ein anderer aus sehr leichtem Stoff gearbeiteter Gegenstand, der am unteren Ende mit einer schweren Metallhalbkugel abschließt. Legt man die Puppe auf die Seite, so richtet sie sich auf, weil auf diese Weise ihr in der Metallhalbkugel gelegener Schwerpunkt tiefer rückt.

Auch unser Doppelkegel wird bestrebt sein, seinem Schwerpunkte die tiefste Lage zu geben, sobald er sich selbst überlassen wird. Nun liegt aber dieser Punkt in der Mitte der den beiden Einzelkegeln gemeinsamen Grundfläche. Man sieht ohne weiteres ein, daß, wenn der Doppelkegel von A nach BC rollt, trotz des Ansteigens der Strecken AB und AC der Schwerpunkt wegen der beiderseitigen Zuspitzung des Körpers sinken kann. Das wird allerdings nur dann eintreten können, wenn der Winkel BAC nicht zu klein, die Steigung AB und AC nicht zu groß und der Doppelkegel nicht zu schlank ist. Das scheinbar gesetzwidrige Verhalten des Doppelkegels fügt sich danach durchaus dem für alle anderen Körper geltenden Gesetze.

4. Noch einmal das bergan fließende Wasser.
(Der hydraulische Widder.)

Montgolfier (1740—1810), der berühmte Erfinder des mit heißer Luft gefüllten Luftballons, hat unter anderem auch eine sehr merk-

würdige Wasserhebungsmaschine konstruiert, in der das durch eine Röhre
aus einem hochgelegenen Behälter kommende Wasser aus eigener Kraft
in einer zweiten Röhre höher steigt, als es im Behälter stand.

Zweifellos wird hierbei jedem Leser das Gesetz einfallen, welches
besagt, daß in leitend verbundenen Behältern das Wasser gleich hoch
steht. Wie ist es nun möglich, daß dennoch in einer Röhre das Wasser
höher steigt, als es in einer damit verbundenen zweiten steht? Selbstverständlich handelt es sich hier nicht um eine Kapillarröhre, d. h. um
eine so enge Röhre, daß das Wasser schon infolge der Adhäsion zwischen
Röhrenwand und Flüssigkeit erheblich höher steigt als in einem weiten
Rohr. Verschiedene Röhrenweite kommt aber auch hier in Betracht.
Welche Bedeutung diese hat, werden wir noch sehen. Vorher müssen
wir aber noch eine allgemeine Betrachtung anstellen.

Da es sich um das Heben einer Wassermasse handelt, wollen wir uns
daran erinnern, daß das Heben eines Körpers für den Hebenden eine
„Arbeit“ ist, zu deren Ausführung eine Arbeitsfähigkeit oder „Energie“ gehört. Wir haben uns des Energiebegriffes schon einmal bedient,
nämlich bei der Betrachtung der Billardkugeln. Wenn eine Billard-
kugel mit einer gewissen Geschwindigkeit rollt, so hat sie die Fähigkeit,
eine Kugel (eine Reihe von Kugeln), auf die sie stößt, in Bewegung
zu setzen. Sie gibt dabei die Energie, welche sie infolge ihrer Bewegung
hat, ihre Bewegungsenergie, an die andere Kugel ab und kommt selbst
dabei zur Ruhe. Sie leistet also eine Arbeit.

Handelt es sich um das Heben von Körpern, so läßt sich die geleistete
Arbeit leicht in Zahlen ausdrücken. Nennen wir die Arbeit, die geleistet
wird, wenn man 1 kg 1 m höher hebt, 1 Meterkilogramm (1 mkg),
so verrichtet man beim Heben von 10 kg um 1 m eine Arbeit von 10 mkg,
beim Heben von 10 kg um 10 m dagegen 100 mkg usw. Ähnlich kann
man jede Arbeit in Zahlen ausdrücken und demgemäß auch die Fähigkeit
eines Körpers, Arbeit zu leisten, also seine Energie. Die Erkenntnis,
daß es sich hier um eine meßbare Größe handelt, ist wichtig für das Verständnis unserer späteren Betrachtungen.

Es ist zur Genüge bekannt, wie die Energie des fließenden, d. h. des
von einem höheren zu einem tiefer gelegenen Orte strömenden Wassers
vom Menschen zur Leistung nützlicher Arbeit verwendet wird. Jede
Wassermühle ist ein beredter Zeuge für die hohe Bedeutung des fließenden Wassers für die menschliche Kultur, eine Bedeutung, die durch die

Möglichkeit, Bewegungsenergie in nicht transportable elektrische Energie umzuwandeln, noch wesentlich erhöht wird.

Auch vom ruhenden Wasser kann man übrigens sagen, daß es die Fähigkeit habe, Arbeit zu leisten, falls es sich nämlich in einer solchen Höhe befindet, daß gelegentlich ein Herabfließen möglich ist. In einer solchen Wassermenge ist infolge seiner hohen Lage gewissermaßen Energie unsichtbar aufgespeichert. Im Gegensatz zu der in der Bewegung sich äußernden „Bewegungsenergie" heißt sie „Energie der Lage". Ein hoch gelegener Gebirgsteich, dessen Wasser nach Bedarf zum Betriebe von Maschinen (für ein Bergwerk u. a.) benutzt wird, ist ein gutes Beispiel dafür.

Die so gewonnenen Begriffe sollen jetzt auf einen einfachen Versuch angewendet werden. Man verschaffe sich zwei gleich lange und gleich weite Glasröhren von $\frac{1}{2}$—1 m Länge und vielleicht 15 mm lichtem Durchmesser). Diese befestigt man parallel zueinander mittels eines gut schließenden Korkstöpsels auf einem weithalsigen Glasgefäß. Durch die eine Röhre läßt man Wasser in das Gefäß fließen. Sobald beide Röhren etwa halb gefüllt sind, preßt man das Wasser, indem man in die eine Röhre Luft hineinbläst, in der anderen in die Höhe. Um das Wasser in dieser Lage festzuhalten, verschließt man das eine Rohr mit einem Pfropfen oder mit dem Finger. Sobald man nun den Verschluß entfernt, sinkt das Wasser in dem einen Rohr und steigt im anderen. Es steigt aber bei weitem nicht so hoch, wie es im ersten gestanden hat. Schließlich kommt es nach mehrfachen Pendelbewegungen zur Ruhe.

Auf Grund der vorhergegangenen Betrachtungen erkennen wir leicht, daß in dem Wasser, welches durch Hineinblasen in das eine Rohr hinaufgedrückt wurde, Energie aufgespeichert ist (Lage-Energie). Die Herkunft dieser Energie ist klar, es ist ein Teil der Energie der Backenmuskeln des Experimentators. Sobald durch Abnehmen des Fingers oder des Pfropfens das Wasser sich abwärts in Bewegung setzt, die Lage-Energie also in Bewegungsenergie übergeht, wird aus dem die Röhren verbindenden Gefäß im zweiten Rohre Wasser in die Höhe gepreßt. Würden nicht die Reibung an den Glaswänden und der Luftwiderstand hinderlich wirken, so würde das Wasser im zweiten Rohr ebenso hoch steigen, wie es im ersten stand, die Energie wäre jetzt im zweiten aufgespeichert und könnte, nachdem das Wasser einen Moment zur Ruhe gekommen, die gleiche Wassermenge wieder ins erste treiben. Da das immer so weiter gehen müßte, hätten wir eine immerwährende Bewegung (vgl. Abschnitt IX) vor uns. Reibung und Luftwiderstand bewirken aber, daß von diesem „theoretischen Effekt" nur ein Bruchteil zum „praktischen Effekt" wird, und so steigt das Wasser schon das erste Mal bei weitem nicht so hoch, wie es anfangs stand, und kommt, indem die Schwankungen der Flüssigkeitsspiegel immer geringer werden, schließlich zur Ruhe.

Mancher wird denken: Wie viele Worte um eine so selbstverständliche Sache! Darauf müssen wir antworten: Wenn wir uns über das Einfache und Selbstverständliche nicht ganz klar werden, können wir nicht erwarten, das weniger Einfache zu verstehen.

Um nun unserem Ziele, der Konstruktion von Montgolfiers Wasserhebemaschine, näher zu kommen, wollen wir unseren Apparat so einrichten, daß es möglich ist, das weite Rohr plötzlich durch ein weit engeres zu ersetzen. Zu diesem Zwecke bringen wir an die Stelle des einen langen Rohres ein kürzeres mit Schlauch (Abb. 24 *V*), an dem anderen bringen wir oben irgendeinen größeren Wasserbehälter (*B*) an. Außerdem aber versehen wir den Pfropfen noch mit einem engen Bohrloch, in dem ein langes Rohr von etwa 5 mm Öffnungsdurchmesser befestigt wird. Gefüllt wird der Apparat, während der Schlauch durch Zusammenquetschen oder auf andere Weise verschlossen ist. Sobald der Schlauch geöffnet ist, strömt Wasser durch das Fallrohr *F* in das Gefäß *A* und von hier durch den Schlauch nach außen. Während dieser Zeit ist das Wasser im Rohr *S* stark gesunken. Sowie aber der Schlauch jetzt plötzlich zusammengequetscht wird, macht sich im Apparat ein heftiger Stoß bemerkbar, der einen Teil des Wassers schnell im Steigrohr *S* emportreibt, und zwar höher als das Wasser im Behälter *B* steht.

Die Erklärung für diese Erscheinung ergibt sich ungezwungen mit Hilfe des Energiebegriffes. Dadurch, daß an die Stelle des weiten Rohres (*V*) plötzlich ein enges Rohr als Ausflußrohr tritt, wird die Menge des das Gefäß *A* verlassenden Wassers plötzlich auf einen Bruchteil der bisherigen Menge herabgesetzt, während die in der bewegten Wassermasse vorhandene

Abb. 21.

Energiemenge dieselbe bleibt. Geht nun auch ein gewisser Betrag verloren, z. B. durch die im engen Rohr vergrößerte Reibung, so ist es doch
begreiflich, daß die kleine in das enge Rohr eintretende Wassermasse
verhältnismäßig weit energiereicher ist als die große Masse, die
beim ersten Versuch im weiten Rohre aufstieg. Das Ergebnis davon
ist, daß nicht nur der durch die Reibung erzeugte Verlust vollständig ge-
deckt wird, sondern auch noch ein Energieüberschuß herauskommt, der
das Wasser um ein beträchtliches Stück höher treibt, als es im weiten
Rohre stand.

So haben wir gesehen, daß das Höhersteigen des Wassers im Rohre S
durchaus keine Abweichung von den Naturgesetzen bedeutet, sich vielmehr aus unseren Überlegungen auch ohne das beweisende Experiment
als unbedingt notwendig ergeben würde. Der Widerspruch mit dem Gesetz für leitend verbundene Gefäße muß also ein scheinbarer sein. Auch er
schwindet in der Tat sofort, wenn man beachtet, daß es sich bei unserem
Experiment um bewegtes Wasser handelt, das gleichsam nach einer
Ruhelage sucht, daß aber bei dem genannten Gesetze von Wassermassen
die Rede ist, die in der Ruhe sind und sich gegenseitig das Gleichgewicht
halten. Das Gesetz der leitend verbundenen Gefäße kann also hier gar
keine Anwendung finden.

Der Apparat, den wir uns konstruiert haben, ist nichts weiter als
eine Nachbildung der Wasserhebevorrichtung von Montgolfier, die unter
dem Namen des „Stoßhebers" oder des „hydraulischen Widders"

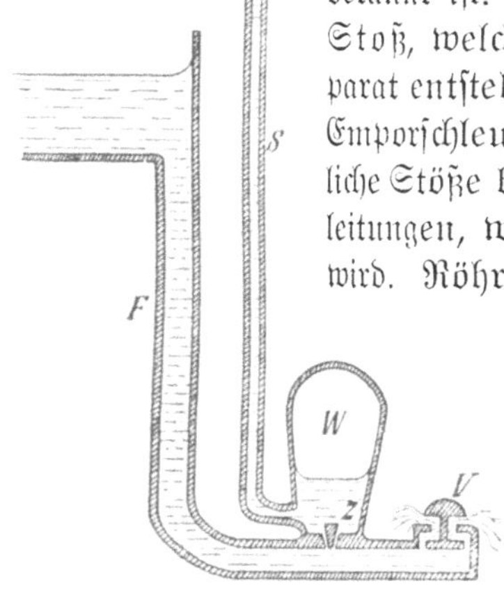

Abb. 25. Hydraulischer Widder.

bekannt ist. Beide Namen erklären sich durch den
Stoß, welcher beim Schließen des Rohrs V im Apparat entsteht und der die Ursache für das plötzliche
Emporschleudern des Wassers im Rohre S ist. Ähnliche Stöße bemerkt man auch nicht selten an Wasser-
leitungen, wenn ein Hahn sehr plötzlich verschlossen
wird. Röhren von zu schwacher Wandung können
dadurch sogar gesprengt werden.

Ein praktisch zu verwendender Stoß-
heber ist, wie Abb. 25 zeigt, noch mit
einigen wichtigen Einrichtungen versehen. Das Wasser tritt aus dem
Rohre nicht frei, sondern durch ein
Ventil V (das Stoßventil) aus, das

so eingerichtet ist, daß es sich jedesmal schließt, sobald die Geschwin=
digkeit des ausfließenden Wassers und damit seine Bewegungsenergie
eine gewisse Größe erreicht hat. Alsdann öffnet sich das Steigventil Z,
das aber nicht unmittelbar in das Steigrohr S, sondern in einen
Windkessel W führt, an dem das Steigrohr S angebracht ist. Das in
den Windkessel gepreßte Wasser drückt die Luft in diesem zusammen.
Die Folge davon ist, daß das Wasser nicht intermittierend (d. h. in unter=
brochenem Strahle) oben aus dem Steigrohr austritt, sondern an=
dauernd, weil sich ein Wasservorrat im Windkessel befindet, der durch die
komprimierte Luft andauernd ins Steigrohr gedrückt wird, also auch
während der Zeit, wo das Steigventil Z geschlossen, das Ventil V aber
geöffnet ist.

Der Leser wird schon bemerkt haben, daß ein hydraulischer Widder
nur bei einem gewissen Wasserüberschuß am Platze ist. Es gehen nämlich
selbst unter günstigen Bedingungen etwa $^9/_{10}$ des Wassers verloren,
also nur $^1/_{10}$ wird in die Höhe gefördert. Die Maschine hat aber den
großen Vorzug vor anderen, daß sie fast gar keiner Bedienung bedarf,
da nur dann und wann der Luftvorrat im Windkessel durch Ablassen
des Wassers erneuert werden muß, weil nämlich die Luft sich nach und
nach im Wasser auflöst. Man hat hydraulische Widder auf ziemlich
große Entfernungen angewandt (bis zu 1000 m) und sogar Steighöhen
von 100 m erreicht.

IV. Vorteilhafte Ausnutzung des Gewichts.

1. Ein Pfund hält einem Zentner das Gleichgewicht.

Wenn Leute, die sich nie mit physikalischen Dingen oder mit prak=
tischer Mechanik befaßt haben, hören, daß eine hydraulische Presse
(Wasserpresse) eine Maschine ist, welche einen Menschen befähigt, ein
Gewicht von 18 Tonnen (18 000 kg) zu heben, oder daß eine größere
Maschine dieser Art, mit mechanischer Kraft betrieben, 2000 Tonnen
zu heben vermag, so muß es ihnen scheinen, als ob hier übernatürliche
Kräfte im Spiele seien, um eine so ungeheuer große Kraft aus einer
verhältnismäßig kleinen zu schaffen.

Nichtsdestoweniger gründet sich diese wunderbar erscheinende Wirkung
auf die einfache Tatsache, daß das Wasser, wie überhaupt alle
Flüssigkeiten, einen darauf ausgeübten Druck gleichmäßig

nach allen Richtungen fortpflanzt. Anders steht es ja mit einem Stück Eisen oder einem anderen festen Körper. Es vermag einen von oben kommenden Druck, z. B. die Wirkung seiner eigenen Schwere, nur nach unten, also auf unter ihm befindliche Dinge zu übertragen. Dinge, die sich neben ihm befinden, werden nicht von dem Drucke betroffen. Wird es aber von der Seite gedrückt, so kann es diesen Druck nur auf Gegenstände übertragen, welche sich in der Richtung des Druckes seitlich von ihm befinden.

Elastisches Gummi (Kautschuk, Guttapercha) kann wegen der Verschiebbarkeit seiner kleinsten Teilchen wenigstens einem Teil des Druckes, von dem es betroffen wird, eine neue Richtung geben. So wird ein nicht hohler Gummiball, der so in einen viereckigen Kasten gelegt ist, daß er die Wände desselben berührt, bei starkem Druck von oben sich verbreitern. Zwar wird auch hier der Boden den stärksten Druck auszuhalten haben, ein Teil des Druckes wird aber auch auf die Seitenwände übertragen.

Die Eigentümlichkeit, die das Gummi infolge seiner Fähigkeit, unter Druck die Form zu verändern, uns hier zeigt, haben alle Flüssigkeiten nun in der Art, daß sie den ganzen Druck nach allen Richtungen gleichmäßig fortpflanzen. Einige allbekannte Beispiele mögen zuerst die allseitige Ausbreitung des Druckes veranschaulichen. Wie kommt es, daß das Wasser mit solcher Gewalt bestrebt ist, ein Schleusentor zu öffnen oder den Damm, der das Wasser zu einem Teich aufgestaut hat, zu durchbrechen? Betrachten wir einen Teil des Wassers in einer gewissen Tiefe innerhalb der Schleuse. Es wird durch sein eigenes Gewicht und durch das Gewicht der darüber lastenden Wassermasse nach unten gedrückt. Diesen Druck überträgt es nicht nur auf das darunter befindliche und somit auf den Boden, sondern auch seitwärts auf die anstoßenden Wassermassen, diese aber drücken endlich auf die Wände des Schleusenraumes und auf das Schleusentor. Dabei wird der Druck auf das Tor in größerer Tiefe größer sein, als näher nach der Oberfläche. — Wie kommt es ferner, daß ein Schiff auf dem Wasser schwimmt? Nun, das Wasser neben dem Schiffe drückt durch sein Gewicht abwärts, dieser Druck wird nicht nur seitwärts übertragen, sondern auch nach oben und drückt somit von unten gegen das Schiff.

Um die Wirkung der hydraulischen Presse verstehen zu lernen, wollen wir uns nun einen Apparat, wie er in der Abb. 26 dargestellt ist, denken oder herstellen. *A* und *B* sind 2 Zylinder, deren innerer Querschnitt je 10 qcm betragen möge. *D, E, F* und *G* sind 4 ähnliche Zylinder. Alle sechs sind nahe ihrem Boden durch kleine Röhrchen verbunden. Bei *C* befindet sich ein Hahn, der anfangs geschlossen ist. Gießt man nun

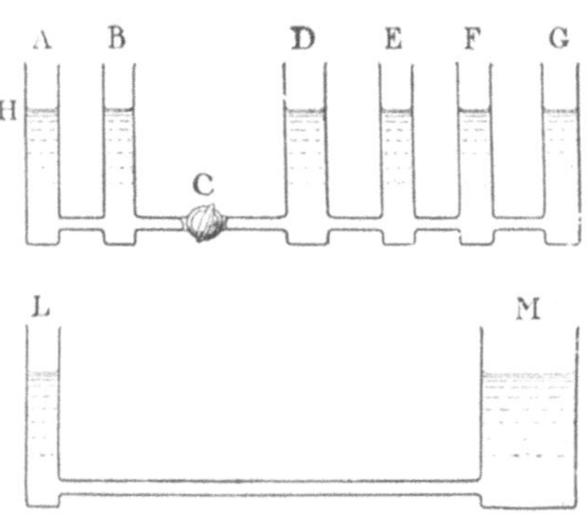

Abb. 26. Zur Erläuterung des Prinzips der hydraulischen Presse.

Wasser in den Zylinder *A*, so dringt es auch in *B* ein und steigt hier so hoch, daß beide Oberflächen in derselben horizontalen Ebene liegen. Steht es vorübergehend in einer der Röhren etwas höher, so ist hier sein Gewicht auch etwas größer. Es drückt deshalb stärker auf das Wasser am Boden. Dieser größere Druck wirkt nach der Seite und in der anderen Röhre nach oben und hebt das Wasser in dieser Röhre,

bis es ebenso hoch steht wie in der ersten, bis die Wassermassen sich also das Gleichgewicht halten.

Es ist aber nicht nur der Eigendruck des Wassers, der nach jeder Richtung fortgepflanzt wird. Auf jeder der Wasseroberflächen von 10 qcm lastet ein Luftdruck von über 10 kg. Auch dieser Druck wird fortgepflanzt, und die Druckwirkungen auf die beiden Röhren halten sich gegenseitig das Gleichgewicht. Um zu beweisen, daß das so ist, braucht man nur in jeder der beiden Röhren über dem Wasser einen leicht verschiebbaren, dicht schließenden Kolben anzubringen. Wenn dann der Kolben in *A* etwas gehoben wird, entlastet er das Wasser in *A* von dem Luftdruck. Die Folge davon ist, daß der von dem gleichen Luftdruck belastete, nicht in die Höhe gezogene Kolben in *B*, indem er seinen Druck durch das Wasser nach allen Seiten überträgt, das Wasser in *A* veranlaßt, dem Kolben zu folgen. — Wenn andererseits der Kolben in *A* etwas herabgedrückt wird, so wird auch dieser Überdruck nach allen Seiten fortgepflanzt und hebt den Kolben in *B* mitsamt dem darauf ruhenden Luftdruck von 10 kg.

Nun werde der Hahn *C* geöffnet! Jede der eben geschilderten Einwirkungen auf *A* wird dann genau dasselbe Resultat in den fünf Röhren *B, D, E, F, G* hervorrufen wie vorher in der einen Röhre *B*. Man gieße

Waffer in den Zylinder *A*; seine Oberflächen stellen sich alle in dieselbe horizontale Ebene ein, indem sowohl der Druck der Atmosphäre als auch derjenige des Waffers nach allen Richtungen fortgepflanzt wird und ein vollkommenes Gleichgewicht erzeugt. Man versehe alle Röhren mit Kolben und alle 5 werden auf eine Druckveränderung in der einen Röhre mit einer ebenso großen Veränderung antworten, wie es vorher die eine tat. Wenn wir ein Kilogrammgewicht auf den Kolben in *A* legen, so müssen wir auf alle 5 übrigen Kolben auch ein Kilogrammgewicht legen, um zu bewirken, daß wieder alle Kolben gleich hoch liegen.

Hier finden wir den Schlüssel zum Verständnis der hydraulischen Presse. Jedes Gewicht, das auf die Wasseroberfläche in einer der Röhren drückt, hält offenbar einem gleichen Gewicht in jeder der 5 anderen Röhren das Gleichgewicht. Ein Kilogramm in *A* kann darum 5 Kilogramm, die gleichmäßig über *B*, *D*, *E*, *F*, *G* verteilt sind, tragen. Ein kleines Übergewicht in *A* aber wird das Gleichgewicht stören und die 5 kg um ein gewisses Stück heben.

Es ist nun klar, daß wir das Verhältnis zwischen dem einen Zylinder und den 5 anderen nicht wesentlich ändern, wenn wir die letzteren alle zu einer einzigen weiteren Röhre mit 50 qcm innerem Querschnitt vereinigen. Diese Anordnung zeigt uns die Abb. 26 in *M*, und tatsächlich ergibt das Experiment, daß, wenn *L* 10 qcm, *M* 50 qcm Querschnitt hat, 1 kg in *L* 5 kg in *M* im Gleichgewicht hält und daß ein kleines Übergewicht in *L* 5 kg in *M* zu heben vermag. Hieraus folgt — und das Experiment vermag es zu bestätigen —, daß, wenn der Querschnitt von *M* 100 mal so groß ist wie der von *L*, eine Kraft von 1 kg in *L* einer Last von 100 kg in *M* das Gleichgewicht halten kann.

Man denke sich nun die Röhre *L* durch eine kleine Druckpumpe ersetzt. *L* stellt dann in unserer Abbildung den „Pumpenstiefel" dar. Der Druck auf den Kolben werde nicht direkt durch die Hand eines Menschen, sondern durch Vermittlung eines Hebels („Pumpenschwengels") ausgeübt, dessen Kraftarm 6 mal so lang ist wie der mit dem Pumpenkolben durch eine Stange verbundene Lastarm. Ein Mann kann ohne Schwierigkeit einen Druck von 30 kg auf den Hebel ausüben. Durch die Anwendung des Hebels wird dieser Druck versechsfacht, der Kolben rückt also mit 180 kg auf das Waffer in *L*. Ist dann der Querschnitt von *M* 100 mal so groß wie derjenige von *L*, so kann das Waffer in *M* ein Gewicht von 18 000 kg oder 18 Tonnen heben.

Ein Mann, indem er am Pumpenschwengel arbeitet, hebt 18 Tonnen! Das klingt nach Zauberei, wenn man es zum ersten Male hört. Es sieht aus, wie wenn die Natur betrogen würde. Aber die Natur ist ein sehr sorgfältiger Bankier und hat noch nie bei einem Handel den kürzeren gezogen. Sie bezahlt niemals einen Scheck, dessen Betrag die deponierten Gelder übersteigt.

Man kann aus keiner Maschine mehr Kraft gewinnen, als in irgendeiner Form ihr zugeführt wurde. In Wirklichkeit kann man nicht einmal ebensoviel wiedergewinnen. Welcherlei Kraft man auch zuführt, die Natur erhebt einen Zoll darauf, indem sie einen Teil davon in Reibung verwandelt, die uns als Kraft verloren geht. Das ist die Provision des Bankiers. So kommt es, daß die Gesamtkraftleistung einer Maschine stets geringer ist, als die zugeführte Kraft betrug.

Wenn deshalb ein Mann, indem er einen Druck von 30 kg ausübt, eine Maschine veranlassen kann, 18 Tonnen zu heben, so können wir sicher sein, daß sich irgendein Ausgleich ausfindig machen läßt, der uns anstatt eines zauberhaft erscheinenden Gewinnes ein Arbeitsgleichgewicht erkennen läßt. Dieser Ausgleich liegt darin, daß der Weg, auf welchem die Kraft ausgeübt wurde, 600 mal so groß ist wie der Weg, den die Last zurücklegte. Wenn der Arbeiter mit seinem Pumpenschwengel einen Weg von 600 cm zurücklegt, so wird die Last von 18 Tonnen nur 1 cm hoch gehoben. Es sind also 100 solche Pumpenschläge nötig, um die Last um 1 m zu heben. Auch muß der Arbeiter jedesmal mit einer Kraft drücken, die etwas größer ist als 30 kg, damit er das ersetzt, was durch Reibung verloren geht.

Daß dieser Ausgleich ein notwendiger ist, zeigt leicht ein Blick auf die Abb. 26. Wenn ein Kolben in der Röhre A das Wasser unter H herabdrückt und es so zwingt, in den anderen fünf Röhren in die Höhe zu steigen, so kann, wenn die Röhren gleich weit sind, das Steigen in den 5 Röhren nur den fünften Teil des Sinkens in der ersten Röhre betragen. Sind die 5 Röhren, wie in M, zu einer vereinigt, so muß hier dasselbe gelten. Also wird eine Last in M um $^1/_5$ derjenigen Strecke gehoben, um welche der Kolben in L sinkt.

2. Mit 1 kg Wasser ohne Kolben oder Hebel einen Druck von 10 oder 100 kg auszuüben.

Wir haben in der hydraulischen Presse ein Mittel kennen gelernt, um Druckkräfte gleichsam zu vervielfachen. Dabei waren aber Kolben nötig, um den Druck auf das Wasser und durch dieses auf die zu hebende Last zu übertragen. Ebenso sehen wir bei zahllosen Gelegenheiten Hebel angewendet, um Druckkräfte vorteilhaft auszunutzen. Da legen z. B. 2 Knaben ein starkes Brett über einen liegenden Baumstamm und schaffen sich auf diese Weise eine „Wippe". Sind sie gleich schwer, so werden sie das Brett so legen, daß seine Mitte den Stamm berührt. Wenn aber der eine nur halb so schwer ist wie der andere, wird das Brett in der Weise hingelegt, daß das eine Ende ungefähr doppelt so weit von der Unterstützungsstelle entfernt ist wie das andere. Auf das längere Ende setzt sich der leichtere, auf das kürzere der schwerere. Das Gleichgewicht ist nun wieder hergestellt, denn jedes Pfund des leichteren Knaben kann jetzt zwei Pfunden des schwereren die Wage halten. Das pflegt man ja wohl auch in einer etwas gelehrter klingenden Form auszudrücken, indem man sagt: Am Hebel herrscht Gleichgewicht, wenn sich die Arme (die Hebelteile) umgekehrt verhalten wie die daran angreifenden Kräfte. Es ist allgemein bekannt, daß Hebel bei dem Aufbau zahlloser Maschinen eine Rolle spielen. Schon bei der Besprechung der Jinrikisha und der hydraulischen Presse ist von dem Nutzen der Hebelwirkung die Rede gewesen.

Alle diese Mittel, Kolben und Hebel, sollen nun bei der in unserer Überschrift geforderten Einrichtung ausgeschlossen sein. Dennoch soll die Druckwirkung des Wassers vervielfacht werden. Wie ist das möglich?

Man denke sich 2 zylindrische Gefäße (Abb. 27) mit einer Grundfläche von 1 qdm und einer Höhe von 1 bzw. 2 dm. Dann faßt das erste Gefäß gerade 1 Liter (also 1 kg), das zweite 2 kg Wasser. Das erste Gefäß wollen wir nun nach oben verlängern, indem wir einen wasserdicht schließenden Deckel anbringen, in welchem ein Rohr von 1 m Länge und $^1/_{10}$ qdm Querschnitt befestigt ist. Eine einfache Rechnung zeigt, daß dieses Rohr gerade 1 kg Wasser aufzunehmen vermag. Wird das so entstandene Gefäß vollständig (d. h. einschließlich des Rohres) mit Wasser gefüllt, so übt das eine kg Wasser, das im Rohre steht, auf

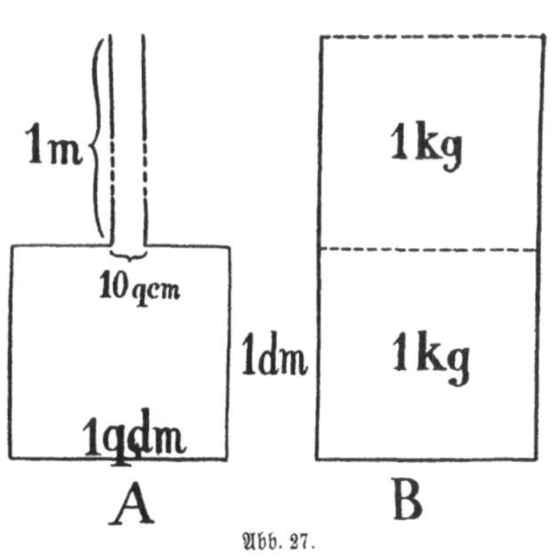

Abb. 27.

den Boden des Gefäßes einen Druck von 10 kg aus. Der gesamte Bodendruck beträgt also im Gefäße *A* 11 kg, während in dem Gefäße *B* der Boden nur 2 kg Druck erleidet. Würde man das Rohr 10 m lang und nur 1 qcm weit machen, so würde der durch das eine kg Wasser erzeugte Bodendruck sogar 100 kg betragen. Es gilt nun, diese paradoxe Behauptung zu beweisen und außerdem zu zeigen, wie die merkwürdige Vervielfältigung zustande kommt.

Will man den Druck messen, den der Boden eines Gefäßes durch die darin befindliche Flüssigkeit erfährt, so muß man das Gefäß aus einer Röhre herstellen, an welcher der untere Rand so eben abgeschliffen ist, daß eine ebene Platte, die leicht dagegen gepreßt wird, einen wasserdichten Abschluß bewirkt. Diesen beweglichen Boden benutzt man als die eine Schale einer Wage (Abb. 28).¹) Ein Teil der Gewichtsstücke, welche auf die andere Schale gelegt werden, dient dazu, dem beweglichen Boden das Gleichgewicht zu halten. Die darüber hinausgehenden Gewichte pressen den Boden gegen den unteren Rand des an einem besonderen Halter befestigten Rohres. Läßt man Wasser in das Rohr fließen (etwa mittels eines Schlauches aus dem Gefäß *F*), so halten die Gewichte diesem Wasser so lange das Gleichgewicht, bis der Wasserspiegel eine gewisse Höhe überschreitet. Sobald das geschehen ist, fließt Wasser aus dem zwischen Boden und Seitenwand sich bildenden Spalt aus. Die Gewichte, welche gerade noch genügen, um dem Wasser das Gleichgewicht zu halten, sind ein Maß für die Größe des Bodendruckes. Prüft man mit Hilfe einer solchen Einrichtung Gefäße (Röhren) verschiedener Form (z. B. zylindrische, nach oben erweiterte, nach oben verengte, gekrümmte, Abb. 28 *G, T, S, U*), aber mit gleich großer Bodenfläche, so stellt sich die merkwürdige Tatsache heraus, daß der Bodendruck durchaus nicht immer gleich dem Ge

1) Bei dem abgebildeten Apparat ist das Rohr *G* in eine Messinghülse eingesetzt, gegen deren unteren, ebenen Rand eine Metallplatte gepreßt wird.

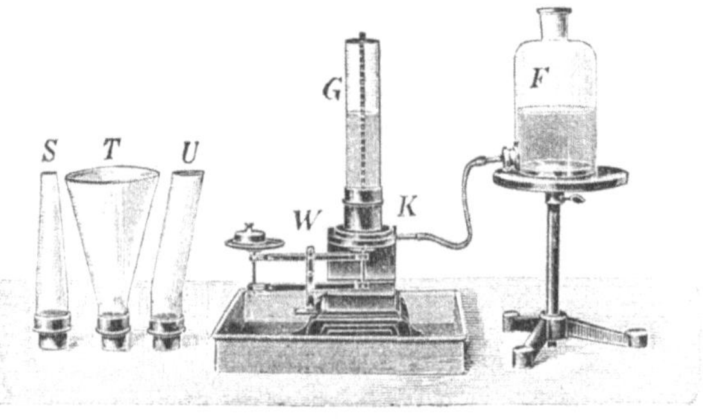

Abb. 28.

wichte der im Gefäße befindlichen Wassermenge ist, sondern bei gleicher Bodenfläche nur von der senkrechten Entfernung des Wasserspiegels vom Boden abhängt. Das bedeutet aber, daß die Form des Gefäßes dabei ganz gleichgültig ist. Füllt man ein gerades zylindrisches, ein nach oben erweitertes und ein nach oben verengtes Gefäß von 1 qdm Bodenfläche 1 dm hoch mit Wasser, so ist in allen drei Gefäßen der Bodendruck gleich 1 kg, also gleich dem Gewicht derjenigen Wassermenge, die sich in dem zylindrischen Gefäße befindet. Er ist also in dem nach oben verengten Gefäße größer als das Gewicht der darin enthaltenen Flüssigkeit.[1]

Die Tatsache, daß im erweiterten Gefäße ein gewisses Flüssigkeitsgewicht auf dem Boden nicht mit seinem vollen Gewicht drückt, erscheint noch begreiflich, wenn man bedenkt, daß die schrägen Wandungen sicherlich einen Teil der Last tragen helfen. Daß aber der Bodendruck einer Flüssigkeit (im verengten Gefäß) größer sein kann als das Gewicht der hineingeschütteten Flüssigkeit, erscheint wirklich paradox. Sehen wir genau zu, so ist die paradoxe Behauptung, von der wir (S. 54) ausgingen, nichts weiter als ein besonderer Fall des soeben festgestellten Gesetzes. Das Gefäß A der Abb. 27 ist wegen seiner rohrförmigen Verlängerung als ein nach oben verengtes Gefäß anzusehen. Der nicht verengte Teil faßt 1 kg Wasser, das Rohr von 10 qcm Querschnitt und 1 m Länge faßt auch 1 kg; der Gesamtbodendruck aber ist 11 kg, d. h. er ist so groß, wie er sein würde, wenn der verengte Teil ebenso weit wäre wie der untere Teil, denn dann würde das Gefäß gerade 11 kg Wasser fassen. So sehen wir also, daß die Untersuchung des Bodendruckes mittels der Wage uns wohl zur Erkenntnis des hier waltenden Gesetzes verholfen hat, aber noch nicht zum Verständnis der Erscheinung.

Wir müssen uns deshalb noch weiter mit der Frage beschäftigen: Wie erklärt es sich, daß der Druck auf den Boden eines Gefäßes nicht gleich dem Gewicht der Flüssigkeit zu sein braucht, sondern kleiner, aber auch — und das ist das Paradoxe — größer sein kann als dieses Gewicht?

Leicht verständlich ist zunächst, daß der Druck auf den Boden eines geraden zylindrischen Gefäßes gleich dem Gewichte des darin enthaltenen

---

1) Mit dieser paradoxen Erscheinung hat sich schon 1653 der französische Mathematiker, Physiker und Philosoph Blaise Pascale beschäftigt. Gefäße wie die in Abb. 28 abgebildeten heißen danach „Pascalsche Vasen".

Wassers ist. Auf dieser Tatsache können wir also weiter bauen. Zuerst wollen wir uns ein nach oben erweitertes Gefäß mit stufenartiger Erweiterung vorstellen. Ein Längsschnitt dieses Gefäßes ist in Abb. 29 dargestellt. Da die Strecken AB, CD und EF sich wie $1:3:5$ ver-

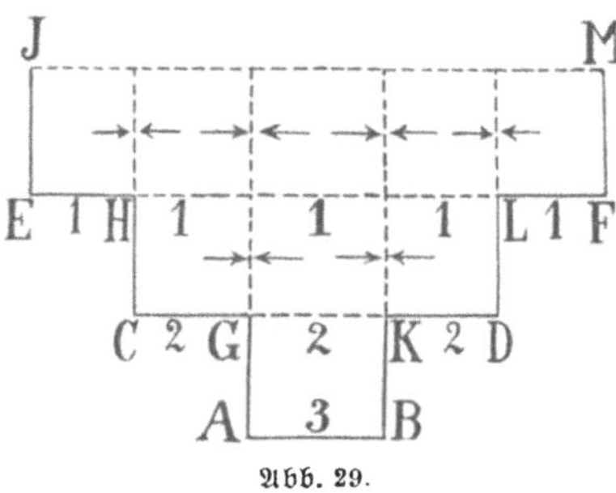

Abb. 29.

halten, so verhalten sich also die Flächen wie $1:9:25$, d. h. wenn die Fläche AB 1 qdm groß ist, so ist $CD = 9$ und $EF = 25$ qdm. Die Stufenhöhen mögen genau 1 dm betragen. Das Gefäß faßt dann 35 Liter Wasser mit einem Gewicht von 35 kg; trotzdem erleidet der Boden AB nur einen Druck von 3 kg. Man ist leicht geneigt, sich zur Erklärung dieser Tatsache mit der Vorstellung zu begnügen, daß die Flächenstücke, die durch die Strecken EH, LF, CG und KD repräsentiert sind, die über ihnen stehenden Wassersäulen tragen, und zwar EH und LF je 1 kg, CG und KD je 2 kg. Dann kommt deren Druck nicht für die Bodenfläche AB in Betracht; diese ist vielmehr nur durch die Wassersäule über AB belastet. Bei dieser Überlegung ist aber die ganze Wassermenge in 3 Teile zerlegt gedacht, die auf dem Boden, auf der ersten Stufe bei C und auf der zweiten Stufe bei E lasten. Die zweite und dritte Wassermenge umgeben die erste ringförmig, und alle drei sind bei dieser Erklärung stillschweigend als starre Körper angesehen. Wir könnten uns deshalb die 3 Wassermassen ebensogut als gegeneinander verschiebbare Eisblöcke vorstellen, von denen nur der eine den Boden belastet. So liegen nun aber die Verhältnisse in Wirklichkeit nicht. Vielmehr wissen wir aus dem Abschnitt über die hydraulische Presse, daß ein Druck sich in einer Flüssigkeit allseitig und gleichmäßig fortpflanzt. Es kann also der Druck der Wassermenge über EH nicht einfach dadurch beseitigt sein, daß er auf dem Flächenstück EH lastet, denn dieses Wasser übt auch einen Seitendruck aus. Da aber daneben sich jedesmal eine zweite ebenso große Wassermenge befindet, die unter anderem einen Seitendruck in entgegengesetzter Richtung ausübt, so heben sich alle Seitendrucke, wie die Pfeile der Abbildung andeuten, gegenseitig auf, und deshalb ist das Endergebnis schließlich doch, daß auf der Fläche AB nur ein Druck von 3 kg lastet, also ein Druck, der gleich dem Gewichte des senkrecht darüber stehenden Wassers ist.

Es gilt nun, diese Erklärung auch auf ein nach oben stufenförmig verengtes Gefäß auszudehnen. Wie kommt es z. B., daß in Abb. 30, falls AB gleich 25 qdm und jede Stufenhöhe gleich 1 dm ist, der Wasserdruck auf AB gleich 75 kg ist, obwohl das Gewicht des Wassers nur 35 kg beträgt?

Zur Erklärung gehen wir von der Wassermenge über EF aus. Diese übt auf die gedachte Grenzfläche EF einen Druck von 1 kg aus. Da aber dieser Druck durch die Schicht $HCDL$ weiter übertragen wird, so erfährt auch das durch die Strecken HE und FL repräsentierte Wandstück einen Druck von 1 kg auf

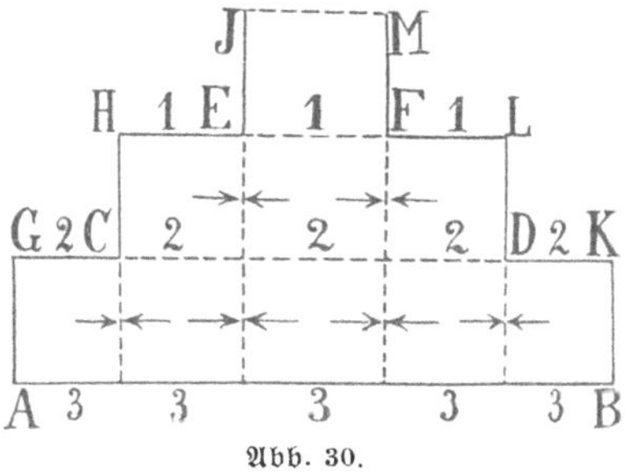

Abb. 30.

je 1 qdm. Dieser Druck wirkt aber von unten. Da die Wand dem Drucke nicht nachgibt, übt sie einen Gegendruck von gleicher Größe aus, der sich auf die Wasserschicht $HCDL$ so überträgt, als ob die Stufen HEJ und LFM nicht existierten, vielmehr eine überall gleich dicke Wassersäule von der Grundfläche HL und der Höhe EJ vorhanden wäre. So kommt es also, daß die Fläche CD, die unter dem Drucke beider Wasserschichten steht, auf jedem qdm **2** kg Druck erleidet. Wie man ohne weiteres erkennt, läßt sich diese Betrachtung auch auf die Schicht $GABK$ ausdehnen. Das Ergebnis ist dann, daß jedes qdm der Grundfläche AB 3 kg Druck erleidet.

Unsere Betrachtungsweise beseitigt auch den scheinbaren Widerspruch, der darin liegt, daß die Flüssigkeit weniger wiegt, als der Druck auf den Boden beträgt. Man stelle das Gefäß der Abb. 30 mit Wasser gefüllt auf eine Wage. Der Bodendruck ist 75 kg. Obwohl der Boden die Wagschale berührt, belastet das Wasser die Wagschale nur mit 35 kg. Wo sind die fehlenden 40 kg geblieben? Die Antwort lautet folgendermaßen. Die Fläche HL beträgt 9 qdm, EF 1 qdm, der ringförmige Teil von HL also 8 qdm; er ist belastet mit 8 kg Druck nach oben. Die Fläche GK ist 25 qdm, CD 9 qdm, der ringförmige Teil von GK also 16 qdm; er wird mit 32 kg nach oben gedrückt. Der auf die Gefäßwand nach oben wirkende Druck ist demnach gleich 40 kg, es bleiben von den 75 kg Bodendruck somit doch nur 35 kg als Druck auf der Wagschale übrig.

Die Betrachtungen, welche wir für stufenförmig erweiterte und verengte Gefäße anstellten, müssen auch dann noch gelten, wenn die Stufen so klein und zahlreich werden, daß das Gefäß allmählich erweitert und verengt erscheint. Stets ist dann der Bodendruck gleich dem Gewicht einer Flüssigkeitssäule, die den Gefäßboden als Grundfläche und den Abstand der Flüssigkeitsoberfläche vom Boden als Höhe hat. Er ist also unabhängig von jeder Verengung oder Erweiterung des Gefäßes und hängt nur von der Größe der Bodenfläche und der Höhe des Flüssigkeitsspiegels ab.

Kehren wir nun noch einmal zu unserem Ausgangspunkt zurück. Es ist nach unseren bisherigen Überlegungen ohne weiteres klar, daß der Boden des Gefäßes in Abb. 27A (mit dem Rohraufsatz) 11 kg Druck erleidet, falls das Rohr 1 m lang und 10 qcm weit ist, dagegen gar 101 kg, wenn das Rohr 10 m lang und nur 1 qcm weit wäre, obwohl in beiden Fällen nur 2 kg Wasser zur Verwendung kommen. Schon Pascal hat den starken Druck, den eine in ein enges, aber langes Rohr eingeschlossene Flüssigkeit ausübt, bewiesen, indem er ein mit Wasser gefülltes Faß durch das Wasser einer darauf gesetzten sehr langen Röhre zum Bersten brachte. Man hat aber von dieser Tatsache auch eine praktische Anwendung gemacht, nämlich bei der Realschen Extrakt-Presse. Es handelt sich häufig darum, irgendwelchen festen Körpern (z. B. Pflanzenteilen) durch eine Flüssigkeit (Wasser, Alkohol, Benzol, Schwefelkohlenstoff usw.) gewisse lösliche Stoffe (Gerbstoffe, Öl usw.) zu entziehen. Die Erfahrung lehrt, daß die Auflösung um so schneller erfolgt, je höher der Druck ist, unter dem die Flüssigkeit steht. Man verfährt nun so, daß der zu behandelnde Stoff zwischen zwei siebartig durchlöcherte Platten gebracht wird und daß man dann die betreffende Flüssigkeit unter dem Drucke einer hohen Flüssigkeitssäule durch die Substanz hindurchfiltrieren läßt.

3. Erhöhung des Gewichts ohne Erhöhung der Masse.

Wenn ich einen eisernen Würfel mit einer Kantenlänge von 1 cm wäge, so finde ich ein Gewicht von etwa 7,5 g. Will ich ein doppeltes Gewicht erzielen, so muß ich zwei Würfel von der genannten Größe nehmen, also mit anderen Worten: ich muß die Masse verdoppeln. Es scheint danach ganz unmöglich, das Gewicht zu erhöhen, ohne die Masse zu vermehren. Wir werden sehen, daß sich in gewissem Sinne doch Mittel und Wege zur Erreichung des Zieles finden lassen.

Befestigt man einen nicht zu leichten Gegenstand an einem Faden und bringt den Körper dann durch Schwingen in eine kreisende Bewegung, so fühlt man, wie der Faden durch den Körper gespannt wird. Benutzt man verschieden schwere Körper an gleich langen Fäden und schwingt sie gleich schnell, so bemerkt man deutlich, wie der Faden durch die größere Masse stärker gespannt wird als durch die kleinere. Die Kraft, mit welcher der im Kreise bewegte Körper an dem Faden zieht, nennt man Zentrifugalkraft oder Fliehkraft. Sie ist bei gleicher Geschwindigkeit proportional der Masse des bewegten Körpers, ist um so größer, je kleiner der Radius der Kreisbahn ist, und wächst ferner, wenn die Geschwindigkeit der Bewegung wächst. Als Beispiel für die manchmal recht bedeutende Größe der Zentrifugalkraft sei angeführt, daß Schleifsteine infolge schneller Umdrehung manchmal bersten können.

Wenn sich ein Körper während seiner Zentralbewegung von dem ihn haltenden Faden loslöst, so fliegt er nicht etwa in der Fortsetzung seiner bisherigen kreisförmigen Bahn weiter, sondern geradeaus, in der Richtung, welche die Mathematiker die Tangente des Punktes nennen, worin er sich gerade befindet (Abb. 31). Das ist auch bekanntlich die Richtung, in der sich lose Körperchen von einem gedrehten Körper ablösen. Man denke an die Eisenteilchen, die ein Schleifstein von einem angepreßten Eisenstück loslöst und die in glühendem Zu-

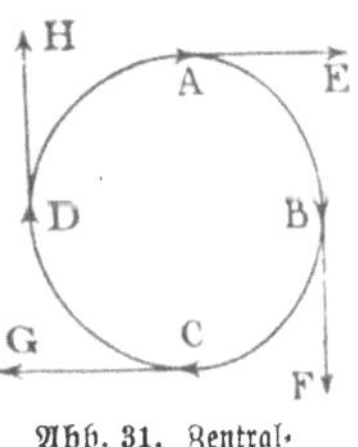

Abb. 31. Zentral-
bewegung.

stande als „Funken" mitgerissen werden. Man sieht daraus, daß der bewegte Körper in jedem Augenblicke das Bestreben hat, sich geradlinig (in der Richtung der Tangente) fortzubewegen und daß er nur durch die Zugkraft des Fadens in die kreisförmige Bahn gezwungen wird. Die Folge davon ist, daß er (nach dem Grundsatz von der Gleichheit der Wirkung und Gegenwirkung) einen ebenso starken Zug vom Mittelpunkt fort ausübt.

Statt der Schnur können auch andere Mittel angewandt werden, um den Gegenstand immer in derselben Entfernung vom Mittelpunkte zu halten. So kann er z. B. auf Räder gesetzt und gezwungen werden, der Innenseite einer kreisförmigen Bahn zu folgen. Das ist der Fall, wenn ein Zweiradfahrer seine Kunst und mehr noch seinen Mut auf der sogenannten „Schleifenbahn" beweist (Abb. 32). Die notwendige Geschwindigkeit erlangt er, indem er vorher eine steile Ebene hinabfährt,

Abb. 32. Eine Schleifenbahn.

die etwas höher ist als der zu durchfahrende Kreis. Das genügt, um das Zweirad an einem Geleise entlang zu tragen, das sich an der Innenseite einer kreisförmigen Bahn befindet. Dabei überschreitet der Fahrer den höchsten Punkt der Bahn mit nach unten gekehrtem Kopf und nach oben gewandten Füßen. Er wird nur durch die Zentrifugalkraft gegen seinen umgekehrten Sitz gepreßt und ist vollkommen sicher, solange die Einrichtungen fehlerfrei sind und er selbst Herr seiner Nerven ist.

Diese Beispiele mögen einstweilen genügen, um zu zeigen, wie bei jeder Zentralbewegung eine Zentrifugalkraft auftritt. Da, wie schon mehrfach gesagt, die Stärke dieser Kraft bei gleichem Radius der Bahn und gleicher Geschwindigkeit von der Masse des Körpers abhängt, und da die Masse mittels des Gewichtes bestimmt wird, so kann man die Zentrifugalkraft als eine Art Gewichtswirkung ansehen, bei der aber die Richtungen, in denen das Gewicht drückt, nicht wie gewöhnlich zum Erdmittelpunkte hinzeigen, sondern mit den Radien der von der Masse zurückgelegten Kreisbahn zusammenfallen. Da nun ferner die Zentrifugalkraft mit wachsender Geschwindigkeit zunimmt, so haben wir in der Vergrößerung der Geschwindigkeit in der Tat ein Mittel, um die Gewichtswirkung zu erhöhen, ohne die Masse zu vergrößern.

Die Wirkung der Erhöhung der Geschwindigkeit findet eine sehr nützliche Anwendung, nämlich zur schnellen Trennung von Dingen, welche sich infolge ihres verschiedenen Gewichtes zwar von selbst trennen, aber doch bedeutend langsamer. So trennt der Chemiker Kristalle und Niederschläge von den Lösungen, in denen sie erzeugt werden; man trennt in den Molkereien den leichteren Rahm von dem schwereren, wässerigen Teile der Milch. Der Gewichtsunterschied des Rahms und des wässerigen Teiles der Milch ist nicht sehr groß, das Gewichtsverhältnis mag etwa 9:10 sein. Läßt man deshalb Milch einfach stehen, so dauert es viele Stunden, bis das in ihr sehr fein verteilte Fett sich teilweise als Rahm oben angesammelt hat.

Gesetzt, es wären in einer gewissen Menge Milch 9 g Rahm; dann wiegt der von dem Rahm verdrängte wässerige Teil 10 g, der „Auftrieb“, d. h. die Ursache für das Aufsteigen des Rahms beträgt dann 1 g. Wenn wir nun beide Teile 1000 mal so schwer machen könnten, daß folglich der Rahm 9 kg, der verdrängte Milchteil 10 kg wöge, so wäre der Auftrieb gleich 1 kg.

Das ist es nun, was man praktisch im Zentrifugal-Separator[1]) ausführt. Eine einfache Form desselben, für Laboratoriumszwecke zusammengestellt, zeigt die Abbildung 33. Ein Rahmen mit 6—10 Armen ist horizontal mit großer Geschwindigkeit durch eine besondere, in der Abbildung nicht dargestellte Vorrichtung drehbar. Am Ende eines jeden Armes befindet sich ein drehbarer Ring. In diese Ringe werden die Röhren, welche die zu „zentrifugierenden" Stoffe enthalten, eingesetzt. Um Schwankungen des Apparates zu vermeiden, sollten gleich große Flüssigkeitsgewichte einander gegenüber angebracht werden.

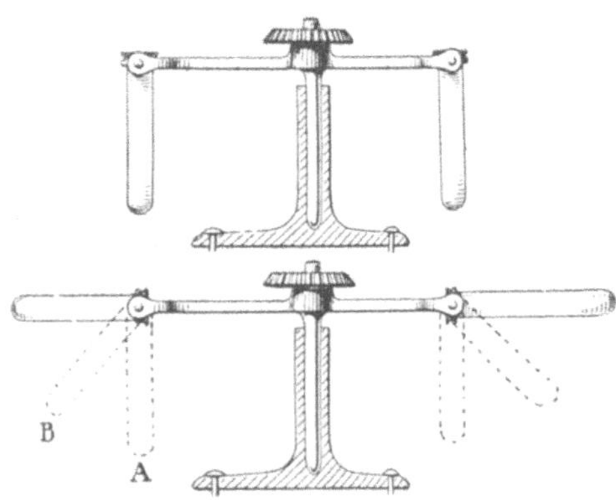

Abb. 33. Zentrifugal-Apparat.

Wenn dieser Apparat gedreht wird, so bewirkt die Zentrifugalkraft, daß sich die Röhren von ihrer ursprünglichen Lage A nach außen bewegen. Wenn sie bis B gekommen sind, so daß sie mit der ursprünglichen Richtung einen Winkel von 45° bilden und sich also in der Mitte zwischen der vertikalen und horizontalen Lage befinden, so ist die vertikal wirkende Schwere gerade durch die horizontal wirkende Zentrifugalkraft aufgehoben. Jedes Gramm Masse innerhalb der Röhre hat außer seinem Gewicht von 1 g, das es der Schwerkraft verdankt, gewissermaßen noch 1 g „Horizontalgewicht" — und zwar infolge der Zentrifugalwirkung — erlangt.

Nun wächst die Zentrifugalkraft proportional dem Quadrat der Geschwindigkeit. Wenn die Maschine die Röhren also doppelt so schnell herumbewegt, so erlangt ihr Inhalt die vierfache Zentrifugalkraft, jedes Gramm Masse hat jetzt 4 g „Horizontalgewicht"; bei zehnfacher Geschwindigkeit hat jedes Gramm 100 g „Horizontalgewicht" und so fort. So wird ein sehr kleiner ursprünglicher Gewichtsunterschied zwischen zwei Dingen in einer solchen Röhre bei genügend schneller Umdrehung des Apparates einen sehr beträchtlichen Unterschied der Zentrifugal-

---

1) Separator = Trenner.

gewichte erzeugen, und der schwerere Stoff wird sich schnell nach dem äußeren Ende der Röhre, d. h. nach ihrem Boden, begeben.

In Maschinen, die nach diesem Prinzip gebaut sind, die allerdings im einzelnen von unserem Apparat abweichen, werden täglich große Mengen von Milch „zentrifugiert". Der wässerige Teil der Milch wird dabei in die äußeren Teile des Separators getrieben, während der leichtere Rahm sich nahe der Mitte ansammelt. Ein ähnliches Verfahren wird in großen Wäschereien benutzt, um das Wasser schnell aus nassen Stoffen zu entfernen. In Imkereien schleudert man so den Honig aus den Zellen der Waben heraus, ohne die letzteren zu zerstören, wie es früher geschah, wenn man sie zerschnitt und zerquetschte.

V. Gefrieren und Schmelzen.

1. Eis zu schmelzen, während es kälter wird.

Schlittschuhläufer wissen, wie schnell Eis schmilzt, wenn der Wind umschlägt und warme Luft über die Eisdecke hinbläst. Reisende in arktischen Gegenden müssen oft ihr Trinkwasser dadurch gewinnen, daß sie Eis in einem Gefäß auf Feuer stellen. Diese Beispiele zeigen, wie Eis durch Wärmezufuhr schmilzt. Es läßt sich aber auch ohne Zufuhr von Wärme schmelzen, ja sogar während seine Temperatur sinkt. Das klingt erstaunlich! Nun, eigentlich wird es auch nicht ohne Wärme geschmolzen, sondern nur ohne Wärmezufuhr von außen. Wärme ist immer nötig zum Schmelzen; aber das Eis selbst soll die Wärme für sein eigenes Schmelzen liefern. Daß es Wärme liefern kann, mag zuerst auch recht paradox erscheinen. Aber obgleich Eis kalt ist, so ist es doch deswegen nicht ohne Wärme. Wenn ich behaupte, daß es kalt ist, so sage ich nur, daß es weniger Wärme besitzt als mein Körper, nicht etwa, daß es überhaupt keine Wärme hat. Alle Dinge, die wir kennen, haben Wärme, wenn auch diejenigen, welche wir kalt oder kühl nennen, weniger Wärme haben als die, welche wir warm oder heiß nennen. Um also Eis kälter zu machen, müssen wir es so einrichten, daß es einen Teil seiner Wärme abgibt. Nun ist Wärme eine Energieform, die sich in viele andere Formen umwandeln läßt. Sie geht in Licht, Elektrizität und Magnetismus über, kann mechanische Verbindungen und Zersetzungen, Verflüssigung, Verdampfung und mechanische Bewegung hervorrufen. Das letztere sehen wir in unseren Dampfmaschinen, die nichts weiter sind als Vorrichtungen zur Umwandlung von Wärmeenergie in Bewegungsenergie. Einem Dinge Wärme entziehen heißt also: ihm Energie entziehen, d. h. es zu veranlassen, eine Arbeit zu leisten. So sehen wir also das eine wenigstens ein: Wenn Eis ohne Zufuhr äußerer Wärme oder anderer Energie schmilzt, wenn es also sich selbst die dazu nötige Energie entnimmt, so wird es energieärmer, und dieser Energieverlust kann sich äußern in einem Wärmeverlust, also einer Erniedrigung des mit dem Thermometer gemessenen Wärmegrades oder der Temperatur.

Es fragt sich also nur: Wie bringt man Eis ohne Wärmezufuhr zum Schmelzen? Dazu benutzt man die Tatsache, daß eine gesättigte Salzlösung nicht wie reines Wasser bei 0° C., sondern erst bei etwa -18° C. gefriert. Man kann also den Schmelzpunkt des Wassers durch Zusatz von Salz erniedrigen oder, anders ausgedrückt, eine Mischung von Wasser und Salz kann sich oberhalb einer Temperatur von -18° C. nicht im festen Zustande befinden. Mischen wir also das Wasser im festen Zustande, d. h. Eis von 0°, mit Salz, so muß ein Teil dieses Gemisches flüssig werden. Da hierzu aber Energie erforderlich ist, so wird ein Teil der Wärme des Gemisches verbraucht.

Wie stark sich ein Gemisch von Eis und Salz („Kältemischung") abkühlt, ersieht man aus der Bildung einer dicken Schicht von Reif an der Außenseite des Gefäßes, in welchem man die Mischung hergestellt hat. Wie erklärt sich das? Nun, wenn ein Gefäß Eis von 0° C. oder Eiswasser enthält, so sieht man häufig, wie sich an seiner Außenseite Tau bildet. Das ist die Feuchtigkeit der umgebenden Luft. Die Luft wurde von dem kalten Gefäß abgekühlt und setzte dann einen Teil ihrer Feuchtigkeit an dem Behälter an. Da unser Gemisch von Eis und Salz vielleicht schon eine Temperatur von -18°C. erreicht hat, so ist es erklärlich, daß sich nun der Wasserdampf der Luft gar nicht erst in flüssigem Zustande, sondern unmittelbar in Gestalt von feinen Eisnadeln, d. h. als Reif, niederschlägt.

Als Fahrenheit zum ersten Male dieses Experiment machte (mit Salmiak statt des Kochsalzes) und entdeckte, welche bedeutende Kälte dadurch entstand, glaubte er zu der tiefsten erreichbaren Temperatur gekommen zu sein. Deshalb ist auch an der Temperaturskala seines Thermometers diese Temperatur als Nullpunkt bezeichnet, während Celsius bekanntlich den Gefrierpunkt des Wassers (Schmelzpunkt des Eises) mit der Zahl 0 bezeichnete. Fahrenheit teilte den Zwischenraum zwischen dem Siedepunkt und Gefrierpunkt in 180 gleiche Teile (Grade), Celsius nur in 100. So kommt es, daß der Siedepunkt des Celsiusthermometers die Zahl 100, der des Fahrenheitthermometers die Zahl 212 trägt, der Gefrierpunkt des Fahrenheitthermometers aber mit 32 bezeichnet ist.

Heute wissen wir, daß sich Fahrenheit in der Annahme, die tiefste erreichbare Temperatur erzeugt zu haben, täuschte. Denn in der flüssigen Luft haben wir etwa — 200° C. (= — 344° F.), während flüssiger und fester Wasserstoff noch kälter ist.

Immerhin sind — 18° C. (= 0° F.) eine recht bedeutende Kälte. Das Bestreuen mit Salz ist deshalb ein sehr unbefriedigendes Mittel, Eis und Schnee von den Straßen zu entfernen. Es bringt ja allerdings das Eis — selbst bei Temperaturen unter 0° C. — zum Schmelzen. Aber dabei verbraucht das Eis so viel von seiner eigenen Wärme, daß es für die Füße der Menschen und Pferde außerordentlich kalt wird.

2. Eis zu schmelzen, ohne Wärme zuzuführen oder Kälte zu erzeugen.

Anstatt die zum Schmelzen nötige Energie als Wärme zuzuführen, kann man auch Druck anwenden. Wenn wir stark genug wären, könnten wir ein Stück Eis mit der Hand zu Wasser zerdrücken. Da wir es nicht sind, müssen wir zu mechanischen Mitteln unsere Zuflucht nehmen.

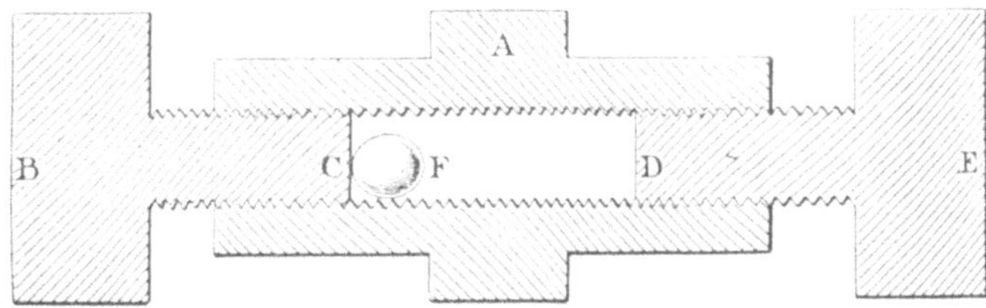

Abb. 34. Schmelzen von Eis durch Druck.

In Abb. 34 ist *A* ein sehr dickwandiges Metallrohr, das innen mit Schraubenwindungen versehen und durch zwei Schrauben *BC* und *DE* verschließbar ist. *F* ist eine Metallkugel, und der übrige Raum *CD* ist mit Wasser gefüllt. Der Apparat wird vertikal gestellt, *B* unten und *E* nach oben, und zwar in eine Kältemischung aus 2 kg Eis (Schnee) und 1 kg Kochsalz. Die Kugel liegt natürlich unten im Wasser bei *C*. Wenn das Wasser gefroren ist, so befindet sich die Kugel also festgefroren in diesem Teile des Eises, wie man beim Öffnen des Rohres leicht feststellen kann.

Nun setze man die Schraube wieder ein, kehre das Rohr mit dem anderen Ende (*B*) nach oben und drehe mit Hilfe von Hebeln die Schrauben weiter in die Röhre hinein, um so das Eis einem starken Drucke auszusetzen. Während man nun *B* immer nach oben hält, entfernt man die Schraube *E*. Man sieht dann, daß die Kugel sich jetzt bei *D* befindet, daß sie also anscheinend durch das Eis hindurchgewandert ist.

Nun stellt man das Ganze wieder einige Zeit in die Kältemischung, wiederholt alle Operationen, während *E* nach oben gekehrt ist, preßt bei *E* und entfernt dann *B*. Man findet, daß die Kugel nach *C* zurückgekehrt ist.

Diese Wanderungen der Kugel, die anscheinend durch das Eis hindurch erfolgen, erklären sich nun dadurch, daß durch den starken Druck das Eis jedesmal verflüssigt wurde, die Kugel durch das Wasser fiel und, wenn der Druck aufgehoben wurde, das Wasser sich wieder in Eis verwandelte.

Daß dieses der Fall ist, kann man beweisen, indem man aufmerksam horcht, während das Eis unter starkem Drucke steht und das Rohr umgekehrt wird. Man kann dann hören und fühlen, wie die Kugel jedesmal aufschlägt. Daraus geht hervor, daß, während der starke Druck herrscht, sich kein Eis, sondern Wasser im Rohre befindet.

Eis kann somit durch Druck in Wasser verwandelt werden. Das erscheint natürlich genug, wenn man bedenkt, daß das Wasser beim Gefrieren sich ausdehnt. Wenn wir nun das Wasser gewaltsam an der Ausdehnung hindern, so kann es nicht gefrieren. Wenn wir es aber, nachdem es gefroren ist, in einen kleineren Raum zurückzwingen, so muß es den festen Zustand verlassen, der mehr Raum verlangt, und in den flüssigen übergehen, der weniger Raum erfordert.

3. Eis zu zerschneiden, ohne die Teile zu trennen.

Dieses Kunststück beruht auf dem im letzten Kapitel erörterten Prinzip, und der Versuch — ein besonders hübscher — erfordert nur wenige und einfache Vorrichtungen. Zuerst bedarf man eines Stückes Eis von solcher Gestalt, daß es sich bequem in einem Halter befestigen läßt. Am geeignetsten ist die Form eines Stabes (Abb. 35 *AB*). Einen solchen Eisstab kann man leicht selbst herstellen. Zu diesem Zwecke nimmt man ein weites Röhrenglas oder irgendeine andere weite Röhre von vielleicht 15 cm Länge, die an einem Ende durch einen Korkpfropfen verschlossen wird. Dieses Gefäß füllt man nahezu mit Wasser, verschließt es auch

am anderen Ende durch einen Pfropfen, mischt 2 kg Schnee (oder erbsen-
bis bohnengroße Eisstückchen) und 1 kg Kochsalz gut miteinander und legt
die Röhre hinein. In weniger als einer halben Stunde wird das Wasser
gefroren sein. Nun nimmt man die Röhre heraus, taucht sie einige Sekunden in gewöhnliches kaltes Wasser,
um die Oberfläche des Eises, das an der
Röhre und dem Pfropfen festgefroren
ist, zu schmelzen, und stößt dann die Eis-
stange heraus. Will man sie aus der
Glasröhre leicht herausbringen, muß
man den Boden der Röhre zertrümmern, um es der Luft zu ermöglichen,
in die Röhre einzubringen, während das
Eis herausgleitet. Dann befestigt man
den Eisstab horizontal mit einem Ende
in einer starken Klemme. Ein rundes
Loch von richtiger Größe in einem auf-
rechtstehenden Brett erfüllt denselben
Zweck. Endlich legt man über den Eisblock einen dünnen Draht (Blumendraht)
und hängt an ihm ein Gewicht von etwa

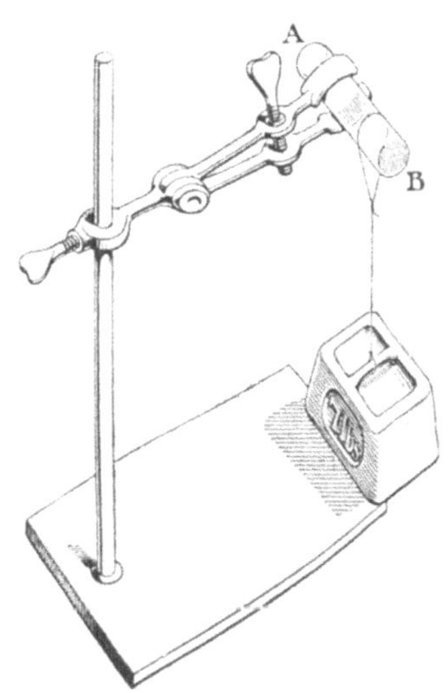

Abb. 35. Die Erscheinung der „Regelation".

5 kg so auf, daß es vom Tische noch etwa 5 cm entfernt ist. Ist der Stab
2 1/2 cm, der Blumendraht 1/4 mm dick, so ist die von dem Draht be-
deckte Fläche etwa 10 qmm groß, also 1/10 qcm. Der Druck, berechnet
auf 1 qcm, beträgt somit nicht weniger als 50 kg.

Wir haben nun gesehen, daß starker Druck genügt, um Eis zu schmelzen.
So wird also auch der Druck des Drahtes das unmittelbar darunter befindliche Eis zum Schmelzen bringen. Die Folge davon ist, daß der Draht
allmählich immer tiefer in das Eis einschneidet, bis das Gewicht endlich
auf den Tisch fällt. Dabei zeigt sich nun aber, daß das Eis nicht derart
in 2 Teile zerschnitten ist, daß der nicht in der Klammer befestigte
herunterfällt, sondern das durch den Draht abgeschnittene Stück bleibt
mit dem anderen im Zusammenhange.

Wer den Inhalt des letzten Kapitels kennt, findet die Erklärung
leicht selbst. Das flüssige Wasser, das durch den Druck des Drahtes auf
das Eis entstanden ist, muß in dem entstehenden Spalt sofort wieder
gefrieren, da es ja nun dem Drucke nicht mehr ausgesetzt ist. Man

bezeichnet diese Erscheinung als das „Wiedergefrieren" oder die „Re=
gelation".

Dasselbe findet statt, wenn eine Handvoll Schnee kräftig zusammen=
gepreßt wird. Einige der Schneekristalle schmelzen teilweise durch den
Druck. Wird aber der Druck aufgehoben, so findet „Regelation" statt,
und die ganze Masse ist bis zu einem gewissen Grade fest verbunden.
Wir erhalten so einen Schneeball. Der Druck, der zum Schmelzen von
Eis nötig ist, ist übrigens um so größer, je tiefer die Temperatur ist.
Ist das Eis nur um 1° kälter, so ist eine ganz enorme Druckerhöhung er=
forderlich. Unsere Kraft reicht deshalb nicht aus, Schneebälle aus sehr
kaltem Schnee zu machen. Jeder weiß auch, daß es am besten gelingt,
wenn ein Tauwind die Schneetemperatur wieder auf 0° gebracht hat.

Auch die Bildung und das Fließen der Gletscher erklärt sich durch
„Regelation". Wenn große Schneemassen sich aufeinander häufen,
werden die Schneekristalle in der Tiefe zum Teil schmelzen. Da aber die
Druck= und Spannungsverhältnisse im Schnee durch Verschiebungen
der Schneemassen sich ändern, so werden sie nicht dauernd geschmolzen
bleiben, sondern bei Verringerung des Druckes werden die Schneeteilchen
zusammenfrieren. Durch häufige Wiederholung dieser Vorgänge können
sich in der Tiefe kompakte Eismassen bilden. Auch das Fließen des
Gletschers, d. h. seine Fähigkeit, das vorhandene Tal wie ein Wasser=
strom auszufüllen und dabei sich abwärts zu schieben, kurz: seine Plasti=
zität, beruht auf Regelation. Verengt sich z. B. das Tal, so erfährt der
vorher breite Eisstrom eine Stauung. Er steht hier und eine Strecke
vorher unter starkem Druck, schmilzt zum Teil, gefriert wieder und paßt
sich so fortwährend der Form des Tales an.

So fließt dann ein solcher Gletscher (Abb. 36), ähnlich wie ein Wasser=
strom, talabwärts, nur beträchtlich langsamer.

4. Eis, welches in einem Gefäß mit kochendem Wasser nicht schmilzt.

Wenn man ein Reagenzglas, welches Wasser enthält, in die Flamme
einer Spirituslampe oder eines Bunsenbrenners hält, so wird das Wasser
nach einiger Zeit zum Sieden kommen. Hält man aber das Reagenzglas
derart, daß die Flamme, wie in Abb. 37, nur die oberen Schichten des
Wassers erhitzt, so bleibt der untere Teil des Rohres so kühl, daß er
bequem mit der Hand angefaßt werden kann, während das Wasser

Abb. 36. Der große Gletscher an der Kanadischen Pazifikbahn.

oben weiter kocht. Das erklärt sich folgendermaßen. Dort, wo das Wasser von der Flamme erhitzt wird, dehnt es sich aus. Wenn nun aber der Raum, den eine bestimmte Gewichtsmenge Wasser einnimmt, größer wird, so befindet sich in dem ursprünglichen Raume eine kleinere Gewichtsmenge. Wir sagen dann: das Wasser ist leichter geworden. In der oberen Hälfte des Rohres wird nun dieses leichtere Wasser seitwärts und aufwärts gedrängt von dem oben befindlichen schwereren Wasser. Indem dieses sich unter das erhitzte drängt, zwingt es jenes zum Aufsteigen. Solange noch Wärme zugeführt wird, bleibt diese, in unserer Abbildung durch Pfeile dargestellte Strömung erhalten, bis das Wasser in der oberen Hälfte des Rohres schließlich zum Kochen kommt. Das schwerere, kalte Wasser in der unteren Hälfte des Rohres wird davon aber wenig beeinflußt. Die Erscheinung wird noch auffallender, wenn man ein Stück Eis auf den Boden des Gefäßes legt. Eis ist aber leichter als Wasser und strebt deshalb zu schwimmen, ebenso wie das wärmere Wasser ja auch auf dem kälteren „schwimmt". Deshalb muß man, um das Eis am Steigen zu hindern, eine durchlöcherte Metallscheibe, etwas Draht oder ähnliches, wodurch dem Wasser der Zutritt nicht versperrt wird, über das Eis legen. Dann bleibt das Eis zum größten Teile ungeschmolzen, während das darüber befindliche Wasser heftig kocht.

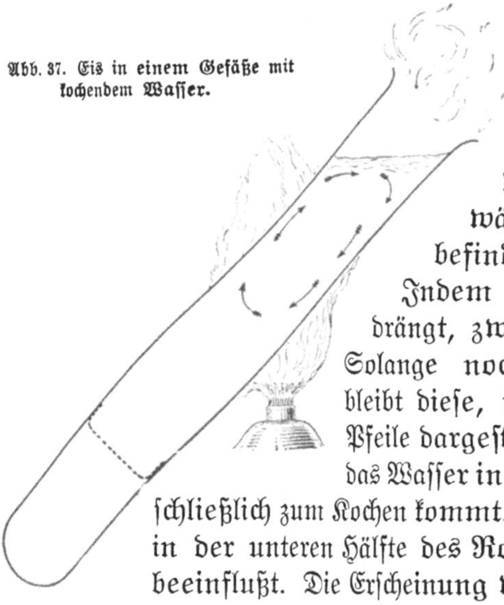

Abb. 37. Eis in einem Gefäße mit kochendem Wasser.

5. Ausdehnung und Zusammenziehung, beides durch dieselbe Ursache hervorgebracht.

In dem letzten Abschnitt ist von der Tatsache gesprochen worden, daß sich Wasser, gleich anderen Dingen, unter dem Einfluß von Wärme ausdehnt. Es ist nur eine andere Ausdrucksweise, wenn man sagt, daß es sich durch Abkühlung zusammenzieht. Das Wasser macht jedoch hiervon eine recht seltsame Ausnahme, durch welche es sich von den meisten übrigen Substanzen unterscheidet.

Wenn eine mit Wasser gefüllte Flasche mit einem durchbohrten Pfropfen, in den eine lange Glasröhre eingepaßt ist, verschlossen wird, so kann diese Einrichtung als Thermometer benutzt werden. (Abb. 38.) Wenn die Flasche erwärmt wird, dehnt sich das Wasser aus, steigt zum Teil in der Röhre hinauf und fließt schließlich über. Wird aber die Flasche in ein Gefäß, welches kleine Eisstückchen enthält, gestellt und bis zum Hals mit Eis bedeckt, so fällt die Temperatur schnell wieder, und das Wasser zieht sich wieder zusammen. Je kälter das Wasser wird, desto mehr zieht es sich zusammen, so daß es, wenn es bei Punkt *A* stand, als wir mit der Abkühlung der Flasche begannen, vielleicht bei *B* angelangt ist, wenn das Wasser in der Flasche ungefähr eine Temperatur von + 4° C. hat. Man könnte nun meinen, daß es mit der Zusammenziehung bei weiterer Abkühlung so fortgeht. Merkwürdigerweise ist das aber nicht der Fall. Man darf die Anwendung eines Prinzips nicht zu weit treiben, wie jener Mann es tat, dessen Frau am Sonnabend eine neue Art Ofen mitbrachte, von der man ihr versichert hatte, daß sie die Hälfte Kohlen sparen würde. „Laß uns nächste Woche noch einen kaufen“, sagte er, „und wir werden alle sparen.“

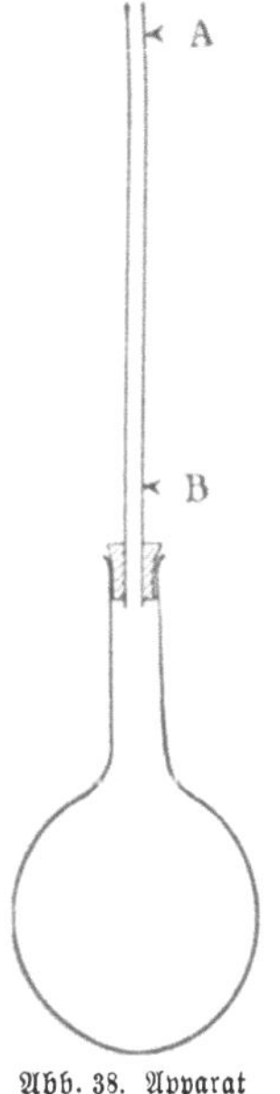

Abb. 38. Apparat zur Untersuchung der Ausdehnung und Zusammenziehung des Wassers.

Wie es mit den Alltagsangelegenheiten ist, so ist es auch in wissenschaftlichen Dingen: man kann ein Prinzip „zu Tode reiten“. Schon oft hat sich ergeben, daß ein Gesetz, welches für gewöhnliche Umstände gilt, in besonderen Fällen aufhört zu gelten. Das Gefrieren des Wassers ist solch ein außergewöhnlicher Fall. Es scheint in einer Bildung von Kristallen zu bestehen, wobei die Moleküle[1] sich in größerer Entfernung voneinander als im flüssigen Zustande anordnen. Jedenfalls braucht das Eis 10% mehr Raum als das Wasser, aus dem es sich bildete. Es hat ferner den Anschein, als ob bei ungefähr 4° C., ehe das Wasser kalt genug ist, um tatsächlich zu gefrieren, ein einleitender Prozeß beginnt, der darin besteht, daß die Moleküle bestrebt sind, sich mit einer beständig zunehmenden Kraft in neuen Gruppen, die mehr Platz erfordern, an-

---

1) Vgl. Abschnitt VI, 1.

zuordnen. So dehnt sich das Wasser fortschreitend aus, während es sich von 4° C. bis 0° C. abkühlt, und erfährt bei der letzteren Temperatur eine noch größere Ausdehnung, indem es gefriert. Wir erhalten so das sehr merkwürdige, scheinbar widerspruchsvolle Resultat, daß, wenn das Wasser von 4° C. in der Röhre unserer Flasche bei B steht, es keinen Unterschied macht, ob wir das Wasser erwärmen oder abkühlen. In jedem Falle wird es sich ausdehnen und die Wassersäule in der Röhre steigen.

Wenn wir, mit 4° C. und bei ganz gefüllter Röhre beginnend, die Flasche einmal bis zum Siedepunkt erwärmen und sie ein andermal abkühlen, bis das ganze Wasser in derselben gefroren ist, und dann in jedem Fall ungefähr die Größe der Ausdehnung messen, indem wir das Wasser, welches an der Spitze der Röhre durch einen Gummischlauch überfließt, auffangen, so werden wir finden, daß bei einer einfachen Abkühlung von 4° bis 0° C. und darauffolgendem Gefrieren die Ausdehnung zweimal so groß ist, als wenn wir es von 4° bis 100° C., also um 96°, erwärmen.

Dieser scheinbare Widerspruch, daß das Wasser sich durch Kälte zusammenzieht und ausdehnt, ist von größter Bedeutung für Menschen und Tiere in der gemäßigten und arktischen Zone. Wenn im Winter die Temperatur des Wassers in Seen und Teichen bis auf $+ 4°$ C. heruntergegangen ist, so beschränkt sich die Eisbildung auf eine verhältnismäßig dünne Schicht an der Oberfläche. Hierbei sind ähnliche Strömungen mitbeteiligt wie diejenigen, welche im letzten Abschnitte beschrieben wurden, nur daß sie diesmal in ganz anderer Weise entstehen.

Dort kamen sie zustande durch Erwärmen des Wassers über der Fläche, welcher die Wärme der Flamme zugeführt wird. Hier kühlt sich das Wasser ab unter der Fläche, auf welche die Kälte wirkt, d. h. an der Oberfläche des Teiches.

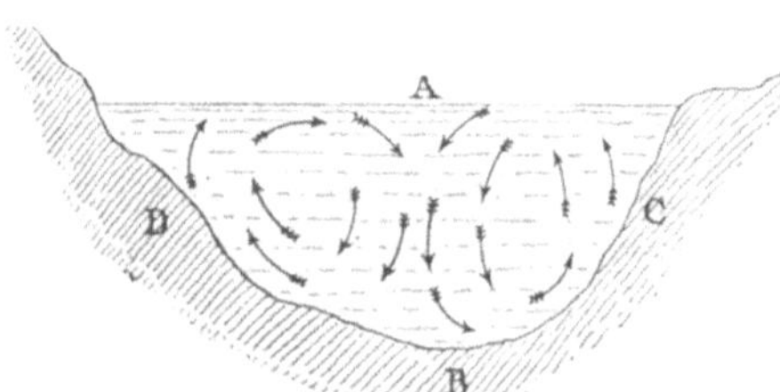

Abb. 39. Strömungen in einem Teich.

Abb. 39 möge einen Durchschnitt durch einen Teich darstellen. Das Wasser an der Oberfläche A, welches kalten Winden ausgesetzt ist oder bei klarem Himmel stark Wärme ausstrahlt, wird abgekühlt. Durch Ab kühlung zieht es sich zusammen, und es wird schwerer als das übrige, so daß es sinkt und das leichtere, warme Wasser an die Oberfläche drängt.

Das abgekühlte Wasser wird nun leicht erwärmt durch die Berührung mit dem Erdboden am Grunde (*CBD*), während das Wasser an der Oberfläche ebenso kalt oder kälter wird wie das, welches sich dort ursprünglich befand. Es wird folglich auch schwerer und sinkt seinerseits, indem es anderes wieder nach oben treibt. So entstehen Strömungen, welche das Wasser in gleichmäßiger Zirkulation erhalten, bis alles Wasser auf 4° C. abgekühlt ist.

Was ereignet sich dann? Das oben befindliche Wasser, welches unter 4° abgekühlt wird, hört, wie wir gesehen haben, auf, sich zusammenzuziehen, und beginnt, da es kälter wird, sich wieder auszudehnen. Die Ausdehnung aber macht es „leichter". Also wird das unter 4° C. abgekühlte Wasser, anstatt irgendeine Neigung zum Sinken zu zeigen, auf dem übrigen „schwimmen". Es bleibt daher dauernd an der Oberfläche, und die vorhin beschriebenen Strömungen haben aufgehört. Die oberste Wasserschicht kühlt sich bald bis auf 0° C. ab und gefriert. Unten aber befindet sich bei genügender Wassertiefe immer noch Wasser von + 4° C. Das durch die Ausdehnung beim Gefrieren leichter gewordene Eis bleibt dabei auf die Oberfläche des Wassers beschränkt.

Was würde sich aber ereignen, wenn das Wasser gleich anderen Dingen bei zunehmender Kälte fortfahren würde, sich zusammenzuziehen? Erstens würden die Strömungen nicht gehemmt werden, und das Wasser würde auch am Grunde die Gefriertemperatur erreichen. Wenn die Bildung des Eises von noch größerer Zusammenziehung begleitet wäre, so würde zweitens das Eis schwerer als das Wasser werden, und folglich würde es, sobald es sich gebildet hätte, auf den Grund sinken. Das sich später bildende Eis würde seinerseits sinken und sich über dem vorigen aufhäufen, bis das ganze Wasser im Teich ein großer Eisblock geworden wäre.

Es ist leicht zu begreifen, daß dies mit dem gänzlichen Untergang der Fische, denen es jetzt möglich ist, in dem Wasser unterhalb des Eises zu leben, endigen würde. Ferner würde es für Menschen und Tiere wegen des Wassermangels unmöglich sein, Gegenden, welche einem strengen Winter ausgesetzt sind, zu bewohnen, denn das ganze Wasser würde gefroren sein. Zum Glück aber erhält die Ausdehnung das Wasser in der Tiefe in flüssigem Zustande, so daß man es erreichen kann, indem man in die Eisdecke Löcher bricht.

Die merkwürdige Unregelmäßigkeit in der Ausdehnung des Wassers ist, wie man sieht, eine Sache von größter Bedeutung für das Wohlergehen der Menschen.

6. Sprengwirkung des gefrierenden Wassers.

Es ist bereits erwähnt worden, daß beim Gefrieren das Wasser sich um 10% seines ursprünglichen Raumes ausdehnt. Diese Ausdehnung findet so gewaltsam statt, daß selbst starke eiserne Gefäße hierdurch gesprengt werden können.

Das läßt sich durch den folgenden Versuch leicht zeigen. Ein starker, kleiner Stahlzylinder (Abb. 40) mit einem Hohlraum A und einem sechseckigen Kopfstück B wird ganz mit Wasser angefüllt. Eine kleine Scheibe dünnen Kupferblechs, C, wird in eine Vertiefung eingelassen, welche am offenen Ende des Zylinders angebracht ist. Auf der Platte liegt ein

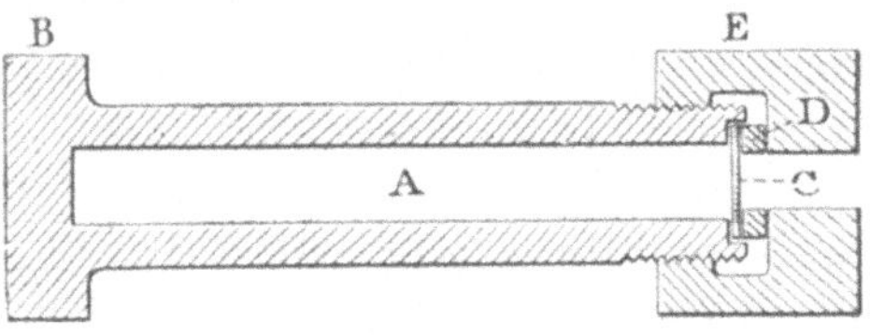

Abb. 40. Apparat zur Demonstration der Sprengkraft des gefrierenden Wassers.

starker Metallring, welcher den Druck der Schraubenmutter E, die dem Zylinder aufgeschraubt wird, übermittelt. Die Schraubenmutter ist mit einem Loch versehen, welches ebenso groß ist wie das des Ringes, so daß die Mitte der Außenseite der Kupferplatte durch Ring und Schraubenmutter hindurch sichtbar ist. Durch das Aufschrauben der Schraubenmutter wird die Platte fest gegen den Zylinder gepreßt und der Hohlraum A hermetisch verschlossen. Der ganze Apparat wird in eine Kältemischung, wie sie schon beschrieben wurde, gestellt, und zwar so, daß nur das offene Ende oben sichtbar ist.

Der Zylinder mit dem Wasser im Innern ist bald bis auf den Gefrierpunkt und tiefer abgekühlt. Das Wasser ist bestrebt, zu gefrieren, gebraucht aber hierzu mehr Raum. Da nicht mehr Raum vorhanden ist, kann kein Gefrieren stattfinden. Mit der zunehmenden Kälte fahren nun aber die Moleküle in ihrem Bestreben, sich neu zu ordnen, fort, sie pressen mit fortwährend wachsender Kraft gegen die Wände ihres Gefängnisses, bis sie zuletzt ihre Fesseln an der schwächsten Stelle zerreißen. Das ist aber die dünne Kupferplatte. Wenn sie gesprengt wird, hört man einen lauten Knall, welcher die Kraft zeigt, mit der sie zerrissen wurde.

Da der Hohlraum nun gewaltsam geöffnet worden ist, hat das Wasser ausreichenden Platz, um zu gefrieren. Dabei füllt es nicht nur den ganzen Hohlraum an, sondern (da sein Volumen größer ist als das des ursprünglichen Wassers) tritt es durch das Loch in der Kupferplatte aus, und zwar in Form einer langen, dünnen Eissäule, welche sogar aus der Schraubenmutter herausragt.

Die Sprengkraft des gefrierenden Wassers spielt eine wichtige Rolle bei der Zerstörung der Gebirge. Regen- oder Schneewasser dringt in die Spalten und gefriert, wenn es starker Kälte ausgesetzt wird. Dabei dehnt es sich mit einer Kraft aus, daß die Felsen wie von Tausenden von Keilen zerspalten werden. In kleinerem Maßstabe sind die Wasserrohrbrüche eine Wirkung derselben Kraft. Wenn bei geschlossenen Hähnen eine Wassersäule fest von Röhren eingeschlossen ist, so kann sie nicht gefrieren, falls die Röhren stark genug sind, um das Wasser an der Ausdehnung zu verhindern. Wenn aber die ausdehnende Kraft stärker wird, so werden sich die Röhren entweder dehnen oder sie müssen springen. Wasser wird erst herauströpfeln, wenn Tauwetter eintritt, und so kann erst dann der Bruch entdeckt werden, obgleich er sich schon während des Frostes ereignete.

VI. Verdampfung und Sieden.
1. Sprengwirkung des erhitzten Wassers.

Unser letztes Experiment bestand im Abkühlen von Wasser bis zum Gefrieren im Innern eines starken Gefäßes, welches alsdann zersprang. Es erscheint fast widersinnig, daß die entgegengesetzte Bedingung, nämlich das Erhitzen von Wasser, denselben Erfolg haben soll. Dennoch ist die Tatsache nur zu bekannt. Ein Beispiel dafür ist das Platzen von Dampfkesseln.

Wenn wir die sprengende Kraft erhitzten Wassers im Hause zeigen wollen, so muß natürlich Sorge getragen werden, daß kein Schaden angerichtet wird. Zu diesem Zwecke wird es am besten sein, wenn der eine Teil des Gefäßes schwächer ist als der andere, damit wir im voraus wissen, welcher Teil gesprengt wird. Ferner muß das Gefäß so gehalten werden, daß durch die Explosion niemand verletzt werden kann. Zu diesem Zwecke wird der starke, eiserne, durch eine dünne Kupferplatte verschlossene Zylinder, wie er für den letzten Versuch angefertigt wurde, ganz mit Wasser gefüllt. Wenn das Wasser genügend erhitzt ist, wird es den Kupferdeckel zersprengen, gerade so wie es auch das sich bildende Eis tat, und die plötzliche Dampfbildung wird harmlos sein, wenn die Öffnung geschickt gehalten wird.

Wenn jedoch der Hohlraum nur zu drei Vierteln mit Wasser gefüllt wird, so wird die Querwand nicht durch das sich ausdehnende Wasser, sondern durch die Kraft des Dampfes zersprengt. Beide Formen der Explosion können also durch denselben Apparat gezeigt werden. Im letzten Falle verwendet man, um einer guten Explosion sicher zu sein, statt der Kupferplatte besser eine Gummimembran.

Zur Erklärung der explosiven Wirkung erhitzten Wassers oder Wasserdampfes könnte man sich ja mit der Erfahrung begnügen, daß Temperaturerhöhung Ausdehnung bewirkt. Ein Gefäß von bestimmter Stärke kann eine bestimmte Zeitlang, bis nämlich ein bestimmter Druck im Innern erreicht ist, die Ausdehnung verhindern. Sobald aber dieser Druck überschritten wird, muß das Gefäß gesprengt werden, und die durch die plötzliche Ausdehnung hervorgerufene Lufterschütterung nehmen wir nun als Knall wahr. Wie gesagt, diese Erklärung könnte uns genügen. Wir wollen aber die Gelegenheit benutzen, uns von den Vorgängen in der Flüssigkeit und dem Dampfe und der Ursache der explosiven Wirkung eine genauere Vorstellung zu verschaffen, und zwar auf Grund einer Lehre, die heute ganz allgemein von den Physikern angenommen ist. Man denkt sich nämlich die Wärmeenergie, um ihre mechanischen Wirkungen zu verstehen, als eine den kleinsten Stoffteilen innewohnende Bewegungsenergie. Die kleinsten Teile, in die wir Stoffe zerlegen können, ohne ihre chemische Natur zu verändern, werden Moleküle genannt. So denkt man sich also die Wärmewirkungen eines Körpers entstanden durch Bewegungen — und zwar schwingende Bewegungen — seiner Moleküle.

Die Moleküle denken wir uns wieder aus Atomen zusammengesetzt. Nun tritt aber bei der Entstehung und dem Zerfall von chemischen Verbindungen, also bei der Umlagerung der Atome während chemischer Vorgänge, oft Wärme auf, die vorher nicht wahrnehmbar war. Um das zu erklären, müssen wir annehmen, daß nicht nur die ganzen Moleküle Schwingungen ausführen, die wir als Wärme empfinden, sondern daß innerhalb der Moleküle auch die Atome schwingende Bewegung haben, die uns für gewöhnlich nicht wahrnehmbar ist, die aber bei chemischen Vorgängen sich in Molekularbewegung, also Wärme, verwandeln kann. Umgekehrt ist auch der Fall denkbar, daß Molekularbewegung, die von uns als Wärme empfunden wird, sich in Atombewegung verwandelt, die wir nicht mehr wahrnehmen. In der Tat gibt es genug chemische Vorgänge, bei denen nicht eine Erzeugung von Wärme, sondern vielmehr ein Verbrauch, ein Verschwinden derselben beobachtet wird.

Doch kehren wir von dieser Abschweifung in das Gebiet der Atombewegungen zu den **Molekularschwingungen** oder **Wärmeschwingungen** zurück!

Wir müssen uns vorstellen, daß diese Schwingungen außerordentlich schnell stattfinden, um so schneller, je heißer ein Körper ist. In einem weißglühenden Körper denkt man sich die Moleküle mehr als sechsbillionenmal in einer Sekunde schwingend. Wir können annehmen, daß in einem festen Körper die Moleküle durch ihre gegenseitige Anziehungskraft in bestimmter Lage erhalten werden. Dies ist zwar nur annähernd zutreffend, denn man hat gefunden, daß selbst in festen Körpern die Moleküle etwas wandern können.

Wenn nun ein fester Körper erwärmt wird, das heißt, wenn seine Moleküle durch den Stoß der Moleküle anderer Stoffe, wie zum Beispiel einer Gasflamme, veranlaßt werden, stärker zu schwingen, so versetzen sie sich auch gegenseitig stärkere Stöße und treiben sich so weiter voneinander fort. So erhalten wir die bekannte Erscheinung der Ausdehnung von Gegenständen unter dem Einfluß der Wärme.

Nehmen wir ferner an, ein Stück Wachs werde erwärmt. Das bedeutet, daß seine Moleküle stärker schwingen, einander stärkere Stöße versetzen und sich weiter voneinander entfernen. Es kommt die Zeit, wo ihre Schwingungen so stark und ihre Entfernungen groß genug geworden sind, daß sie fähig sind, ihre gegenseitige Anziehungskraft zu überwinden. Dadurch geraten sie in relativ unabhängige Bewegung. Sie können sich mit geringer Reibung, ja fast reibungslos aneinander vorüberbewegen. Das starre Festhalten an bestimmten Lagen hat aufgehört. Der Stoff ist geschmolzen, er ist eine Flüssigkeit geworden.

Nun denke man sich Wasser in einem geschlossenen Kessel oder Zylinder erhitzt. Die steigende Temperatur bedeutet lebhaftere Molekularschwingungen, bis die Stöße, die die Moleküle einander erteilen, so stark sind, daß einige von denen, die sich an der Oberfläche der Flüssigkeit befinden, in den Raum oberhalb geschleudert werden. Dabei stoßen

sie gegen die Wände des Zylinders und gegeneinander, prallen von den
Wänden und voneinander ab und schießen folglich kreuz und quer durch
den Raum hindurch. Dann ist die Flüssigkeit in den Zustand des Dampfes, welcher dem des Gases sehr ähnlich ist, übergegangen. Diese
Annahmen machen es verständlich, wie ein so leichtes und scheinbar
wesenloses Ding, wie es der Dampf ist, einen so starken Druck ausüben
kann. Es handelt sich um die Stoßwirkung, welche die leichtbeschwingten
Moleküle auf die Wände des Gefäßes ausüben.

Wenn ein Knabe einen Stein gegen eine offene Tür wirft, so bringt er,
abgesehen von dem Schaden, den die Farbe erleidet, keine Wirkung
hervor. Aber wenn von tausend Jungen jeder in der Sekunde einen
Stein wirft und jeder Stein die Tür an der Außenseite trifft, so wird
dieser Steinregen einen beständigen Druck auf die Tür ausüben, und
sie wird sich schließen.

So wirken auch die Moleküle des Wasserdampfes; auch sie üben
einen starken Druck auf die Innenseite des Kessels aus. Sie sind an und
für sich klein, aber gegen jedes Fleckchen der Kesselwand werden viele
Millionen von Schlägen gerichtet. Deshalb ist der Gesamtdruck groß.
Er wird, wie man weiß, um so größer, je höher die Temperatur, d. h.
je schneller die Bewegungen der Moleküle sind. Ist der Kessel geschlossen,
hat sich das Dampfrohr verstopft oder versagt das Sicherheitsventil
den Dienst, so wird schließlich der Anprall der Moleküle die Wand des
Kessels an den schwächsten Stellen zertrümmern. Die Explosion ist
geschehen!

2. Explosion oder Zusammenbruch?

Ein Lehrer zeigt in einer zum Teil mit Wasser gefüllten Glasflasche,
die über einer Flamme erhitzt wird, die Dampfbildung. Jetzt gießt er
etwas kaltes Wasser über die verschlossene Flasche und sogleich ertönt
ein lauter Puff, und eine Dampfwolke dringt hervor. Die Flasche ist
zersplittert, heißes Wasser und Glasscherben fliegen, wer weiß wie weit,
in alle Richtungen. Die meisten Zuschauer werden ohne Zögern sagen:
Wieder eine schöne Explosion! Dennoch ist die in Frage kommende Erscheinung gar keine Explosion. Untersuchen wir die Sache genauer!

Zu diesem Zwecke kochen wir eine kleine Menge Wasser in einer
Glasflasche, so daß der Dampf eine Zeitlang kräftig ausströmt. Wir
sahen im letzten Abschnitt, wie die schnelle Bewegung der Dampfmole-

küle eine starke Energiequelle darstellt. Deshalb ist der Dampf fähig, alle Luft aus der Flasche herauszutreiben, indem er den Luftdruck im Betrage von 1 kg auf den Quadratzentimeter überwindet.

Ist nun die Luft ganz herausgetrieben, so schließt man die Flasche mit einem Gummi= oder einem guten Korkstopfen. Man mache aber nicht den Fehler, dies zu tun, während man die Flasche noch über die Flamme hält, sonst wird noch mehr Dampf hervorgebracht, und es kann sich eine wirkliche Explosion ereignen. Der geeignete Moment, den Flaschenhals zu schließen, ist gleich nachdem man die Flasche aus der Flamme genommen hat, während die Wärme des Glases noch Dampfbildung verursacht. Das Schließen muß schnell geschehen, ehe infolge der Verdichtung des Dampfes wieder Luft eintritt. Dem mäßigen Druck des vielleicht noch entstehenden Dampfes wird das Glas sicher standhalten. Ist die Flasche geschlossen, so stelle man sie umgekehrt in ein passendes Gestell (Abb. 41) und warte einige Augenblicke.

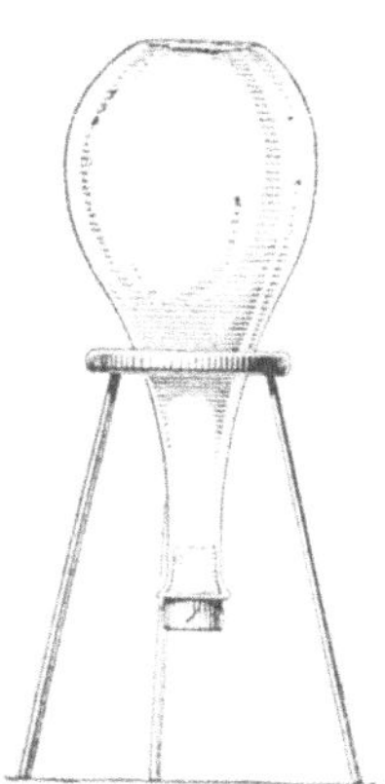

Abb. 41. Zusammenbruch einer Flasche unter dem Druck der Atmosphäre.

Die umgebende Luft, welche im Vergleich mit dem kochenden Wasser kühl ist, verdichtet alsbald einen Teil des Dampfes im Innern zu Wasser und kühlt den Rest des Dampfes ab. Das heißt, wenn wir die Vorstellungen anwenden, die wir im vorhergehenden Kapitel kennen lernten, die Moleküle schießen mit geringerer Geschwindigkeit umher, schlagen weniger kräftig an die Innenseite des Glases und üben folglich einen geringeren Druck auf dieses aus. Der Druck außerhalb aber bleibt der nämliche wie vorher, fast 1 kg auf 1 qcm, also viele Hunderte von Kilogrammen auf der ganzen Oberfläche. Endlich kommt ein Augenblick, wo die Flasche dem wachsenden Überdruck nicht mehr standhält und in sich zusammenfällt.

Das laute Geräusch erklärt sich folgendermaßen. Die Luft außerhalb der Flasche drückt mächtig nach innen und stürzt beim Zusammenbruch der Flasche dem Zentrum zu, so daß von allen Seiten Luftmassen heftig aufeinander prallen. Die so entstehende Lufterschütterung aber pflanzt sich in der Umgebung fort und dringt auch in das Ohr jedes Beobachters ein. Der Grund dafür, daß manchmal das Glas noch eine Strecke weit fliegt, liegt darin, daß einige der Stücke, die dem Mittelpunkt zugetrieben werden, zufällig mit keinem von entgegengesetzter Seite kommenden Stück zusammentreffen und so über den Mittelpunkt hinaus nach der entgegengesetzten Seite weiter fliegen.

Ist die Flasche aus dünnem Glas und der Boden breit und flach, so fällt sie schon bei einer unbedeutenden Druckverminderung in ihrem Innern in sich zusammen. Wenn sie jedoch einen wohlgerundeten Boden hat und aus dickem Glas besteht, so ist es nötig, für einen bedeutend größeren Druckunterschied zu sorgen, indem man den Dampf vollständiger verdichtet. Um dies zu erreichen, stellt man die Flasche in einen Halter und übergießt sie mit kaltem Wasser. Manche Flaschen sind natürlich stark genug, um dem Luftdrucke auch dann noch zu widerstehen, wenn ihm fast gar kein Dampfdruck von innen entgegenwirkt; dann ist es nötig, sie mit einem leichten Hammerschlag zu zerbrechen.

Wir haben auch dann noch das laute Geräusch und umherfliegendes Glas und Wasser. Aber die Tatsache, daß der Dampf durch kaltes Wasser kondensiert worden ist, beweist, daß das Ergebnis keine eigentliche Explosion sein kann.

3. Wasser durch Abkühlung zum Sieden zu bringen.

Der einfache Apparat des letzten Experiments soll uns dazu dienen, noch einen anderen, sehr paradox erscheinenden Versuch anzustellen. Diesmal soll jedoch die Flasche nicht zusammenbrechen. Sie muß also wohl gerundet und von starkem Glase sein. Auch soll das Wasser sie zur Hälfte füllen, anstatt nur einige Zentimeter hoch zu stehen. Man bringe nun das Wasser zum Sieden, schließe die Flasche, während der Dampf noch heftig entweicht, so daß, wenn der Dampf kondensiert wird, keine Luft in die Flasche eindringen kann. Während der Zeit, in der man die Flasche in den Halter stellt, wird das Wasser aufhören zu sieden. Nun gießt man etwas Wasser auf den mit Dampf erfüllten Teil der Flasche, und sofort wird das Sieden wieder beginnen. Man kann dies eine Zeitlang fortsetzen, bis das Wasser zu kühl ist, um überhaupt zu sieden.

Diese paradoxe Erscheinung erklärt sich dadurch, daß die Temperatur, bei welcher Flüssigkeiten sieden, von dem Druck, unter dem sie stehen, abhängt. Zuerst, wenn die Flasche geschlossen wird, muß der Druck im Innern dem der Luft mindestens gleich gewesen sein, denn der Dampf war ja fähig, die Luft hinauszutreiben und auch draußen zu halten. Wenn aber die Flasche geschlossen und der Dampf dadurch, daß man kaltes

Wasser über die Flasche gießt, kondensiert wird, so wird der Druck im Innern sehr vermindert, und diesem verringerten Druck gegenüber ist die Schwingungsenergie der Moleküle im Wasser noch groß genug, um den Übertritt von Molekülen ohne Hilfe fremder Energie zu ermöglichen. Mit anderen Worten: Das Wasser kann nun ohne Flamme sieden. Wir erreichen hier durch Verminderung des auf der Flüssigkeit lastenden Druckes (Abkühlung des Dampfes) dasselbe, was wir gewöhnlich durch Erhöhung der Schwingungsenergie der Wassermoleküle (Erhitzen des Wassers durch eine Flamme) herbeiführen.

Bei dieser Anordnung ist es die Wärmeenergie des Wassers selbst statt jener der Flamme, welche das Sieden besorgt. Wenn aber die Wärmeenergie des Wassers bei dem Übergang aus dem flüssigen in den dampfförmigen Zustand aufgebraucht wird, so wird nach dem Sieden viel weniger Wärme in dem Wasser enthalten sein als vorher. Das ist in der Tat auch der Fall. Wenn das Sieden eine Zeitlang wiederholt wird, so ist das Wasser kühl genug, um ohne die geringste Unannehmlichkeit angefaßt zu werden.

Demgegenüber wird vielleicht mancher einwerfen, daß es kein Wunder sei, wenn das Wasser in der Flasche kalt ist, da man kaltes Wasser in reichlicher Menge über die Außenseite der Flasche gegossen hat! Hierauf wollen wir durch eine neue Versuchsanordnung, welche noch besondere Vorteile bietet, antworten.

Abb. 42 zeigt zwei gleiche Flaschen, welche mittels eines Pfropfens, durch den eine Röhre hindurchgeht, verbunden sind. Das längere Ende der Röhre soll über die Wasseroberfläche hinausragen, entweder wird es gebogen, wie die Figur zeigt, oder man nimmt eine gerade Glas- oder Metallröhre und einen kurzen Gummischlauch. Durch den Gummischlauch zieht man ein Stück gebogenen Drahtes, der ihm die richtige Form verleiht.

Wenn das Wasser gekocht wird, während die Flaschen sich in der Lage A befinden, so wird der Dampf die Luft aus beiden Flaschen heraustreiben. Man kann darauf die Flaschen miteinander

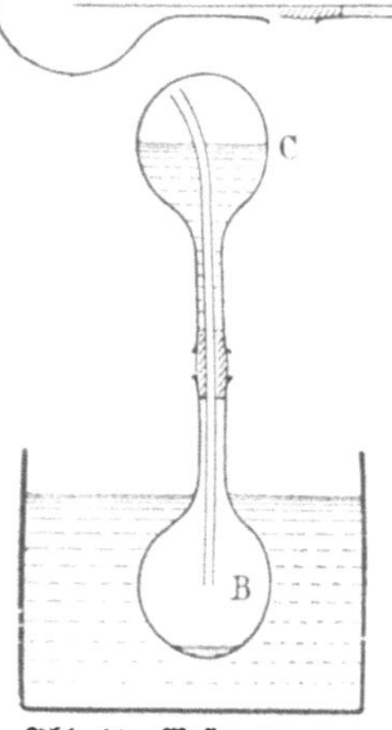

Abb. 42. Wasser, unter vermindertem Druck siedend.

verbinden und sie in die Lage BC bringen.

Die Flasche B stellt nun einen besseren Kondensator dar als die obere Hälfte der Flasche in Abb. 41, da sie mehr Fläche darbietet und deshalb eine kräftigere Abkühlung ermöglicht. Die Folge davon ist, daß das Wasser in C schneller zum Sieden kommt. Ferner zeigt die Anordnung die Ursache des Siedens noch deutlicher als die Anordnung der Abb. 41. Erstens findet hier keine direkte Abkühlung des Wassers in C durch übergegossenes Wasser statt. Wenn deshalb jetzt das Wasser in C sich beim Sieden rascher abkühlt, als wenn es nicht siedet, so sieht man, daß der Wärmeverbrauch beim Sieden daran schuld ist. Zweitens unterliegt jetzt das durch Kondensation in B entstehende Wasser nicht dem Verdacht, durch Vermischung mit dem siedenden Wasser bei dem merkwürdigen Ergebnis mitgeholfen zu haben.

4. Wie kann man eine flüssigkeit durch Sieden zum Gefrieren bringen?

In dem vorhergehenden Abschnitte haben wir gesehen, daß die zur Verdampfung erforderliche Wärmemenge so groß ist, daß heißes Wasser, welches bei niedrigem Druck ohne Flamme siedend erhalten wird, indem es einen Teil seiner eignen Wärme beim Sieden aufbraucht, sehr bald auf eine mäßige Temperatur abgekühlt wird. Wir brauchen diesen Vorgang nur weiter fortzusetzen und den Druck über dem Wasser niedrig genug zu erhalten, so wird das siedende Wasser schließlich gefrieren müssen. Um aber einen so niedrigen Druck zu erlangen, müßte man eine sehr gute Luftpumpe anwenden und den entstehenden Wasserdampf durch starke Schwefelsäure fortgesetzt absorbieren.

Man erreicht das Gefrieren des Wassers leichter durch Anwendung anderer, leichter als das Wasser verdampfender Flüssigkeiten, z. B. Schwefelkohlenstoff oder Äther. Schwefelkohlenstoff ist jedoch ein Stoff, gegen dessen Anwesenheit im Hause Einwendungen gemacht werden können, da sein Geruch derart ist, daß der Duft der Motorwagen im Vergleich damit noch den würzigen Lüften ähnelt, die über die Insel Ceylon dahinwehen. Deshalb wollen wir Äther wählen, obgleich auch der Duft des Äthers dem Hause nichts weniger als willkommen sein wird, und es wird deshalb wohl am besten sein, für dieses Experiment einen Nachmittag zu wählen, an dem die Eltern oder andere Respektspersonen von Besorgungen außerhalb in Anspruch genommen sind.

Am besten wird das Ganze eingerichtet, wie Abb. 43 es zeigt. Ein

Stück Holz wird mit einer Vertiefung versehen, die man mit wenigen Tropfen Wasser anfüllt. In das Wasser stellt man einen Fingerhut, der fast ganz mit Äther angefüllt ist. Dann nimmt man ein Gummigebläse, wie es an Zerstäubern für Flüssigkeiten Verwendung findet, und bringt an dem Ende des Schlauches ein Glasrohr oder ein anderes Endchen Rohr mit ganz feiner Öffnung an. Wenn der Experimentator jung und von starker Lungenkraft ist, kann als Blasebalg auch die Lunge dienen. Um den Äther, auf den geblasen wird, am Überfließen ins Wasser zu verhindern, wird man gut tun, den Rand des Fingerhutes zu verbreitern, indem man den Fingerhut

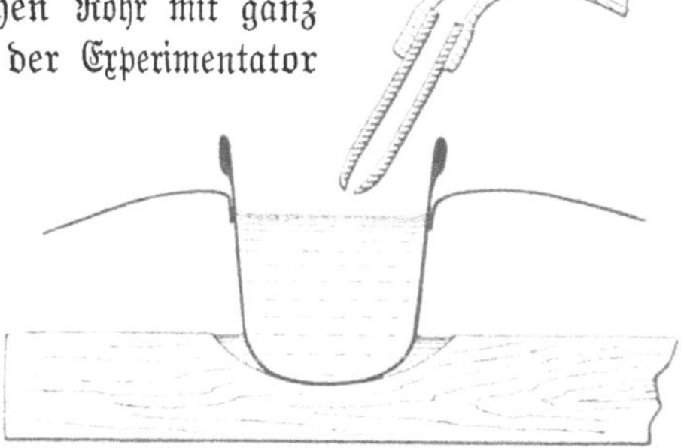

Abb. 43. Gefrieren von Wasser infolge Verdunstung von Äther.

etwa in ein dünnes Brett mit kreisförmigem Loch einsenkt. Statt dessen kann man aber auch Vorsicht und Geduld beim Blasen anwenden. — Der Dampf des Äthers ist sehr leicht entzündbar; deshalb komme man nicht mit einem brennenden Licht oder einer Lampe in seine Nähe.

Der Luftstrom bringt nun den Äther sehr schnell zum Verdunsten. Das hier angewandte Prinzip benutzen auch Wäscherinnen, wenn sie ihre Wäsche an einem windigen Tage aufhängen. Dadurch, daß der Luftzug die mit Dampf gesättigte Luftschicht, die also keinen Dampf mehr aufzunehmen vermag, fortwährend von der Wäsche fortbläst und trocknere Luft herbeiführt, gibt er dem Wasser in der Wäsche bessere Gelegenheit, zu verdunsten.

Der künstlich erzeugte, auf den Äther gerichtete Luftstrom hat die gleiche Wirkung, er beschleunigt die Verdunstung des Äthers. Die dabei verbrauchte, vom Äther selbst gelieferte Wärmemenge ist so groß, daß, ehe der Fingerhut leer ist, der Äther kalt genug geworden ist, um das Wasser gefrieren zu lassen. Schließlich ist der Fingerhut am Brett festgefroren. So wird zwar nicht durch eigentliches Sieden, aber doch durch eine dem Sieden vergleichbare beschleunigte Dampfbildung Gefrieren hervorgerufen.

Es wurde schon gesagt, daß der Versuch, Wasser durch wirkliches Sieden

unter niedrigem Druck zum Gefrieren zu bringen, eine ungemein lei-
stungsfähige Luftpumpe und schnelle Absorption des entstehenden Wasserdampfes durch starke Schwefelsäure erfordern würde.

Es gibt nun aber eine andere Flüssigkeit, die verhältnismäßig leicht
dadurch, daß man einen Teil derselben verdunsten läßt (ein eigentliches
Sieden tritt auch hier nicht ein), in den festen Zustand überzuführen ist.
Das ist die flüssige Kohlensäure. Die Kohlensäure ist in Gasform
allgemein bekannt. Es ist der Stoff, der aus vielen Getränken, wie Sel-
terswasser, Bier, Schaumwein u. a., beim Öffnen der Flaschen usw.
entweicht und das Schäumen derselben hervorruft. Die Kohlensäure
läßt sich durch einen Druck von 60 Atmosphären schon bei gewöhnlicher
Temperatur verflüssigen. Sie kommt in flüssigem Zustande hauptsächlich in großen Stahlflaschen in den Handel. Öffnet man den Verschluß
einer solchen Flasche, während die Flasche steht, so entweicht ein starker
Strom gasförmiger Kohlensäure, die sich aus der flüssigen Kohlensäure
infolge der Druckverringerung beim Öffnen gebildet hat. Der Druck
dieser immer noch sehr stark verdichteten gasförmigen Kohlensäure ist es,
der in den sogenannten Bierdruckapparaten zur Verdrängung des Bieres
aus den Fässern verwendet wird. Der eine oder andere Leser dieses
Buches wird vielleicht imstande sein, sich eine Kohlensäureflasche von
einer Firma, die sich mit dem Vertrieb flüssiger Kohlensäure befaßt,
oder auch von einem Gastwirte zu leihen. Diese Kohlensäureflasche
legt man nun so auf den Fußboden oder einen starken Tisch, daß das
Ende mit der Ausflußöffnung sich tiefer befindet als das geschlossene
Ende. Diese Lage hat zur Folge, daß die im Innern befindliche gasförmige Kohlensäure sich am geschlossenen Ende ansammelt, die flüssige
dagegen an der Ausflußöffnung. Öffnet man nun den Verschluß, so
preßt das stark komprimierte Gas die Flüssigkeit heraus. Merkwürdigerweise bemerkt man aber gar keinen Flüssigkeitsstrahl, sondern man sieht
einen weißen, schweren Nebel austreten, der sich vielleicht z. T. am Tische
oder Fußboden in Gestalt eines weißen Beschlages, also in festem Zustande, absetzt. Daraus geht hervor, daß dieser Nebel aus kleinen festen
Teilchen, d. h. aus fester Kohlensäure besteht. Um die feste Kohlensäure in größerer Menge zu erhalten, legt man ein größeres Stück von
dickem Flanell oder dergleichen in Beutelform zusammen und bindet
diesen Beutel an dem Ausflußrohr in der Weise fest, daß der Kohlen-
säurenebel in den Beutel einströmen muß. Öffnet man dann den Ver-

schluß genügend weit, so füllt sich der Beutel mit einer schneeähnlichen
Masse von fester Kohlensäure.

Wie erklärt sich nun das alles? Sehr einfach! Die flüssige Kohlen=
säure bleibt bei gewöhnlicher Temperatur nur unter sehr hohem Drucke
flüssig. Wird dieser Druck beim Öffnen der Flasche verringert, so geht
sie mehr oder weniger schnell in Gasform über. Dieses Gas ist farblos,
wie wir wissen, und deshalb unsichtbar. Die zur Verdampfung nötige
Wärme aber wird im wesentlichen der Kohlensäure selbst, sowohl der
zurückgebliebenen flüssigen als auch der entweichenden Kohlensäure ent=
zogen. So kommt es, daß ein Teil der Kohlensäure die Flasche in Gestalt
von feinen festen Teilchen verläßt, die sich in dem Beutel unter Um=
ständen zu größeren Massen vereinigen, während die gasförmige Kohlen=
säure durch den Beutel hindurch filtriert. So sehen wir in der Tat,
daß die schnelle Verdampfung eines Teiles einer Flüssigkeit imstande ist,
einen anderen Teil zum Gefrieren zu bringen.

Die feste Kohlensäure hat natürlich eine sehr niedrige Temperatur,
vielleicht — 60° C. Man hüte sich, sie fest mit den Fingern anzufassen,
da durch die starke Abkühlung der Hand leicht ähnliche Erscheinungen
hervorgerufen werden wie durch starke Erhitzung („Verbrennen"):
Hat man etwas Quecksilber zur Verfügung, etwa aus einem zufällig
zerbrochenen Thermometer, so kann man den bedeutenden Kältegrad
durch Gefrieren des Quecksilbers veranschaulichen. Zu diesem Zwecke
füllt man etwas von dem Kohlensäureschnee mittels eines Holz= oder
Hornlöffels in eine kleine Holzschüssel und preßt ihn kräftig zusammen,
indem man in der Mitte für eine kleine Vertiefung sorgt. Gießt man in
diese Vertiefung das Quecksilber, so wird man nach einigen Minuten die
Genugtuung haben, einen kleinen Block festen Quecksilbers mit Hilfe
des Löffels herausheben zu können. Man lasse das Metall nun aber
nicht frei auf dem Tische liegen, denn, sobald es eine Temperatur von
— 39° C. angenommen hat, schmilzt es wieder. Es würde bei geringer
Erschütterung oder schwacher Neigung der Tischfläche in Gestalt von mehr
oder weniger kugelförmigen Massen davon rollen und nicht leicht wieder
einzufangen sein, da es oft in Spalten von Fußböden usw. eindringen
wird. Da der Dampf des Quecksilbers sehr giftig ist, muß man aber
vermeiden, diese Flüssigkeit — selbst wenn es nur kleine Tropfen sind —
längere Zeit offen im Zimmer zu lassen. Nebenbei sei noch bemerkt,
daß man natürlich Quecksilberthermometer nicht mehr zum Messen

von Temperaturen unter 39° C. verwenden kann. Es kommen dann Thermometer zur Anwendung, die eine Flüssigkeit von noch tiefer liegendem Gefrierpunkt, z. B. Alkohol (Weingeist), enthalten.

Noch eine Beobachtung sei erwähnt. Läßt man den Kohlensäureschnee einige Zeit liegen, so bemerkt man, daß er immer weniger wird, ohne zu schmelzen. Da er sich nämlich unter dem gewöhnlichen Luftdruck befindet, geht er unter Überspringung des flüssigen Zustandes aus dem festen Zustand unmittelbar in den gasförmigen über und entschwindet so dem Auge. Geradeso sieht man auch gewöhnlichen Schnee oder ein Stück Eis, das bei Frostwetter im Freien auf einer Wage liegt, allmählich durch Verdunstung leichter werden. Sollte ein Gegenstand, der mit dem Kohlensäureschnee in Berührung ist, sich dennoch mit geringen Mengen einer Flüssigkeit bedecken, so glaube man nicht, daß es flüssige Kohlensäure sei. Das ist lediglich Wasser, welches sich durch Kondensation des Wasserdampfes der Luft an den sehr kalten Gegenständen abgeschieden hat.

5. Wie man mit wenig Wasser einen Gegenstand stärker kühlen kann als mit viel Wasser.

Wenn man den Mann aus dem Volk fragen würde, welcher Gegenstand kälter wird, der, welcher ganz in kaltes Wasser getaucht wird, oder derjenige, welcher nur mit kaltem Wasser angefeuchtet wird, so würde er sich wahrscheinlich für den ersteren entscheiden. Aber so selbstverständlich ihm diese Entscheidung auch sein mag, sie ist doch unrichtig wie so manche nicht näher geprüfte Annahme des täglichen Lebens.

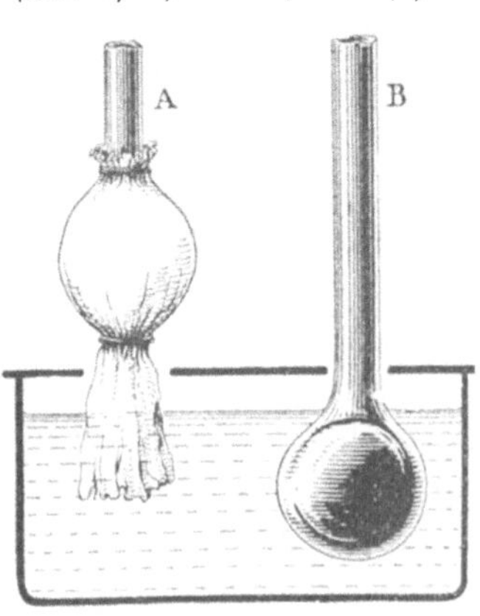

Abb. 44. Prinzip des Psychrometers.

Prüfen wir die Sache wieder durch ein Experiment! Abb. 44 zeigt uns den unteren Teil zweier Thermometer. Das eine hat seine Kugel im Wasser, die Kugel des anderen befindet sich dicht über dem Wasser, aber sie wird durch etwas Baumwollstoff, Wollstoff usw., welchen man oben und unten um die Kugel herumbindet und welcher in das Wasser eintaucht, feucht gehalten. Dann zeigt immer das Thermometer *A* eine tiefere Temperatur an.

Diese Tatsache beruht auf dem Gesetze, welches wir im vorigen Ab=
schnitt kennen gelernt haben, daß nämlich Wärme=Energie erforderlich
ist, um Wasser in Dampf zu verwandeln. Deshalb muß das Wasser,
welches die zur Verdunstung eines Teiles seiner selbst nötige Wärme lie=
fert, abgekühlt werden.

Bei gleichbleibender Lufttemperatur hat das Wasser im Wasser=
behälter unserer Abbildung die Lufttemperatur, und diese Temperatur
wird vom Thermometer B, dessen Kugel vom Wasser bedeckt wird,
angezeigt.

Die Kugel des Thermometers A ist aber von wasseraufsaugendem
Material umhüllt. Dieses bietet bei seiner Porosität der Luft eine sehr
große Oberfläche und damit gute Gelegenheit zum Verdunsten des Was=
sers. In trockener Luft verdunstet deshalb ein großer Teil des Wassers
aus der feuchten Bedeckung der Kugel. Zu dieser Verdunstung ist Wärme
erforderlich, welche von dem Wasser selbst während des Verdunstens
geliefert wird, gerade so, wie es beim letzten Experiment war, wo Wasser
ohne eine Flamme kochte. Ist nun dadurch die Wasserschicht in
der porösen Bedeckung der Kugel bedeutend abgekühlt, so entzieht
dieses Wasser dem Glase des Thermometers und dieses wieder dem
Quecksilber Wärme. Dadurch zieht sich das Quecksilber auf einen
kleineren Raum zusammen, d. h. die Quecksilbersäule des Thermo=
meters sinkt.

Wenn die Luft schon mit Wasserdampf gesättigt ist, oder wie man ge=
wöhnlich sagt, ganz feucht ist, so erfolgt das Trocknen der Kugelum=
hüllung langsamer, weniger Wärme wird verbraucht, das Wasser wird
weniger abgekühlt, und das Quecksilber steht im Thermometer A nicht
viel niedriger als im Thermometer B.

Wie man sieht, läßt sich der Unterschied zwischen den Temperaturen
der beiden Thermometer benutzen, um den Wasserdampfgehalt der Luft
zu erkennen. Ist der Unterschied größer, so ist die Luft trockener, ist
der Unterschied geringer, so ist die Luft feuchter.

Eine solche Anordnung von zwei Thermometern zum Zwecke des
Messens der Luftfeuchtigkeit wird Feuchtigkeitsmesser oder Hygro=
meter (auch wohl Psychrometer) genannt und wird in Stationen zur
Beobachtung des Wetters (meteorologischen Stationen) allgemein an=
gewandt.

Die Kugel B solcher Hygrometer befindet sich jedoch nicht im Wasser,

sondern ist von Luft umgeben. Infolgedessen erhält man die Lufttem=
peratur schneller als bei unserer Versuchsanordnung.

Daß wir die eine Kugel in das Wasser tauchten, geschah ja nur, um
zu veranschaulichen, daß ein Ding, welches in kaltes Wasser gestellt wird,
weniger gekühlt wird als eins, das vom Wasser lediglich benetzt wird.

VII. Wärmeleitung.

1. Ein Gefäß, welches zu heiß ist, um Wasser darin zu kochen.

Wenn ein eiserner Kochtopf, in dem Wasser kocht, geleert wird und
einige frische Tropfen kalten Wassers hineingetan werden, so trocknet die
Wärme des Topfes das Wasser schnell auf, das heißt, sie verwandelt
es in Dampf. Wenn aber der Topf ohne Wasser auf dem Feuer ge=
lassen wird, bis er viel heißer geworden ist, als er vorher mit dem
kochenden Wasser war, bis er tatsächlich rotglühend geworden ist, und
nun einige Tropfen kalten Wassers hineingegossen werden, so sind
wir geneigt, zu erwarten, daß sie um so schneller unter Aufzischen ver=
dampfen. Wir werden sehen, daß dieser Schluß wieder einmal über=
eilt wäre.

Hierbei wird es aber gut sein, der Einwendungen zu gedenken, die von
den Küchenautoritäten bei dem Vorhaben, einen Kochtopf rotglühend
zu machen, erhoben werden können, Einwendungen, welche wahrscheinlich
von einer höheren Instanz als berechtigt anerkannt werden würden.
Wir wollen also unser Experiment lieber gleich mit einem besonders
zu diesem Zwecke hergestellten Apparat ausführen. Als Gefäß für das
Experiment kann eine kleine, vertiefte Platte dienen von einem Durch=
schnitt, wie ihn Abb. 45 A zeigt. Diese soll aus einem die Wärme
gut leitenden Metall, etwa Kup=
fer, hergestellt und von glatter,
glänzender Oberfläche sein; sonst
könnte nämlich das Wasser das
Gegenteil von dem, was wir
prophezeien, tun, und wir müß=
ten den Zuschauern erst wieder
erklären, warum das Wasser sich
anders verhielt, als es sollte.

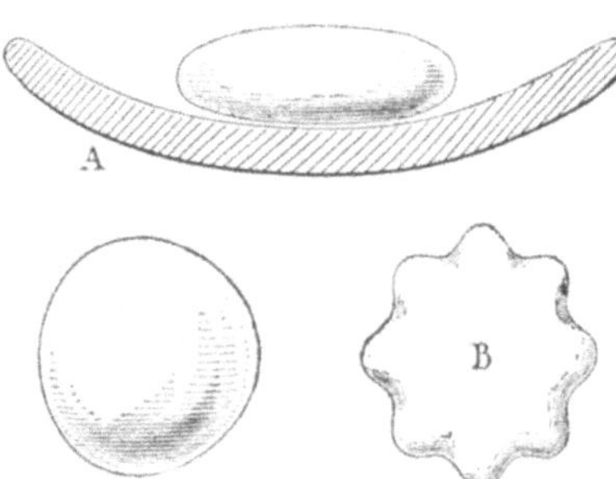

Abb. 45. Der Sphäroidalzustand des Wassers.

Die Kupferschüssel, welche auf

einem passenden Gestelle ruht, wird erhitzt, bis sie rotglühend ist, alsdann lasse man einige wenige Tropfen kalten Wassers vorsichtig hineinträpfeln. Anstatt plötzlich in Dampf aufzugehen, wird das Wasser in Gestalt einer abgeplatteten Kugel, eines „Sphäroids" auf der Schüssel bleiben. Man nennt diesen Zustand den „sphäroidalen Zustand". Manchmal ist der Tropfen ganz rund, manchmal von der in *B* dargestellten ausgezackten Form, manchmal wechselt seine Form, und manchmal dreht er sich langsam herum.

Warum verwandelt sich nun das Wasser, obgleich es der außerordentlich heißen Schüssel so nahe und vielleicht von der Flamme eines großen Bunsenbrenners umgeben ist, nicht sofort in Dampf, sondern bleibt unter Umständen minutenlang in der Schüssel, bis es endlich langsam aufgetrocknet ist?

Offenbar ist die Schüssel zu heiß, um das Wasser zum Sieden zu bringen. Sie ist so heiß, daß, ehe das Wasser sie ganz berühren kann, die Wärme der Schüssel etwas von dem Wasser zum Verdampfen bringt. Die dünne Dampfschicht zwischen Wasser und Schüssel bildet gleichsam ein Dampfkissen, auf dem das Wasser ruht. Nun sind aber Gase und Dämpfe sehr schlechte Wärmeleiter. Deshalb kann die Wärme der Schüssel, wie groß sie auch sei, nur langsam zum Wasser gelangen. Auch bringt sie es nicht zum Sieden, sondern nur zum langsamen Verdampfen.

Da das Wasser nicht mit dem Kupfer in Berührung kommt, so kann auch zwischen ihm und dem Kupfer keine Adhäsion auftreten, das Kupfer wird also nicht vom Wasser benetzt werden. Die Gestalt der Wassermenge wird daher nur bestimmt durch ihre Oberflächenspannung und ihr Gewicht. Ist sie sehr klein, so nimmt sie Kugelform an, wie ja auch kleine Mengen von Quecksilber auf Holz, Glas, Papier u. a. annähernd Kugelform haben. Etwas größere Wassermengen werden aber durch ihr Gewicht zur sphäroidalen Form abgeplattet.

Ein sehr einfacher und gut wirkender Apparat zur Veranschaulichung des sphäroidalen Zustandes ist übrigens eine eben geklopfte und durch einen abgerundeten Hammer leicht konkav gebogene Kupfermünze, welche man auf ein Stück Eisen legt, das man in der Rotglut erhält. Auch eine sehr heiße Herdplatte, auf die man einige Tropfen Wasser schüttet, eignet sich zur Beobachtung dieser unscheinbaren und doch so lehrreichen Erscheinung.

2. Wer taucht die Hand in geschmolzenes Blei?

Es wird von glaubwürdiger Seite behauptet, daß König Eduard VII. von England vor langer Zeit, auf einer seiner Reisen durch die englischen Industriestädte, den Mut hatte, seine Hand in ein Gefäß, in dem sich geschmolzenes Blei befand, zu tauchen. Ob dieses nun wahr oder nicht wahr ist, das Experiment ist eins, das gemacht werden kann und auch nicht selten gemacht worden ist, und zwar ohne Verletzung der eingetauchten Hand.

Wasser siedet bei 100° C., und wenn die Hand auch nur den kürzesten Moment hineingetaucht werden würde, so würden schreckliche Schmerzen und die ernstesten Verletzungen die Folge sein. Die Temperatur, bei der Blei schmilzt, liegt um 233 Grad höher. Wie ist es möglich, daß die Berührung mit diesem weniger gefährlich sein kann?

Die Erklärung ist jener, die im letzten Abschnitt von dem sphäroidalen Zustande des Wassers gegeben wurde, sehr ähnlich. Durch die Wärme des Bleies verdampft die Feuchtigkeit in der Haut, verwandelt die Feuchtigkeit sozusagen in einen Dampfhandschuh, welcher ein sehr schlechter Wärmeleiter ist, so daß die Wärme des Bleies der Haut nur sehr langsam zugeführt werden kann. Die Haut selbst besteht außen aus einer unempfindlichen Schicht, so daß sie für kurze Zeit, ehe die Wärme zu den tiefer liegenden Nerven geleitet ist, außerordentlich hohe Temperaturen ohne Schmerz zu ertragen vermag. Wenn nun die Hand, ehe die Wärme Zeit hat, durch den Dampfhandschuh und die äußerste Hautschicht zu gelangen, wieder herausgezogen wird, so werden sich keine unliebsamen Folgen bemerkbar machen.

Zu bemerken ist noch, daß die Hände für dieses Experiment feucht sein müssen. Sie müssen daher von allen fettigen Bestandteilen durch Waschen mit Seife sorgfältig befreit werden, damit das Wasser nachher sie gut anfeuchten und ihnen überall anhaften kann.

Es ist vielleicht nicht nötig, noch eine weitere Warnung hinzuzufügen, nämlich die, daß man die Hand auch nicht zu lange im geschmolzenen Blei lassen darf. Es genügt für die Wärme natürlich eine sehr geringe Spanne Zeit, um den schützenden Dampf zu durchdringen und mit ihren zerstörenden Wirkungen zu beginnen.

Abb. 46. Der Priester Papa Ita (Tahiti) im Begriff, seinen Feuertanz auszuführen.

3. Das Gehen auf rotglühenden Steinen.

Unsere Abb. 46 stellt eine Zeremonie dar, welche in verschiedenen Erd=
teilen ausgeübt, aber besonders auf den Inseln des südlichen Stillen
Ozeans angetroffen wird. Irgend jemand von dem Rufe eines Halb=
heiligen, halb Arzt, halb Priester, sucht seinen Ruf zu festigen, oder
ihm noch etwas hinzuzufügen, indem er sich als Inhaber übernatürlicher
Kräfte zeigt.

Eine flache Grube wird gegraben, Steine und Holz werden gesam=
melt, und das Holz wird einige Stunden vor der Handlung angezündet.
Einige der Steine werden rotglühend. Diese werden herausgesucht
und mit grünen Zweigen bedeckt, welche beim Verkohlen starken Rauch
verursachen. Nach einer beträchtlichen Zeit nähert sich der Wundermann
barfuß an der Spitze einer Prozession, bestehend aus einer Anzahl
seiner Schüler, welche, unter dem Schutze seiner Zauberkunst, sich be=
fähigt glauben, seinem Beispiel folgen zu können. Bei den Steinen

angelangt, beginnt er über sie wegzuschreiten, indem er das erstemal seinen Weg in bedächtiger Weise, mit augenscheinlicher Vorsicht aufsucht. Seine Schüler folgen mit größerer Hast. Die Rückreise wird mit mehr Vertrauen und Überlegung gemacht. Zuletzt hüpft ein großer Teil der Zuschauer, welche nicht professionierte Wunderheilige sind oder solche werden wollen, auf den Steinen in unregelmäßiger Weise hin und her, meistens aber in nicht zu großer Entfernung vom gewöhnlichen Erdboden.

Wenn ein Fremder zum ersten Male diese Handlung sieht, so ist er außerordentlich überrascht. Er fühlt auf jeden Fall, daß er einer Sache beigewohnt hat, die des Nachforschens wert ist.

Durch die Beobachtung von Leuten, die nicht nur eines angenehmen Schauspieles wegen hingegangen sind, sondern welche die feste Absicht hatten, der Wahrheit auf den Grund zu kommen, sind die folgenden Tatsachen bekannt geworden. Die ganze Zeremonie wird hübsch theatralisch aufgezogen, in der Absicht, Erstaunen zu erregen. Der Umfang des Feuers und die Zeitdauer, während welcher es brennt, bringt den Eindruck einer fürchterlichen Hitze hervor. Die Vorstellung wird durch das Umkehren der heißen Steine, den Anblick der rotglühenden darunter und den Rauch der versengten Zweige, welche in die Zwischenräume der heißeren Steine gesteckt worden sind, begünstigt.

Während dieser Zeit haben die oberen Steine viel Zeit zum Abkühlen. Die Zauberer gehen über den rotglühenden Steinen, wohl verstanden, nicht auf denselben, sondern auf jenen über ihnen, welche eben nicht rotglühend sind. Da ist kein unnötiges Verweilen, kein Zögern in ihren Bewegungen, sie verweilen nicht in einer Stellung. Zivilisierte Zuschauer, welche gleich darauf über dieselben Steine gehen, bemerken, daß das Leder ihrer Stiefel nicht versengt ist. Eingeborene, welche nicht zu den Zauberern gehören, stoßen dieselben Steine mit ihren bloßen Füßen herum.

Wir wissen ferner, wie wir im letzten Abschnitt gelernt haben, daß eine feuchte Haut sehr große Hitze während kurzer Zeit ohne Verletzung ertragen kann. Während der eine Fuß sich auf einem heißen Steine befindet, erfährt der andere, durch Verdampfung seiner Feuchtigkeit, Abkühlung. Die Hitze, welche tiefer in die Haut eindringt, mag auch wohl, wenn sich der Gang seinem Ende nähert, allmählich unerträglich werden. Der Fuß kann auch gelegentlich auf einen Stein geraten, welcher tat sächlich zu heiß ist; er wird aber sofort wieder zurückgezogen werden, und jener Stein wird auf dem Rückwege vermieden werden; der Schmerz kann aber verheimlicht werden. Die Handlungen der Derwische und anderer Fanatiker zeigen, daß, wenn es sich um Betrug oder um Glaubenssachen handelt, Schmerzen heldenmütig ertragen werden können.

Fassen wir nun unser Urteil zusammen und bedenken wir hauptsächlich die Tatsache, daß die Hitze der Steine auch Leder nicht sofort zu zerstören vermag, so kommen wir zu dem Schluß, daß, trotzdem auffallende Tatsachen hier zusammentreffen, sich nichts zuträgt, was den bekannten Naturgesetzen widerspricht.

4. Wer bewegt die Hand durch einen heißen Dampfstrahl?

Die Hand kann ohne Schaden schnell, aber ohne daß besondere Hast nötig ist, durch einen kleinen Strom heißen Dampfes, nahe der Ausströmungsöffnung, geführt werden. Dieser Dampf ist ebenso heiß wie siedendes Wasser, ebenso heiß wie der die Haut verbrühende „Dampf" eines Teekessels. Und warum verbrüht dieser Dampf nicht?

Zunächst ist zu beachten, daß es sich um wirklichen, gasähnlichen Dampf handelt, nicht um teilweise kondensierten Dampf, wie in dem sichtbaren Nebel des Teekessels. Der letztere besteht aus kleinen Tröpfchen flüssigen Wassers, welches die Hand benetzt und infolge seiner hohen spezifischen Wärme gewaltige Wärmemengen auf sie überträgt.

Einige Dampfkessel sind an der Seite mit einem Loch versehen, in welches eine Glasscheibe eingepaßt ist, um dem Beobachter das Innere zu zeigen. Oberhalb des Wassers sieht man nichts. Daraus geht hervor, daß sich hier wahrer, gasähnlicher Dampf befindet, der nicht zum Teil zu Wassertröpfchen kondensiert ist, denn diese würden sichtbar sein.

Dieser wirkliche Dampf hat wie auch die Gase selbst bei hoher Temperatur eine sehr geringe spezifische Wärme; also kann die dünne Dampfschicht, mit welcher der Finger kurze Zeit in Berührung kommt, keine große Wärmemenge an die Haut abgeben. Zweitens hat dieser wahre Dampf wie die Gase nur ein sehr geringes Wärmeleitungsvermögen, so daß die Dampfschicht, die der Hand am nächsten ist, auch die Wärme der angrenzenden Schichten nicht auf die Haut übertragen kann.

Fügen wir nun noch die Tatsache hinzu, daß die Wärme auch noch erst die äußere unempfindliche Hautschicht durchdringen muß, ehe sie empfunden wird, so sehen wir, wie es möglich ist, die Haut für kurze Zeit der

Dampfhitze auszusetzen. Aber das Kunststück darf nicht zu sehr in die Länge gezogen werden. Wenn der Experimentator zu waghalsig ist, wird er sich eben die Finger verbrennen.

5. Kann Eis Wärme liefern?

Verschiedene Flüssigkeiten sieden bei verschiedener Temperatur. Schwefelsäure oder Quecksilber müssen, um zum Sieden zu kommen, viel stärker erwärmt werden, als Wasser. Alkohol, Äther und Chloroform andererseits sieden bei tieferen Temperaturen als Wasser; und das Wasser selbst siedet bei einer niedrigeren Temperatur, wenn weniger Druck auf ihm lastet (vgl. Abschnitt VI, 3). Man kann dies unter anderem beobachten, wenn man einen hohen Berg hinaufsteigt. Oben ist die Luftschicht niedriger, die Luft dünner, ihr Druck also auch geringer, und das Wasser siedet unter Umständen bei einer so niedrigen Temperatur, daß es nicht genügend erwärmt werden kann, um Kartoffeln darin gar zu kochen. Flüssiges Schwefeldioxyd siedet sogar unterhalb des Wassergefrierpunktes, nämlich bei — 8° C., flüssiges Ammoniak bei — 34° C., flüssiges Stickstoffoxydul bei — 87° C. Einen noch niedrigeren Siedepunkt hat die flüssige Luft, nämlich nahezu — 200° C.

Nun ist die Wärme doch immer die Grundbedingung zum Sieden. Selbst bei diesen niedrigen Temperaturen ist also noch Wärme vorhanden. Zunächst ist vielleicht mancher geneigt zu sagen, daß das Wasser unterhalb seines Gefrierpunktes keine Wärme mehr enthält. Aber könnten wir dann nicht ebensogut sagen, daß unter der Temperatur, bei welcher geschmolzenes Wachs oder Eisen wieder fest wird, keine Wärme mehr vorhanden ist?

Wir nennen das Eis zwar „kalt" und nicht „warm". Damit meinen wir aber nur, daß es weniger Wärme hat als unser Körper oder die meisten uns umgebenden Gegenstände. Im Vergleich zu manchen Dingen enthält es sogar eine bedeutende Wärmemenge. Der Unterschied in der Wärmemenge von Eis und flüssiger Luft ist zum Beispiel ebenso groß wie derjenige von rotglühendem Eisen und Wasser.

Deshalb kann Eis flüssige Luft in denselben sphäroidalen Zustand versetzen wie rotglühendes Metall das Wasser. Ehe es nicht einen großen Teil seiner Wärme verloren hat und der Temperatur der flüssigen Luft näher gekommen ist, ist das Eis zu warm, um die Luft zum Sieden zu bringen!

Zuerst schafft die außerordentliche Wärme des Eises (außerordentlich im Vergleich zu der außerordentlichen Kälte der flüssigen Luft) ein Kissen verdampfter Luft zwischen sich selbst und der Flüssigkeit, das für die Wärme des Eises schwer durchdringlich ist. Hat aber das Eis seine Wärme langsam abgegeben, hat sich seine Temperatur der der Flüssigkeit ge= nähert, so verschwindet das Dampfkissen. Die flüssige Luft und das Eis berühren sich also, und die Luft kommt zum Sieden. Das Eis ist also schließlich kalt genug geworden, um die flüssige Luft zum Sieden zu bringen!

Nachdem das Sieden einige Zeit gewährt hat, und das Eis mehr und mehr von seiner Wärme abgegeben hat, wird es endlich ebenso kalt wie die flüssige Luft selbst. Nun kann keine Wärme mehr vom Eis zur Luft übergehen, und das Sieden hört auf.

Das Experiment kann auf zwei verschiedene Weisen ausgeführt werden. Man lasse ein Stück Eis in flüssige Luft fallen. Während der ersten wenigen Minuten ist das Eis zu warm, um die Flüssigkeit berühren zu können, und daher findet nur Verdampfung statt. Bald hat sich aber seine Oberfläche genügend abgekühlt, und die Luft beginnt zu sieden.

Man kann auch anders verfahren. Man schneide in die eine Seite eines Eisblocks ein Loch und lasse flüssige Luft hineinfließen. Dann wird man dieselbe Reihe von Erscheinungen beobachten, wie wenn man Wasser auf eine rotglühende Herdplatte schüttet.

Die letzte Methode bietet sogar noch Gelegenheit zu einer hübschen wirkungsvollen Vorführung. Da der Stickstoff zuerst verdampft, kann man den übriggebliebenen Sauerstoff benutzen, um ein Stück Holz darin zu verbrennen. Das helle Licht, welches durch das Eis leuchtet, sieht in einem verdunkelten Zimmer ganz wunderhübsch aus.

VIII. Merkwürdige Luft- und Dampfströme.

1. Das Wunderrad, das sich ohne sichtbare Ursache dreht.

Um schwache Strömungen in der Luft eines Zimmers nachzuweisen, benutzt man Apparate, die durch solche Ströme leicht in Umdrehung versetzt werden. Von einem dieser Apparate soll die Herstellung im fol= genden genau beschrieben werden.

Ziehe mit Bleistift auf einem Blatt starken Schreibpapiers zwei

aufeinander senkrecht stehende gerade Linien *AB* und *CD* (Abb. 47).
Ziehe darauf zwei andere *EF* und *GH*, welche die entstehenden Winkel
halbieren. Um den Schnittpunkt dieser Linien als Mittelpunkt schlage

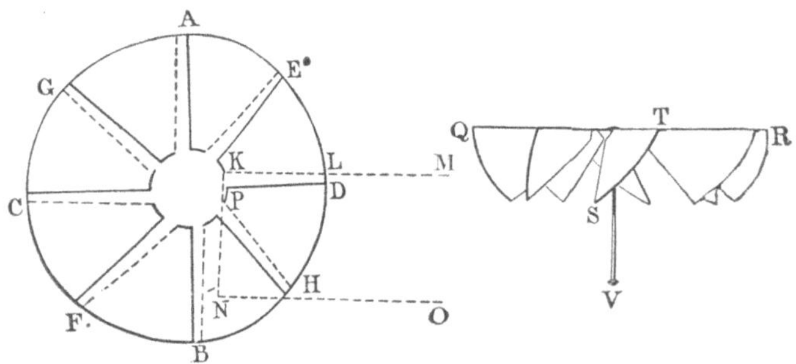

Abb. 47. Herstellung des Wunderrades.

einen größeren Kreis *ACBD* von etwa 6 cm und einen kleineren von
etwa $1^1/_2$ cm Durchmesser. Es muß vermieden werden, daß die Zirkelspitze im Mittelpunkt ein Loch erzeugt. Zu diesem Zwecke legt man
ein kleines Stück Pappe an die Stelle, wo die Linien sich schneiden, und
setzt die Zirkelspitze darauf. Wenn die Kreise gezeichnet sind, zieht man
die punktierten Linien (ausgenommen *MKNO*).

Nun schneide mit Schere oder Messer den größeren Kreis aus. Alsdann
schneide an den nicht punktierten, zum Zentrum laufenden Linien
entlang bis zum kleinen Kreise und von dem inneren Ende jedes dieser
Schnitte mache auf dem kleinen Kreise einen Schnitt, der halb bis zu
dem inneren Ende des nächsten Schnittes reicht. Diese letzteren Schnitte
sind in der Abb. 47 ebenfalls durch nicht punktierte Linien bezeichnet.
Das annähernd dreieckige Stück *EKL* und die anderen ebenso gestalteten
werden nun an den punktierten Linien entlang so aufgebogen, daß sie
mit dem Tische Winkel von 45° bilden. Das ist am besten auszuführen,
indem man über den schmalen Streifen, der nicht aufgebogen werden
soll (*KPDL*), ein flaches Lineal in der Lage *MKNO* mit seiner Kante
längs der punktierten Linie *KL* legt. Indem man diese Kante fest nieder-
drückt, schiebt man das Ende eines Tischmessers unter das Stück *EKL*,
biegt es auf und drückt es mit dem Rücken des Messers gegen die Kante
des Lineals, so daß eine scharfe Einknickung längs der Linie *KL* entsteht.
Die übrigen 7 Stücke behandelt man ebenso. Jetzt nimmt man einen
Bleistift mit abgerundeter Spitze. Diesen drückt man senkrecht mit

seiner Spitze gegen den Mittelpunkt des auf dem Tische liegenden Räd= chens, nachdem man einige Lagen weichen Papiers darunter gelegt hat. Dreht man den Stift nun zwischen den Fingern, so entsteht eine kleine kegelförmige Vertiefung im Mittelpunkt. Vermeiden muß man, daß der Stift ein Loch durch das Papier bohrt. Wenn man die Scheibe umdreht und von der Seite betrachtet, so wird sie aussehen wie in QR. Nun nimmt man eine gewöhnliche Stecknadel und macht die Spitze etwas stumpf, indem man sie an einem feinkörnigen Steine oder einem Gegenstande von ähnlicher Oberfläche reibt. Man trage Sorge, daß keine Hacken oder Zacken an der Spitze entstehen. Die Spitze muß glatt und abgerundet sein, aber trotzdem fein. Jetzt halte man die Nadel mit Daumen und Zeigefinger in der Lage V und lege die Scheibe mit der Vertiefung auf die Nadelspitze. Die aufgebogenen Dreiecke hängen nach unten.

Dieser kleine Apparat ist ein sehr empfindliches „Anemometer". Sein Gewicht ist sehr gering, die Berührungsfläche zwischen dem Papier und der Nadelspitze außerordentlich klein und die Vertiefung im Papier durch den Bleistift gut geglättet. Das Rädchen wird sich deshalb sehr leicht drehen. Der leichteste Luftzug, der von oben oder unten auf die schrägen Flügel ebenso trifft wie auf die Flügel einer Windmühle oder auf das schräggestellte Segel eines Bootes, bewirkt, daß diese schrägen Flächen sich verschieben und somit das Rädchen in Drehung versetzen. Strömt die Luft nach oben, so wird sie, indem sie gegen die untere Fläche des Flügels ST stößt, diesen von rechts nach links treiben, während die Flügel an der Rückseite in ähnlicher Weise von links nach rechts getrieben werden. Strömt die Luft aber abwärts, so wird sie, wenn sie von oben auf TS trifft, den Flügel nach rechts schieben, während die Rückseite der Scheibe nach links getrieben wird.

Sobald man die Scheibe auf die Nadelspitze legt und sie ruhig hält, findet man, daß sie sich plötzlich dreht, indem die Vorderseite nach links geht. Offenbar ist gerade da, wo man steht, ein aufsteigender Luftstrom, der vielleicht zu schwach war, um vorher beobachtet zu werden.

Man gehe mit dem Rädchen in einen anderen Teil des Zimmers, wo man keinen Luftzug zu finden erwartet. Der Apparat beginnt wieder, sich zu drehen, und zwar in derselben Richtung wie vorher. Augenscheinlich ist also auch dort ein aufsteigender Luftstrom. Unter= sucht man noch andere Teile des Zimmers, so kommt man zu demselben Ergebnis.

Wenn oben im Zimmer ein Fenster gegen einen starken Wind geöffnet und so gestellt ist, daß es den Luftzug abwärts leitet, so entsteht
unter dem Fenster eine starke absteigende Luftbewegung, welche sogleich das Rad in Bewegung setzt, aber in eine solche, die der vorigen
entgegengesetzt ist.

Sehen wir von solchen besonderen und gewissermaßen gewaltsamen
Unterbrechungen der regelmäßigen Erscheinung ab, so werden wir in
einem Zimmer, in welchem nach unserer bisherigen Ansicht die Luft
überall durchaus stillstand, an jeder Stelle Anzeichen eines deutlichen
Aufwärtsströmens finden. Es hat den Anschein, wie wenn die Luft
überall von unten durch den Fußboden dringt, in dem ganzen Zimmer
aufsteigt und durch die Decke entweicht.

Den Schlüssel zur Erklärung findet man, wenn man die Stecknadel
nicht mit der Hand festhält, sondern in einer anderen Weise befestigt.
Man nehme einen schmalen Streifen steifer Pappe oder einen Holzstab
und befestige die Nadel nahe dem einen Ende, indem man sie bis zum
Kopfe hindurchtreibt. Den Pappstreifen befestige man so, daß er über
die Kante eines Tisches vorragt, etwa dadurch, daß man ein Buch auf
das Ende ohne Nadel legt. Darauf lege man das Rädchen auf die Nadelspitze und ziehe sich etwas zurück. Das Rad zeigt jetzt keinerlei Bewegung.
Hält man aber die Hand darunter, so beginnt es sich zu drehen. Es
ist also klar, daß die treibende Kraft von der untergehaltenen Hand
stammt.

Die Erklärung ist jetzt leicht gefunden. Tatsache ist, daß die Hand
gewöhnlich wärmer ist als die umgebende Luft. Die Temperatur des
Blutes tief unter der Körperoberfläche ist etwa 37° C. Wenn nun
auch die Hände stets kühler sind als das Körperblut, weil sie fortwährend
Wärme abgeben, so ist doch der Unterschied gegenüber der Luft, die
vielleicht eine Temperatur von 20° C. hat, noch immer ein nennens-
werter. So kommt es, daß die Luft, wo sie die Hände berührt, andauernd Wärme aufnimmt. Wärme dehnt aber alle Körper — und
somit auch die Luft — aus, macht sie also weniger dicht und daher
weniger schwer. Da hierdurch das Gleichgewicht gestört ist, so wird die
erwärmte Luft von der schwereren, nicht erwärmten Luft emporgedrängt,
gerade so wie die heiße, ausgedehnte, leichte Luft über einem Feuer im
Ofen durch die kältere, dichtere, schwerere Luft des Zimmers im Schorn-
stein hinaufgepreßt wird.

Wir erzeugen so einen beständigen, von den Händen und vom Gesicht aufsteigenden Luftstrom, der aber so schwach ist, daß er für gewöhnlich unserer Aufmerksamkeit entgeht. Gelegentlich läßt er sich dennoch auch ohne besondere Untersuchungsmittel beobachten.

Wenn z.B. ein kahlköpfiger Herr, der eine ziemliche Strecke von der Eisenbahnstation wohnt, sich an einem kalten Wintermorgen sehr erhitzt hat, indem er von einem verspäteten Frühstück zur Station eilte, und wenn er dann findet, daß der ungewöhnlich pünktliche Zug schon fort ist und er auf den nächsten warten muß, so wird er nicht selten während der Wartezeit sich den Schweiß abwischen. In dem Augenblick zwischen dem Abnehmen des Hutes und der Anwendung des Taschentuchs kann man eine Säule von Dampfwolken, die durch die kalte Luft verdichtet sind, von seinem Kopfe aufsteigen sehen. Sie zeigen uns mit großer Deutlichkeit die Richtung des aufsteigenden Stromes, der dadurch verursacht wird, daß die Wärme seines Kopfes die Luft erwärmte und dadurch leichter machte.

Aufsteigende Luftströme, die in ähnlicher Weise durch eine örtliche Wärmequelle verursacht sind und die mit entsprechenden, absteigenden Strömen, die durch örtliche Abkühlung erzeugt sind, sich zu mehr oder weniger kreisförmigen Strömen verbinden, spielen in der Naturgeschichte unserer Erde eine wichtige Rolle.

Ein gutes Beispiel für Luftströme, die durch örtliche Abkühlung hervorgerufen sind, liefern uns auch die Luftströme, die an Zimmerfenstern entstehen. Es wird der Mühe wert sein, eine Geschichte etwas näher zu betrachten, die nicht selten erzählt wird, und die eigentlich ein unschöner Scherz auf Kosten eines älteren Herrn ist.

In der Zeit, wo große, klare Glasscheiben noch neu und selten waren, saß ein solcher Herr, der zum ersten Male ein Haus, das mit diesem Glase ausgestattet war, besuchte, nahe einem Fenster, das von oben bis unten ohne jede Sprosse war. Nach einiger Zeit legte er die Hand auf seinen Kopf, der nicht von Haar geschützt war, und beklagte sich, da sein Sehvermögen auch nicht das beste war, darüber, daß er sich durch den Zug vom offenen Fenster her eine Erkältung zugezogen habe. Man erklärte ihm, daß das Fenster tatsächlich geschlossen sei; da er sich aber eingebildet hatte, daß es offen sei, und daß er sich infolge des Luftzuges erkältet habe, so hatte er tatsächlich alle Unannehmlichkeiten einer schlimmen Erkältung während der nächsten 14 Tage zu erdulden. Das erzählt

man als ein bemerkenswertes Beispiel für die Gewalt der Einbildungs-
kraft, für die wunderbare Gewalt des Geistes über den Körper. Er
hatte sich durch seine eigene Einbildung erkältet!

Es ist aber nicht notwendig, diesen Schluß zu ziehen. Obgleich das
Fenster geschlossen war, kann ein deutlicher kalter Luftzug von ihm
ausgegangen sein. Wenn das Zimmer gut durchwärmt war und die
Außenluft kühl, war es sicher so; denn die kalte Außenluft kühlt das
Glas, das kalte Glas kühlt die Innenluft, die mit ihm in Berührung
kommt. Die Abkühlung bewirkt eine Zusammenziehung der Luft,
sie wird dichter und schwerer, sinkt folglich nieder und bewegt sich
nach der Mitte des Zimmers, während andere Luftmassen oben
sich nach dem Fenster hin verschieben, um ebenfalls dort abgekühlt
zu werden. So ist eine Kreisströmung entstanden, deren einer Teil
der kalte Strom vom Fenster her ist, welcher sehr wohl dem alten
Herrn seine Erkältung verschafft haben kann, obwohl das Fenster geschlossen war.

Ebensolche Ströme entstehen in größerem Maßstabe in einer Ver-
sammlungshalle, welche eine fensterlose Wand auf einer Seite und
eine Reihe von Fenstern auf der anderen Seite hat. Ist die Außenluft
kalt, so kühlt sie die Glasfenster ab, diese wieder die Innenluft. Diese
Innenluft sinkt nieder und bewegt sich quer durch den unteren Teil der
Halle, wo sie durch die Wärme der versammelten Menschen oder durch
künstliche Heizung erwärmt wird. An der den Fenstern gegenüberliegenden Seite steigt sie auf, um sich oben wieder an den Fenstern hin zu
bewegen. Ist auch die Decke in größerer Ausdehnung von Glas oder
anderem dünnen Material, so ist die Abkühlung noch stärker. Die
Wirkung kann so bedeutend werden, daß auf den Galerien von solchen
großen Hallen Flammen, statt aufwärts zu brennen, durch den Luftzug wagerecht fortgeblasen werden, auch wenn kein offenes Fenster,
keine offene Tür oder dergleichen in der Nähe ist.

Wenn wir bedenken, was für erstaunliche Luftbewegungen durch
so mäßige Ursachen entstehen, und wenn wir mit ihnen die furchtbare
Kraft der Sonnenhitze in den — Millionen von Quadratkilometern
umfassenden — Tropen vergleichen, sowie die gewaltigen Gebiete streng-
ster Kälte um die Pole herum, so haben wir keinen Grund, erstaunt
zu sein über die Gewalt der schrecklichsten Stürme, die auch nur solche
Luftströmungen in größerem Maßstabe sind. Die Winde, welche Schiffe

und Windmühlen bewegen, sind in jeder Beziehung den kleinen aufsteigenden Luftströmen ähnlich, welche von unserer Hand aufsteigen und die Umdrehung unseres kleinen „Wunderrades" verursachen.

2. Abstoßung und Anziehung, durch dieselbe Ursache erzeugt.

Wenn eine mit einem Dampfkessel verbundene Röhre mit einer sehr engen Öffnung versehen wird, so wird der Dampf in einem feinen

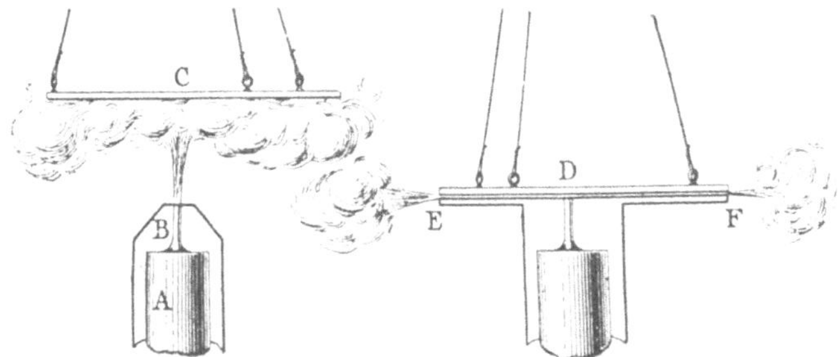

Abb. 48. Anziehung und Abstoßung durch einen Dampfstrahl.

Strahle heraustreten. Der zusammengepreßte Dampf tritt in das untere Ende der Öffnung mit einer gewissen Geschwindigkeit (vielleicht 400 m in der Sekunde) ein; während er sich in dem engen Kanal entlang bewegt, dehnt er sich aus, da sein anfangs hoher Druck allmählich auf den Druck der Atmosphäre herabsinkt. Die Folge dieser Ausdehnung ist aber, daß die Dampfteilchen, wenn sie die Öffnung verlassen, eine Geschwindigkeit von vielleicht 1000 m in der Sekunde angenommen haben. Derartig schnell sich bewegender Dampf kann eine ganz beträchtliche Arbeit leisten, wie sich das beim Treiben von Turbinen durch solche Dampfstrahlen zeigt.

Unsere Abbildung 48 zeigt eine andere Art, wie seine Arbeitkraft bewiesen werden kann. Das Ende eines Dampfrohres A ist durch Metall verschlossen, und dieses Metall ist bei B mit einer feinen Öffnung versehen. Wenn der Dampfstrahl dann ein Hindernis trifft, so treibt er dieses kräftig vor sich her. Eine leichte Platte zum Beispiel, die über dem Strahl bei C, also in ziemlich bedeutender Entfernung von B, aufgehängt ist, wird hochgetrieben und am Herabfallen gehindert.

Nun denke man sich aber den Apparat in der folgenden Weise abgeändert. Das Ende der Dampfröhre sei zu einer ebenen Platte EF erweitert, die in der Mitte durchbohrt ist. Ferner sei die bewegliche

Platte (*D*) nur in einem ganz geringen Abstande von *EF* aufgehängt. Wenn man dann den Dampfstrahl austreten läßt, so zeigt sich, daß die obere Platte, anstatt abgestoßen zu werden, nun gewissermaßen von der unteren angezogen wird. Es bedarf einer beträchtlichen Kraft, um die obere Platte von der unteren zu entfernen.

Wie ist es nun möglich, daß genau derselbe Dampfstrahl zwei ganz entgegengesetzte Wirkungen hervorbringen kann? Zur Erklärung ist zunächst zu beachten, daß im ersten Fall der Druck des Dampfes beim Hindurchströmen durch den engen Austrittskanal allmählich abnimmt, bis er eben außerhalb des Rohres dem Luftdrucke gleich wird. Alle Wirkungen, die der so ausgedehnte Dampf ausübt, sind auf die große Geschwindigkeit der Dampfteilchen zurückzuführen. Im zweiten Falle liegt die obere Platte so dicht auf der unteren, daß wir annehmen können, in dem Austrittskanal und unmittelbar über diesem herrsche noch der hohe Druck, der im Dampfkessel vorhanden ist. In der nächsten Umgebung des Austrittskanals aber wird sich der Dampf ausdehnen, um den Atmosphärendruck anzunehmen. Während er im ersten Falle sich nach allen Richtungen ausdehnen konnte und so die ursprüngliche Bewegungsrichtung *BC* von der Hauptmasse des Dampfes beibehalten wurde, findet er im zweiten Falle, solange die Platte *D* nicht emporgehoben ist, einen Ausweg nur in den Richtungen parallel zur Platte *EF*. Zwar übt der Dampf auch in diesem Falle, wenn er ausströmt, einen Stoß gegen die obere Platte aus. Er trifft aber direkt nur auf einen sehr kleinen Bezirk der Platte und vermag diese, da er mit der „Trägheit" der Platte zu rechnen hat, nicht wesentlich zu heben. Diese Wirkung der Trägheit zeigt sich ja auch sehr deutlich, wenn man mit einem Hammer sehr schnell, kurz und kräftig gegen eine offenstehende und leicht drehbare Tür schlägt — man benutze dazu aber zur Vermeidung von Unannehmlichkeiten keine Zimmertür! —; dann kann man die Tür leichter zertrümmern, als sie um ein irgendwie beträchtliches Stück aus ihrer Lage entfernen. So wird also auch der Dampf im ersten Augenblicke seines Ausströmens keine bedeutende Verschiebung der oberen Platte bewirken. Im nächsten Moment aber hat er sich seitwärts ausgedehnt und den engen Zwischenraum zwischen beiden Platten fast vollkommen ausgefüllt.

Nun ist aber zu beachten, daß, wenn der Dampf sich vom Mittelpunkte der Scheiben nach dem Rande derselben bewegt, der ihm zur Ver-

fügung stehende Raum sich außerordentlich schnell erweitert. Wir
können uns das veranschaulichen, indem wir auf einer der kreisförmigen
Platten eine größere Anzahl von konzentrischen Kreisen um den Mittel=
punkt der Platte konstruieren und alsdann 2 Radien (Halbmesser), die
nur einen kleinen Winkel einschließen, zeichnen. Der von den Radien
abgegrenzte Kreisausschnitt erweitert sich vom Mittelpunkt nach außen,
wie das die verschieden großen Abschnitte auf den konzentrischen Kreisen
veranschaulichen. Ein kleines Dampfquantum, das sich dicht beim Mittel=
punkte der Scheiben zwischen den beiden Radien befindet, trifft, indem
es nach außen fortschreitet, einen fortwährend wachsenden Raum an
und dehnt sich demgemäß andauernd aus, um den Raum auszufüllen.
Die große Geschwindigkeit seiner kleinsten Teilchen leidet dabei natürlich
nicht, so daß auch der ausgedehnte Dampf immer noch imstande ist,
die Luft aus dem Raume zwischen den Platten fernzuhalten. Wohl
aber vermindert sich mit der Ausdehnung des Dampfes sein Druck gegen
die Platten. Während die obere Platte in der Mitte noch einen Druck
erfährt, der den Atmosphärendruck beträchtlich übersteigt, hat sich der
Druck, indem der Dampf nach außen abfließt, bald so weit vermindert,
daß er dem Atmosphärendruck gerade gleich ist. Der Ort für diese Druck=
gleichheit wird, da die Druckverminderung allseitig und gleichmäßig
erfolgt, durch einen der konzentrischen Kreise bezeichnet. Jenseits
dieses Kreises sinkt der Druck immer mehr unter den Atmosphärendruck,
bis er am Rande, wo der Dampf sich mit der Luft mischt, ziemlich plötz=
lich wieder auf den Atmosphärendruck ansteigt.

Wenn nun der Teil der beweglichen Scheibe, welcher von dem „Unter=
druck“ getroffen wird, wesentlich größer ist als der von dem „Über=
druck“ getroffene, so muß sich, wie man sieht, die Scheibe, vom äußeren
Luftdruck getrieben, zu der feststehenden Scheibe hin bewegen.

So kommt das paradoxe Ergebnis zustande, daß, wenn sich die Scheiben
anfangs in deutlicher Entfernung voneinander befinden, ein starker
Druck nötig ist, um sie einander zu nähern, daß man aber, wenn sie von
Anfang an aufeinander liegen, kräftig ziehen muß, um sie voneinander
loszureißen.

Für diejenigen Leser, denen kein derartiger Dampfstrahl, wie er so=
eben beschrieben wurde, zur Verfügung steht, sei bemerkt, daß die Er=
scheinung sich auch mittels eines Luftstromes zeigen läßt. Man
verfertige aus dicker Pappe oder dünnem Holze zwei kreisförmige

Scheiben von etwa 15 cm Durchmesser. Die eine Scheibe erhält in der Mitte ein kreisförmiges Loch von 4 bis 5 mm Durchmesser. Um durch das Loch einen Luftstrom bequem hindurchblasen zu können, befestigt man eine etwa 5 mm weite Röhre (Glasröhre) senkrecht auf der Mitte der durchbohrten Scheibe. Das gelingt sehr leicht, wenn man einen Kork oder Gummipfropfen mit einer solchen Bohrung versieht, daß die Glasröhre gerade hineinpaßt, und wenn man diesen Pfropfen auf der Scheibe mittels Leim, Siegellack oder dergleichen befestigt. Die Scheibe wird nun so an einem passenden Gestell angebracht, daß ihre Fläche senkrecht steht, während die Glasröhre wagerecht liegt. Das geschieht am besten, indem man den Pfropfen in eine geeignete Klammer einklemmt oder mit Draht an einem senkrechten Stabe festbindet. Die nicht durchbohrte Scheibe hängt man an 2 Fäden auf, die in 3—4 cm Entfernung voneinander am Rande (vielleicht mittels Siegellack) befestigt sind. Die hängende und die fest aufgestellte Scheibe müssen annähernd parallel sein. Zuerst hängt man nun die lose Scheibe 1½ bis 2 cm von der festen Scheibe entfernt auf. Bläst man kräftig durch die Glasröhre, so wird die lose Scheibe abgestoßen. Nähert man aber die beiden Scheiben einander bis auf 1 cm oder noch weniger, so wird die lose Scheibe deutlich zu der festen hingerissen.

3. Wie der Schwächere den Stärkeren besiegt.

Der Dampfinjektor zur Versorgung des Kessels mit frischem Wasser war seinerzeit eine der überraschendsten Erfindungen des Ingenieurwesens. Wenige Leute, wenn sie eben nicht Ingenieure sind, wissen, was ein Dampfinjektor ist, und wozu er dient, und doch ist es sehr lehrreich, ihn zu betrachten.

Man stelle sich zunächst folgendes vor. Von einem Dampfkessel führt eine Dampfröhre zu der Maschine und versorgt sie mit Dampf. Von der Dampfröhre zweigt sich eine andere ab, welche dem (nachher zu beschreibenden) Injektor Dampf zuführt. Im Injektor trifft der Dampfstrom mit einem Wasserstrom zusammen, der aus einer anderen Röhre kommt, und preßt diesen durch eine dritte Röhre in den Kessel. Kurz: der Dampf, der doch aus dem Kessel kommt und von dort seinen Druck erhält, scheint fähig zu sein, nicht nur den Druck des Dampfes, der sich noch im Kessel befindet, zu überwinden, sondern gar noch frisches Wasser mit sich zu führen.

Um dieses Paradoxon aufzuklären, müssen wir zuerst die Einrich=
tung des Injektors näher betrachten. In unserer Abb. 49 sind einige
Einzelheiten, welche in der Praxis nötig sind, fortgelassen, um das
Hauptsächliche deutlicher hervortreten zu lassen; andere sind in ihren
Verhältnissen übertrieben. Durch A tritt der
Dampf vom Kessel her mit sehr großer Ge=
schwindigkeit in den Injektor ein. Die Röhre B
führt kaltes Wasser zu und leitet es in eine
ringförmige Kammer C, welche also einen Ring
kalten Wassers liefert, der den Dampfstrahl um=
gibt. In Berührung damit wird der Dampf plötz=
lich zu Wasser kondensiert und bildet einen feinen
Strahl von schnell bewegtem Wasser. Dieser Strahl
tritt mit dem kalten Wasser, mit welchem er sich
mischt, in den Raum D, welcher mit dem Kessel
in Verbindung steht. Während der Strom in den
weiteren Teil dieses Raumes eintritt, vermindert
er allmählich seine Geschwindigkeit und erhöht

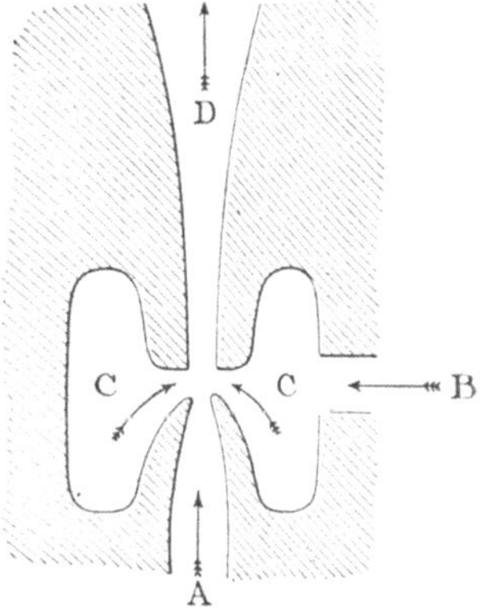

Abb. 49. Zur Erläuterung des
Dampfinjektors.

seinen Druck, bis er endlich den Dampfdruck des Kessels überwindet.

Es erhebt sich nun die Frage: Woher stammt die bedeutende Energie,
welche nötig ist, um den Dampfdruck des Kessels zu überwinden?

Nehmen wir an, ein Dampfstrahl von vielleicht 400 m Geschwindig=
keit wird in einen Raum gelassen, in dem der Druck nur halb so groß ist
wie im ersten. Während er sich dort ausdehnt, wird die Geschwindigkeit
seiner Teilchen noch größer, und entsprechend ihrer großen Geschwin=
digkeit besitzen sie auch eine bedeutende Bewegungsenergie. Nun
nimmt Dampf bei gewöhnlichem Luftdruck einen etwa 1700 mal so gro=
ßen Raum ein wie das Wasser, aus dem er entstanden ist. Wenn er
sich kondensiert, so geht er also auf den 1700 sten Teil des Raumes, den
er als Dampf einnahm, zurück. Das heißt, daß ein plötzlich kondensierter
Dampfstrom seinen Durchmesser auf weniger als $^1/_{40}$ des ursprüng=
lichen herabsetzt. Die ganze Bewegungsenergie des Dampfstromes
ist also jetzt in einem dünnen Wasserstrahl konzentriert. In dem Raume,
den der Wasserstrahl einnimmt, ist jetzt ungefähr 1700 mal so viel Energie
aufgespeichert als vorher im gleichen Raume. Ist auch das praktisch
erreichbare Ergebnis etwas kleiner, so ist doch die Konzentration der
Energie ausreichend, um es dem Wasserstrahl zu ermöglichen, den Dampf=

druck im Kessel zu überwinden und wieder in den Dampfkessel einzutreten, indem er das Wasser mit sich führt, durch welches er kondensiert wurde. Es ist also nicht, wie wir anfangs irrtümlich annahmen, der Dampfstrahl, der den Dampfdruck des Kessels überwindet, sondern der an Energie verhältnismäßig viel reichere Wasserstrahl.

Die Energiekonzentration bei der Verdichtung des Dampfes zu Wasser ist übrigens so beträchtlich, daß sogar der Dampf, der seinen Weg durch die Maschine gemacht, dort seine Arbeit getan hat und wieder den atmosphärischen Druck angenommen hat, für den Injektor verwendbar ist. So kann in der Tat im flüchtigen Beschauer der Eindruck erweckt werden, als ob der Schwächere hier den Stärkeren besiege.

IX. Angeblich unerschöpfliche Energiequellen.

1. Die immerfort sich drehende Mühle.

In dem Kapitel, welches von dem angeblichen Vorteile der winkelförmigen Fahrradkurbel handelt, haben wir ein Beispiel für die vergeblichen Bestrebungen der Erfinder kennen gelernt, die Arbeitsleistung ohne Erhöhung der Kraftzufuhr zu vergrößern. Ein anderer beliebter Versuch besteht darin, eine Arbeitsleistung ohne jeden Kraftaufwand zu erreichen, d. h. eine sich immerfort von selbst bewegende Maschine, ein sogenanntes „Perpetuum mobile" herzustellen. Sehen wir genau zu, so bedeuten beide Bestrebungen im Grunde dasselbe, denn 2 Pfund Blei aus einem machen zu wollen, ist nicht weniger unsinnig, wie 1 Pfund aus nichts zu machen.

Ein solches „Perpetuum mobile" glaubten viele Erfinder in Gestalt eines Rades konstruieren zu können, das sich fortgesetzt drehen muß, weil die Schwerkraft auf der einen Seite an einem längeren Hebelarm angreift als an der anderen.

Abb. 50 stellt eine solche Anordnung dar. Ein Rad O mit dem

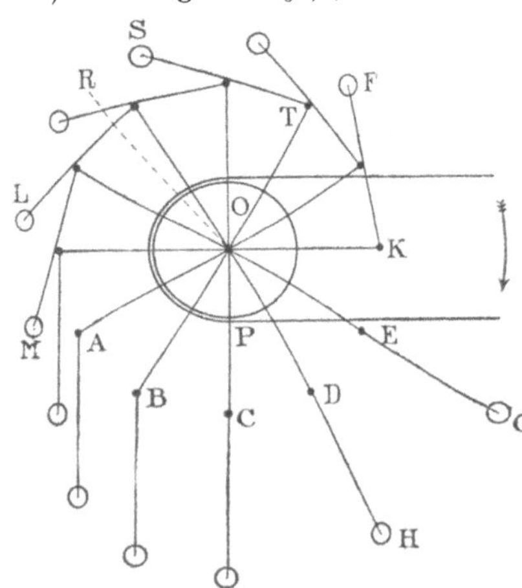

Abb. 50. Ein „Perpetuum mobile".

Mittelpunkt R hat eine Anzahl von zweigliedrigen Speichen. Das äußere drehbare Glied (EG) kann sich aber aus der Richtung des inneren (RE) nur nach einer Richtung herausdrehen, wie das bei RK und FK zu sehen ist. Am Ende jeder Speiche befindet sich ein Gewicht. Auf der Seite, wo die Speichen aufsteigen (in Abb. 50: links), hängen nun die äußeren Glieder herunter; wenn aber die Arme sich auf der anderen Seite abwärtsbewegen und ein wenig über die Lage KF hinausgekommen sind, so kippen die Endglieder über (RG, RH). Auf der rechten Seite greifen somit die Gewichte an längeren Hebelarmen an (z. B. RG) als auf der linken (z. B. RA). Die Gewichte haben rechts größere drehende Kraft als auf der linken und bewirken, daß das Rad sich in der Richtung der Pfeile dreht. Ein Teil des Kraftüberschusses wird zwar bei der Überwindung der Reibung verbraucht, der Rest aber kann mittels einer Scheibe O und eines Treibriemens abgenommen und für nutzbringende Arbeit verwendet werden.

Das klingt ja alles recht plausibel. Dennoch muß hier ein grober Fehler in der Anwendung des Hebelgesetzes vorliegen. Das läßt sich schon durch eine ganz allgemeine Betrachtung zeigen. Der angebliche Kraftüberschuß der Maschine soll herrühren von der Energie der fallenden Gewichte. Bevor nun aber ein Gewicht von dem höchsten Punkte seiner Bahn sich bis zum tiefsten Punkte bewegen kann, muß es auf der anderen Seite den Weg vom tiefsten Punkt bis zum höchsten zurückgelegt haben. Während es gehoben wird, verbraucht es aber ebensoviel Energie, wie es beim Fallen erzeugt. Es kann also unmöglich ein Energieüberschuß zustande kommen. Nicht einmal der geringste Energieverlust durch Reibung kann ausgeglichen werden. Das Rad kann sich unmöglich selbsttätig bewegen; und wenn es durch einen Anstoß in Bewegung gesetzt wird, so wird es bald durch die Reibung wieder zum Stillstand kommen.

Das ist ein ganz allgemeiner Beweis dafür, daß in der Überlegung des Erfinders ein Fehler vorhanden sein muß. Dieser aber wird nicht mit einer Verurteilung aus allgemeinen Gründen· zufrieden sein, denn er wird meinen, daß ihre Anwendung durch die Kritik ebenso leicht irrtümlich sein kann wie seine eigenen Einzelbetrachtungen. So werden wir also noch zeigen müssen, in welchen besonderen Punkten der Erfinder die mechanischen Gesetze mißverstanden und falsch angewandt hat.

Erstens liegt eine unrichtige Auffassung der Hebelarmlängen vor. Die Kraft der Gewichte, die vertikal wirkt, greift nur dann unter rechtem Winkel am Hebelarm an, wenn dieser horizontal liegt. Nur dann hat sie die Richtung der Tangente zu der vom Hebelarmende zurückzulegenden Kreisbahn, nur in diesem Falle wird sie also voll ausgenutzt. Wenn die Arme schräg stehen, wie bei RG, so können die Gewichte nicht ihre volle Kraft auf die Drehung verwenden. Die Wirkung ist also mit anderen Worten dieselbe, wie wenn das betreffende Gewicht mit voller Kraft, aber an einem kürzeren Hebelarm wirkte. Die Länge dieses verkürzten Hebelarmes ist gleich der Länge der Senkrechten, welche man von dem Drehungspunkt des Hebels auf die Kraftrichtung fällen kann.

Zweitens hat der Erfinder übersehen, daß sich infolge der winkligen Form der Arme eine größere Zahl von Gewichten auf der aufsteigenden Seite des Rades (links) befindet als auf der absteigenden (rechts), so daß auch dadurch der Vorteil der verschiedenen Hebelarmlängen wieder aufgehoben wird. Das Gewicht S z. B., obwohl sein Arm RT auf der rechten Seite liegt, befindet sich selbst links von der Vertikalen durch R, und so trägt es dazu bei, die linke Seite am Aufsteigen zu hindern. Links sind in der Tat 7 Gewichte und rechts nur 4 in Tätigkeit.

So wird der Erfinder nun doch wohl seine Zweifel an der richtigen Anwendung unseres allgemeinen Prinzips aufgeben und uns zugeben müssen, daß Gewichte, während sie auf einer Seite sich abwärts bewegen, nicht mehr Arbeit leisten können, als sie verbraucht haben, indem sie vorher auf der anderen Seite bis zu derselben Höhe gehoben wurden. Mehr von der Maschine zu erwarten, ist gerade so unsinnig, wie zu erwarten, daß eine Flasche mehr Wasser hergibt, als man in sie hineingefüllt hat.

2. Flüssige Luft und immerwährende Bewegung.

Vor einigen Jahren, als die Sensation, welche durch die Wunder der flüssigen Luft hervorgebracht war, etwas abflaute, brachte die Ankündigung eines amerikanischen Experimentators, welcher einen großen Luftverflüssigungsapparat nach dem System von W. Hampson gebaut hatte, neues Leben in die Sache.

Es war ihm gelungen, indem er mit 3 Litern flüssiger Luft einen dampfmaschinenähnlichen Motor betrieb, 10 Liter neuer flüssiger Luft zu erzeugen. Er behauptete, daß 7 von diesen 10 Litern in einer anderen Kraftmaschine gebraucht werden könnten, um äußere nützliche Arbeit zu verrichten, während die 3 übrigbleibenden gebraucht werden könnten, um abermals 10 Liter flüssiger Luft hervorzubringen, und so immer weiter bis ins Unendliche.

Hatte er also 3 Liter, so konnte er 3 immer zum Betrieb seiner Maschine behalten und dennoch ebensooft 7 andere zum Arbeiten in Werkstätten liefern.

Es ist ganz klar, daß, was für 3 Liter und 7 Liter gilt, auch für 30 und 70, 3000 und 7000 usw. paßt. Es ist ebenso klar, daß, wenn diese 7 Liter nicht zu Arbeitszwecken verbraucht werden, das zweite Mal 23, das dritte Mal 76 Liter erzeugt werden können usw. Da war der flüssigen Luft und ihrer Kraft buchstäblich keine Grenze zu ziehen; ohne auch nur eine Handvoll Kohlen oder anderen Feuerungsmaterials hinzuzufügen, schien sie zu wachsen gleich einem winzigen Samenkorn, aus dem eine große Pflanze wird.

Eine so wunderbar wirkende Erfindung müßte überall die größten Umwälzungen hervorrufen. Mit Kohlen, Öl oder Gas betriebene Maschinen würden in den Werkstätten und auf den Eisenbahnen aller fünf Erdteile unnötig. Schiffe, von flüssiger Luft getrieben, würden den Atlantischen Ozean in drei Tagen durchkreuzen, ohne auch nur eine Tonne Feuerungsmaterial mitzuschleppen. Luftschiffe würden mit Leichtigkeit die größten Höhen erreichen können, und wenn wir mit Unterseebooten die Tiefen des Ozeans durchpflügen wollten, so würde uns die flüssige Luft nicht nur mit der nötigen Bewegungsenergie, sondern auch mit frischer Atemluft versorgen. Es hieße Eulen nach Athen tragen, wenn man das Unmögliche von allem diesem beweisen wollte. Obgleich wenig zu wenigem getan viel gibt, kann ein einziges „wenig" niemals „viel" geben. Viele kleine Bäche machen gewiß zuletzt einen Strom, aber durch keinerlei Beschwörung kann ein Bächlein sich in einen Strom verwandeln.

Es hat nie eine gründliche Untersuchung der angeblichen Erfolge dieses Experimentators stattgefunden, aber der einzige Schluß, welcher aus den uns überlieferten Berichten gezogen werden könnte, ist, daß, wenn er 10 Liter bei mäßigem Druck produzierte, er zu erwähnen vergaß, daß er mit einer Maschine arbeitete, welche schon durch die Kraft, welche zum Hervorbringen der ersten 3 nötig war, gut abgekühlt worden war;

8*

er erntete gleichsam die Kälte, die durch frühere Operationen erzeugt wurde, aber indem er dies tat, erwärmte er die Maschine allmählich, und sie wurde unfähig, das Vorhergehende zu wiederholen.

Wir können uns das Prinzip jenes Verfahrens noch an einem einfacheren Beispiele klarmachen. Wenn ein Dampfkessel leer gekocht und stark erhitzt worden ist und man nun einige Liter Wasser hineingießt, so wird durch die Wärme des Metalls ein vielleicht sehr bedeutender Dampfdruck hervorgerufen, gleichzeitig wird dieser Vorgang ihn aber auch abkühlen und ihn für eine Wiederholung der Operation unbrauchbar machen.

3. Noch eine „unerschöpfliche" Energiequelle.

Wenn ein Krug warmen Wassers auf den Tisch gestellt wird, so kühlt sich, wie wir alle wissen, das Wasser recht bald ab. Im allgemeinen teilt ein Körper, der wärmer ist als die ihn umgebenden Gegenstände, diesen von seinem Überschusse mit, bis alle die Durchschnittstemperatur haben.

Nachdem das Eis, wie es unser Experiment im Abschnitt VII, 5 gezeigt hat, die flüssige Luft während einiger Zeit im Sieden erhalten hat, sinkt seine Temperatur auf die der Flüssigkeit selbst, der es seinen ganzen Wärmeüberschuß mitgeteilt hat. Die Folge davon ist, daß es das Sieden nicht mehr unterhalten kann.

Nun hat aber kürzlich eine Entdeckung Aufsehen erregt, die allen bisherigen Erfahrungen zu widersprechen scheint. Wenn man nämlich Radium in flüssige Luft bringt, wie das der verstorbene Professor Curie getan hat, so verhält es sich zunächst wie Eis, es verursacht starkes Sieden. Plötzlich wird das Sieden dann viel schwächer, so daß man den Eindruck hat, als ob es aufhören werde. In Wirklichkeit hört es aber nicht auf. Selbst nach 24 Stunden ist es noch in gleicher Stärke wahrnehmbar. Wenn die verdampfte flüssige Luft immer wieder durch frische ersetzt wird, so wird man finden, daß am Ende eines Monats, eines Jahres, anscheinend sogar dauernd das Sieden unverändert bleibt. Das Radium kühlt also, wie es scheint, nie auf die Temperatur der flüssigen Luft ab, es scheint eine unerschöpfliche Wärmequelle zu sein.

Diese Sache würde verständlich gewesen sein, wenn irgendein chemischer oder physikalischer Vorgang, durch den die beständige Wärmeproduktion erklärt werden könnte, sich nachweisen ließe. Trotzdem man das Radium lange Zeit beobachtet hat, ist es jedoch unmöglich gewesen, mit Hilfe der genauesten Wagen auch nur die geringste Gewichtsveränderung festzustellen. Dieses Verhalten erscheint wie ein Wunder, eine Aufhebung des Gesetzes von der Unveränderlichkeit der Energiemenge. Es sieht aus, als ob das Perpetuum mobile nun doch verwirklicht wäre.

Nicht lange, nachdem die Erscheinungen der „Radioaktivität" alle Welt in Erstaunen gesetzt hatten, stellten die Professoren Rutherford und Soddy von der Mc Gill-Universität, Montreal, eine Hypothese auf, welche das Verhalten des Radiums dem Gesetz der Erhaltung der Energie unterwirft. Danach bestehen die Atome aller Grundstoffe (Elemente) wieder aus kleineren Teilen, welche sich mit ganz außergewöhnlicher Energie bewegen. Ein kleiner Bruchteil der Atome aller Stoffe zerfällt fortgesetzt in solche Teilchen. Radium unterscheidet sich nur dadurch von anderen Grundstoffen, daß diese Erscheinung bei ihm viel auffallender ist. Die Teilchen verlassen das Atom mit einer Geschwindigkeit, welche der großen Energie entspricht, mit der sie sich innerhalb der Atome bewegten, einer Geschwindigkeit von Tausenden von Kilometern in der Sekunde. Indem sie aufeinander stoßen, bringen sie eine Wärmemenge hervor, die im Vergleich zu der verlorengehenden Stoffmenge enorm groß ist. Auf Grund dieser Annahme ist die Wärme, die vom Radium ausgeht, das natürliche Ergebnis eines Prozesses, der mit dem Gesetz von der Erhaltung des Stoffes und der Energie durchaus nicht mehr im Widerspruch steht. Die Substanzverminderung muß so langsam vor sich gehen, daß sie während der kurzen Zeit, in der das Radium bisher beobachtet wurde, unmerklich geblieben ist.

4. Eine nie stillstehende Uhr.

Die „Radiumuhr", eine Erfindung von R. J. Strutt, ist ein weiteres Beispiel für ein angebliches „Perpetuum mobile". Abb. 51 zeigt eine Skizze derselben in halber natürlicher Größe. Sie besteht aus einem Elektroskop, welches an dem unteren Ende einer kleinen Glasröhre aufgehängt ist; die letztere enthält eine Spur Radium. Das Rohr wird in einem größeren luftleeren Glasgefäße befestigt.

Zu den infolge des Atomzerfalls (vgl. das vorhergehende Kapitel) vom Radium strahlenartig nach allen Richtungen ausgehenden Teilchen gehören die „Alphastrahlen" und die „Betastrahlen". Erstere sind unfähig, die innere Glaswand zu durchdringen, während die letzteren ihren Weg durch die Glaswände finden und die Radiumröhre verlassen. Da nun die Betastrahlen mit negativer Elektrizität geladen sind, die Alphastrahlen dagegen positiv, so ist die Folge, daß in der Radiumröhre eine Anhäufung positiver Elektrizität stattfindet, welche durch elektrische Verteilung eine An=häufung positiver Elektrizität in den Blättern des Elektroskops verursacht.

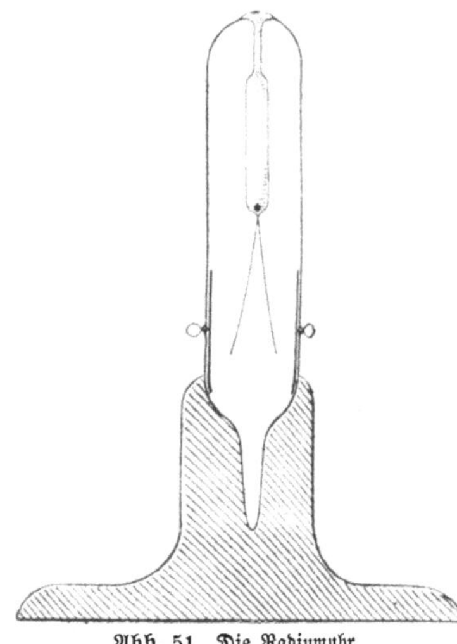

Abb. 51. Die Radiumuhr.

Sind beide Blätter mit derselben Elektrizität geladen, so beginnen sie sich voneinander zu entfernen, wie gleiche magnetische Pole es auch tun. Indem die Ladung zunimmt, nimmt auch die gegenseitige Entfernung zu, bis die Blätter zwei Metallplatten, die an den Seiten der Röhre ange=bracht sind, berühren. Diese Platten, welche durch das Glas hindurch metal=lische Verbindung mit der Erde haben, entladen die Blättchen und lassen sie wieder zusammenfallen.

Aber das Radium ruht nicht; eine frische Ladung positiver Elektri=zität ist bald wieder aufgespeichert, und die Trennung der Blätter wiederholt sich, ebenso wie auch das Wiederzusammenfallen.

Dieser Vorgang kann allem Anschein nach sich unendlich oft wieder=holen, nicht nur monate=, sondern jahre= und jahrhundertelang.

Und dabei wird keine neue Triebkraft von außen geliefert, um die Bewegung aufrecht zu erhalten. Keine Kohle wird verbrannt, keine Dynamomaschine getrieben, keine Reibung verursacht, keine mechanische Bewegung dem Apparat mitgeteilt. Auch hier scheinen wir also ein Perpetuum mobile gefunden zu haben.

Die Vorrichtung wird eine „Uhr" genannt, weil die Bewegung der Blättchen in so regelmäßigen Zwischenräumen stattfindet wie der Pendel=schlag einer Uhr, und weil man in der Tat eine Art Uhr in dieser Weise herstellen könnte.

Um eine immerwährende Bewegung aber kann es sich auch hier nicht handeln. Die Theorie nimmt, wie schon auf S. 111 erwähnt, an, daß fort=

während Atome zerfallen und verschwinden; durch diesen Verlust verringert sich die Masse des Radiums, wenn auch zunächst nicht in wahrnehmbarem Grade. Man hat berechnet, daß in etwa 1750 Jahren auf diese Weise die Hälfte des Radiums sich auflöst, so daß die Wirkung einer gewissen Radiummenge nach 1750 Jahren nur halb so groß sein würde wie jetzt. Daraus folgt, daß eine um Christi Geburt konstruierte Radiumuhr heute nicht einmal mehr mit der Hälfte ihrer ursprünglichen Geschwindigkeit gehen würde.

X. Magnetismus.

Wie sich Anziehung durch Abstoßung erklären läßt.

Alle Tätigkeiten des gewöhnlichen Lebens, bei denen von Fernwirkung die Rede sein kann, tragen den Charakter der Abstoßung. Wenn ein Stock oder ein Stein geworfen, ein Pfeil oder eine Kugel abgeschossen wird, so ist die erste Wirkung auf den getroffenen Gegenstand, daß er zurückgestoßen wird. Wir können die Erscheinung als ein „indirektes Stoßen" oder als ein „Stoßen auf Entfernung" bezeichnen. Jeder versteht den Vorgang ohne weiteres. Sogar einige Affen erlernen das Werfen und zeigen „Verständnis" für seine Wirkungen.

Anders steht es mit der entgegengesetzten Erscheinung, der „Anziehung auf Entfernung". Diese liegt jenseits der naiven Erfahrung. Um Früchte von einem Baume zu erlangen, bedienen wir uns eines Stockes, der mit einem Haken versehen ist. Zum Landen benutzen wir einen Bootshaken; um das Boot zu ziehen, ein Tau. Zum Aufwinden der Kohlen nehmen wir ein Seil und zum Heraufziehen eines Eimers aus dem Brunnen eine Kette oder ein Tau. In allen diesen Fällen kann man nicht von einem „Ziehen auf Entfernung" reden, denn die Entfernung ist durch irgendeine Verbindung überbrückt worden.

Daher ist des Kindes Erstaunen ohne Grenzen, wenn es zum ersten Male eine magnetische Ente sieht, die ohne Verbindung, nur durch Annäherung eines Magneten gezogen wird. Es ist um eine Erfahrung ganz neuer Art reicher geworden.

Im späteren Leben gewöhnen wir uns mehr an den Gedanken des „Ziehens auf Entfernung". In gewissem Sinne kann man schon das „Aufsaugen" von Wasser durch eine Pumpe hierher rechnen. Je weiter sich unsere Kenntnisse mehren, desto mehr Beispiele werden uns geläufig.

Alle Körper der uns bekannten Welt scheinen gegenseitig eine Anziehung aufeinander auszuüben. Wir sehen, wie der Stein zur Erde fällt, wie der Mond in gesetzmäßigem Abstande von ihr gehalten wird, statt sich gerad-

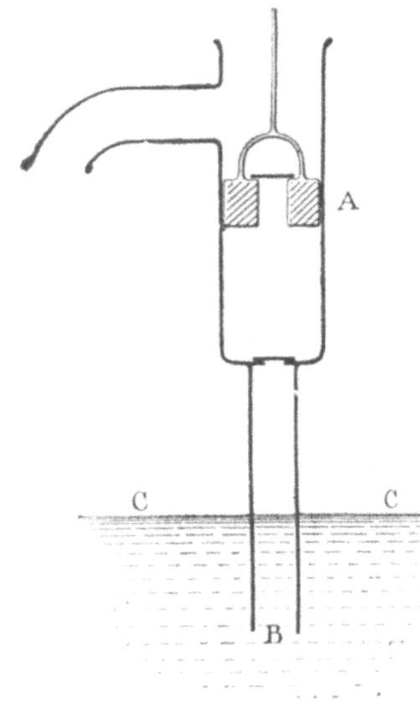

Abb. 52. Saugpumpe.

linig von der Erde fortzubewegen. Überall im Weltenraum machen wir entsprechende Wahrnehmungen, kurz, wir erkennen das Newtonsche Gesetz von der allgemeinen Massenanziehung oder Gravitation. Schließlich lernen wir, Schiffe mittels Hertz- scher Wellen der Küste zuzusteuern, ohne daß sie irgendeine sichtbare Stoffverbindung mit ihr haben.

Was man bei der Pumpe (Abb. 52) „Saugen" nennt, ist bekanntlich durchaus keine geheimnisvolle Kraft, durch welche der Kol- ben A das Wasser von B in die Höhe zieht. Der Kolben hebt lediglich die Luft, welche sonst mit einem Gewicht von 1 kg auf je einem Quadratzentimeter der Wasseroberfläche lasten würde. Auf das übrige Wasser bei C fährt die Luft fort, jenen Druck auszuüben, und da das Wasser flüssig ist, pflanzt es den Druck gleichmäßig nach allen Richtungen, auch nach oben hin, fort. Das Wasser bei B wird daher durch diesen Druck nach oben getrieben, nachdem der Gegendruck durch den Kolben hinweggeräumt ist. Das Wasser steigt also bei B durch einen Druck, den es von unten her erfährt, und nicht durch ein Ziehen von oben.

Hier haben wir also den Fall, wo ein Vorgang, der uns als Ziehen, Saugen oder Anziehung erscheint, in Wirklichkeit sich durch Druck erklärt.

Viele sogenannte „Saugvorrichtungen", wie z. B. das Saugleder, jenes bekannte Knabenspielzeug, die Saugnäpfe der Tintenfische, das Aufziehen des Rauches durch ein Pfeifenrohr, das Schlürfen von Ge- tränken mittels Strohhalmen erklären sich, wenn man sie genauer prüft, in ähnlicher Weise, nämlich durch einseitige Aufhebung oder Verringerung des Druckes. Gehen wir nun zu einem schwierigeren Falle über, zu einem Falle, der das höchste Interesse und Erstaunen der kindlichen

Philosophen zu erregen pflegt. Da schwimmen auf dem Wasser einer auf dem Tische stehenden Schüssel ein paar Enten und Schwäne. Das Kind nähert ein geheimnisvolles Stück Stahl, für das man ihm den Namen „Magnet" gesagt hat, und — siehe da! — Schwan und Ente folgen gehorsam dem Zauberstabe. Ein Stückchen Eisendraht, das ihnen der Verfertiger in den Schnabel gesteckt hat, bringt sie für immer unter die Gewalt des das Eisen „anziehenden" Magneten. Da erhebt sich nun die Frage: Handelt es sich hier wirklich um ein „Ziehen auf Entfernung"? Oder haben wir es, wie bei der Saugpumpe, in Wirklichkeit mit einer Stoß- oder Druckwirkung zu tun, welche gleichsam aus dem Hinterhalt wirkt und so die Körper einander nähert? Eine auf Beobachtung sich gründende Antwort läßt sich hierauf nicht geben. Es läßt sich aber weiter fragen: Welche Annahme ist die wahrscheinlichere, und von welchen der beiden Möglichkeiten können wir uns ein mechanisches Bild machen?

Nun gibt es mehrere Erscheinungsgruppen, die uns beim Suchen nach mechanischen Vorstellungen alle in dieselbe Richtung weisen. Erstens gehört hierher das mechanische „Saugen", von dem wir schon wissen, daß es sich bei genauerer Prüfung als die Folge eines Stoßens oder Drückens, nämlich des Luftdruckes, erweist. Zweitens gipfeln auch die Vorstellungen, die man sich von der Natur des Schalles, der Wärme, des Lichtes und der Elektrizität macht, darin, Fernwirkung auf Stoßwirkung zurückzuführen. So wird der Schall nachweislich von schwingenden Körpern mittels Stoßwirkung auf andere Körper, mit denen sie in Verbindung stehen, übermittelt. Die Wärme haben wir uns schon in früheren Abschnitten als einen Schwingungszustand der Moleküle gedacht, der wieder durch Schwingung und Stoß auf andere Körper übertragbar ist. Auch das Licht denkt man sich durch wellenförmige Schwingungen (und zwar eines sehr feinen, alle Körper durchdringenden Stoffes, des Weltäthers) erzeugt und fortgepflanzt. An das Licht schließt sich die Elektrizität, deren Erscheinungen vielfache Analogien mit den anderen Erscheinungsgruppen aufweisen. Wir wissen ferner, daß in einem Elektromagneten die magnetische Energie von den elektrischen Strömen stammt, welche in einem Draht um den Eisenkern kreisen. Die magnetische Energie stammt also offenbar von der Energie der elektrischen Schwingungen in dem Drahte her. Da der Draht den Magneten nicht berührt, müssen wir annehmen, daß die Schwingungen von

dem Draht auf das Eisen durch Vermittelung eines dazwischen befindlichen Etwas (vielleicht des Äthers) übertragen werden. Höchst wahrscheinlich erfolgt aber die Umwandlung von einem Stück weichen Eisens
in einen Magneten durch das Auftreten einer besonderen Art von Schwingungen in den kleinsten Eisenteilchen. Überall liegt, wie man sieht,
die Vorstellung des Schwingens und Stoßens zugrunde.

Nun kommt hinzu, daß es wohl möglich ist, sich einen Mechanismus
vorzustellen, der mit Hilfe von Schwingungen und Stößen entfernte
Gegenstände einander nähern kann, während es nicht gelingt, sich ein
wirkliches Ziehen auf Entfernung durch mechanische Vorgänge erzeugt
zu denken. Eine Annahme muß ja allerdings nicht notwendigerweise
wahr sein, weil wir sie begreifen können, oder unrichtig, weil wir sie
nicht begreifen. Wenn aber von zwei entgegengesetzten Erklärungen
einer Erscheinung die eine mit den allmählich entwickelten Grundsätzen
der Wissenschaft übereinstimmt, während die andere ihnen widerspricht,
so kann wohl die erste Erklärung beanspruchen, vorgezogen zu werden.
Das trifft, wie wir sahen, für die Erklärung der magnetischen Anziehung
durch Stoßwirkung zu.

Daß aber wirklich Mechanismen ersonnen werden können, die das
durch Stoß leisten, was uns als Zug erscheint, soll durch das folgende
Beispiel gezeigt werden. Nehmen wir an, A und B (Abb. 53) seien zwei
Stoffteilchen und die übrigen Abschnitte des Ringes Teilchen des sie umgebenden Mediums, also etwa des Äthers. Eine Seitenansicht eines Ätherteilchens in vergrößertem Maßstabe ist im Innern des Ringes dargestellt. C und D sind Teile, die ähnlich wie die Schenkel eines Zentrifugalregulators miteinander verbunden sind. Wenn sich das Ätherteilchen um seine horizontal liegende Achse dreht, so versuchen sich die Massen bei C und D infolge der Zentrifugalkraft zur Seite zu

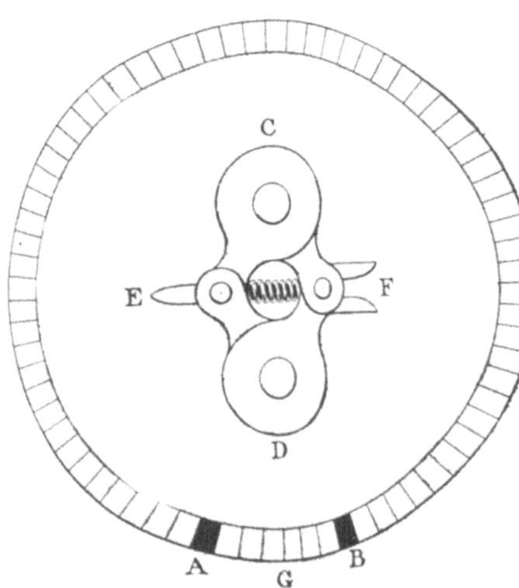

Abb. 53. Zur Erklärung der Anziehung durch
Abstoßung.

bewegen. Dabei drücken sie die Spiralfeder in der Mitte zusammen. Das Bestreben der Massen C und D, sich nach außen zu bewegen, und die Spannkraft der Feder halten einander stets das Gleichgewicht. Je nach der Umdrehungsgeschwindigkeit nähern sich E und F einander oder sie entfernen sich voneinander. Bei E und F finden sich Verbindungsvorrichtungen (Loch und Zapfen), welche es ermöglichen, daß die Teilchen sich bei ihrer Umdrehung gegenseitig beeinflussen. Die Verbindungsart gestattet nicht, daß die „Ätherteilchen" sich gegenseitig ziehen; die Möglichkeit, einander durch Stoß zu bewegen, bleibt ihnen jedoch. Schließlich müssen wir uns die Teilchen in eine kreisförmige Röhre eingeschlossen denken, in welcher sie sich reibungslos bewegen können. Nun lassen wir das Stoffteilchen A eine besondere Art von Bewegung ausführen, durch welche es die Umdrehungen der Mediumteilchen zwischen A und B beschleunigen kann, während es die Umdrehungen der übrigen Teilchen verlangsamt. Die beschleunigte Umdrehung der ersten Teilchen bewirkt eine Verkürzung der Achse EF. Die Teilchen stoßen also nicht mehr so hart aneinander. Da sich die Teilchen in dem größeren Teile des Ringes langsam drehen, verlängert sich hier die Achse EF, und die Teilchen drängen sich dichter aneinander. Die Ätherteilchen in dem größeren Ringabschnitt drücken jetzt stärker gegen die Stoffteilchen A und B als die Ätherteilchen zwischen A und B. Deshalb müssen sich A und B einander nähern. Wie man sieht, sind sie nicht gezogen, sondern von den Mediumteilchen durch Stoß einander genähert worden. Was in Wirklichkeit Stoßwirkung ist, wird aber, wenn wir den Mechanismus nicht kennen, wie Anziehung aussehen.

Es braucht wohl kaum noch besonders betont zu werden, daß das Vorhergehende durchaus nicht eine Vermutung bezüglich der wirklichen Verbindungsart von Materie und Äther oder bezüglich der Art, wie Elektrizität und Magnetismus wirken, darstellt. Die Verhältnisse werden in Wirklichkeit außerordentlich viel komplizierter sein. Jedes Stoffatom ist anzusehen als eine Gruppe noch kleinerer Teile (vgl. S. 111). Diese führen Bewegungen aus, die an Kompliziertheit vielleicht mit denen des Sonnensystems vergleichbar sind. Der Bau der Ätherteilchen ist möglicherweise einfacher, aber doch weit davon entfernt, wirklich einfach zu sein. Ferner beschränken sich die Richtungen, in denen die Teilchen aufeinander wirken, natürlich nicht auf einen Ring oder auf eine Anzahl von Ringen, sondern strahlen nach allen Seiten aus. Der Zweck unseres

Beispiels war ja auch nur, zu zeigen, daß es möglich ist, mechanische Vorrichtungen zu ersinnen, deren Wirkung wie Anziehung erscheint und doch nichts weiter als Stoß ist.

Ist es nun gleicherweise möglich, Apparate zu erdenken, in welchen Körper, die nicht fest miteinander verbunden sind, mittels mechanischer Kräfte wirklich einander anziehen? Die Antwort muß lauten: nein! Die einzigen Mittel, zu ziehen, die wir uns denken können, sind Draht, Seil, Haken, Kette usw. Damit würden wir aber die feste Verbindung in unsere Betrachtung einführen, die wir gerade von vornherein ausschließen müssen. Deshalb kann die magnetische Anziehung, wenn sie anschaulich gemacht werden soll, nur als die Folge von Stoßwirkungen aufgefaßt werden, welche außerhalb der einander genäherten Körper gleichsam einen Kreis bilden, wie es die Abb. 53 sehr schematisch darstellt.

Es bleiben uns noch die Tatsachen der allgemeinen Massenanziehung oder Gravitation zu betrachten übrig. Jeder Körper des Universums verhält sich bekanntlich so, als ob er jeden anderen anzieht, wieweit dieser auch entfernt sein mag; wo deshalb nicht andere Einflüsse die Wirkung aufheben, da sehen wir schließlich die Körper sich miteinander vereinigen. Das nächstliegende Beispiel dafür ist das Fallen der Körper zur Erde hin. Läßt sich nun auch diese Gravitation als die Folge von Stoßwirkungen auffassen?

Von den Theorien über die Massenanziehung ist die einzige, welche in sich und mit den Tatsachen harmoniert, die von Le Sage. Sie nimmt an, daß der Raum, außer von Stoffteilchen noch von kleinen, sehr schnell sich bewegenden Teilchen (Ätherteilchen) erfüllt ist, die sich ähnlich wie Gasmoleküle nach allen Richtungen bewegen und häufig miteinander und mit anderen Körpern zusammenstoßen. Sie stoßen also jeden Gegenstand nach jeder Richtung, und im allgemeinen werden ihre Wirkungen sich gegenseitig aufheben. Wenn aber 2 Körper einander nahe sind, so werden sie sich gegenseitig Schutz gewähren vor vielen von den Stößen, von denen sie sonst getroffen wären. Während sie bei unveränderter Zahl von Stößen mit gerade so großer Energie voneinander fort wie zueinander hin getrieben würden, überwiegt jetzt die „Annäherungsenergie". Sie werden somit zueinander hingetrieben. Wir aber sagen: „Sie ziehen sich gegenseitig an". Es läßt sich durch eine mathematische Betrachtung auch leicht zeigen, daß die Kraft, mit der sie einander zugetrieben werden, umgekehrt proportional dem Quadrat der Entfernung ist. Es ergibt sich aus dieser Vorstellung ohne weiteres das bekannte Gravitationsgesetz. Die Theorie hat gewisse Schwächen, und der Verfasser der englischen Ausgabe dieses Buches hat in seinem Buch über das Radium Verbesserungen vorgeschlagen, welche diese Teile der Theorie verstärken und sie in Übereinstimmung mit den neueren Vorstellungen von dem Bau der Materie bringen sollen. Das aber kann unbedingt behauptet werden, daß die Theorie von Le Sage die einzige verständliche und brauchbare Erklärung der Gravitation ist.

So ist denn wieder einmal das, was wir Anziehung nennen, nicht als eine besondere Kraft, sondern nur als ein besonderer Fall indirekter Stoßwirkung aufgefaßt. Es ist wahrscheinlich, daß man dasselbe Prinzip auch bei der Kohäsion, also der Anziehung der kleinsten Teilchen, wenn sie in außerordentlich inniger Berührung sind, anwenden kann und daß sich so die Festigkeit des Eisens und die Haltbarkeit des Seidenfadens erklären läßt.

Es ist deshalb Grund zu der Annahme vorhanden, daß Anziehungen aller Art, von der universellen Newtonschen Gravitation bis zu den Äußerungen der Kohäsion, des Magnetismus und der chemischen Anziehung, sich als indirekte Stoßwirkung auffallen lassen. Die Anziehung im gewöhnlichen Sinne würde dann gar nicht als eine besondere Energieform existieren; sie wäre lediglich ein besonderer Fall der Stoßenergie.

Zweiter Teil.

Chemische Paradoxe.

I. Paradoxe Verbrennungserscheinungen.

1. Das Feuer als Wasserquelle.

Wir sind gewohnt, die Wärme, ganz besonders aber die Flamme, mit dem Begriff vollständiger Trockenheit zu verbinden; tatsächlich aber führt eine Flamme der Luft beständig Feuchtigkeit zu. Ein Experiment wird uns davon überzeugen.

ABC (Abb. 54) ist eine dünnwandige Glas- oder Metallröhre, die mit Eisstücken und Wasser gefüllt ist. Die aus Metall bestehende äußere Röhre läßt einen Hohlraum zwischen sich und der inneren Röhre frei. Man kann ihren oberen Rand 2—3 cm weit einschneiden und die Enden

nach innen biegen, damit sie den oberen Rand der inneren Röhre fest=
halten. Man darf aber nicht versäumen, für freien Austritt der Ver=
brennungsgase der Flamme (*B*) des Bunsenbrenners oder der Spiritus=
lampe zu sorgen. Wird der Apparat nun über eine solche Flamme ge=
halten, so wird sich sehr bald an der Außen=
seite der inneren Röhre eine tauähnliche
Flüssigkeit zeigen. Die Tröpfchen vergrößern
sich schnell zu großen Tropfen, welche an
der Röhre hinunterlaufen und bei *B* herunter=
fallen, entweder in die Flamme, von der sie
verdampft werden, oder in irgendeinen Be=
hälter, welcher sie auffängt und sammelt.

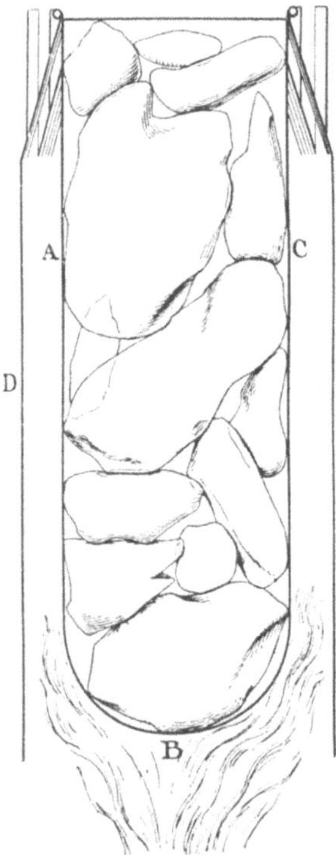

Abb. 54. Entstehung von Wasser in
einer Flamme.

Man kann übrigens die äußere Röhre
fortlassen und erzielt auch dann noch recht
erhebliche Wassermengen. Ja sogar durch
jeden kalten Gegenstand (eine Messerklinge
oder ein Glas), wenn man ihn für einen
Augenblick über eine Flamme hält, kann
die Wasserbildung in der Flamme bewiesen
werden. Bei einer gewöhnlichen Gas=,
Kerzen= oder Petroleumflamme muß man
sich aber hüten, den Gegenstand in die
Flamme zu halten. Die Abkühlung bewirkt
nämlich, daß der Brennstoff nur unvoll=
kommen verbrennt, und die Folge ist ein
Niederschlag von schwarzem Kohlenstoff, den
man dann als Ruß bezeichnet.

Wenn die Luft draußen kalt ist, so bildet sich bekanntlich an den Fenster=
scheiben auch leicht ein Feuchtigkeitsbeschlag, „Fensterschweiß" genannt,
der aus dem Atem stammt, dessen Wasserdampf sich an der Innenseite
der Fensterscheiben kondensiert hat. Das gleiche Resultat kann man
beobachten, wenn niemand im Zimmer atmet, wenn aber eine genügende
Anzahl von Flammen brennt, die ihre Verbrennungsprodukte ins Zim=
mer entsenden.

Aus allen diesen Beobachtungen geht hervor, daß in der Flamme
tatsächlich Wasser entsteht. Wie erklärt sich das? — Verbrennung ist
die schnelle, Wärme hervorbringende Vereinigung verschiedener Stoffe

mit dem Sauerstoff der Luft. Fast alle Brennstoffe enthalten Kohlenstoff oder Wasserstoff oder beides. Oft kommen auch noch andere Elemente
hinzu. Wenn sich Kohlenstoff mit Sauerstoff verbindet, erhalten wir
Kohlensäure. Das Produkt der Vereinigung von Wasserstoff und Sauerstoff aber ist Wasser, und da Wasserstoff in fast allen Brennstoffen vorhanden ist, so bringen Flammen auch wirklich immer Wasser hervor.
Man sollte meinen, daß diese Tatsache häufiger beobachtet werden
müßte. Da aber warme Luft und warme Gase größere Mengen von un-
sichtbarem Wasserdampf aufnehmen können, so kommt es, daß das
Wasser, obgleich es stets in der Flamme entsteht, nicht leicht gesehen wird.

2. Beweis, daß alle Stoffe durch Verbrennung nicht leichter, sondern schwerer werden.

Ein jeder weiß, daß, wenn ein Stück Holz verbrennt, ein Häufchen Asche
zurückbleibt, das so leicht ist, daß man es durch einen schwachen Lufthauch
fortblasen kann. Ferner lehrt uns die tägliche Erfahrung an einer brennenden Kerze, daß das Paraffin oder Stearin ebenso wie der Docht
vollkommen verschwindet. In beiden Fällen nimmt also das Gewicht des
brennenden Stoffes deutlich ab, im Falle der Kerze könnte es sogar
gleich „Null" werden, da die Kerzensubstanz restlos verbrennt. Das erscheint ganz unanfechtbar; dennoch werden wir sehen, daß diese Ansicht
unrichtig oder doch sehr ungenau ist.

Zu den Experimenten, die jetzt beschrieben werden sollen, brauchen
wir eine mit 2 Hornschalen versehene sogenannte Apothekerwage,
die an einem passenden Gestell aufgehängt wird. Eine halbwegs gute
Wage gibt noch bei einem Gewichtsunterschied von $^1/_{100}$ Gramm einen
deutlichen Ausschlag des Zeigers. Nun verschaffen wir uns ein qua-
dratisches oder rechteckiges Stück Eisenblech, dessen Diagonale etwas
kleiner ist als der Durchmesser der Hornschalen, sowie recht reine Eisen-
feilspäne oder besser noch feines Eisenpulver, wie es in chemischen
Laboratorien gebräuchlich ist. Von diesem Pulver breiten wir etwas
(vielleicht 1 g) auf dem Eisenblech aus, legen dann das Eisenblech, das
an einer umgebogenen Ecke angefaßt wird, auf die eine Wagschale
und bringen so viel Sand auf die andere Schale, daß der Zeiger genau
gleich viel nach beiden Seiten ausschlägt und schließlich genau in der
Aufhängegabel zur Ruhe kommt. Jetzt fassen wir das Blech sorgfältig
mit einer Zange oder legen es auf einen Dreifuß, um es mittels einer

Spiritus- oder Gasflamme kräftig zu erhitzen. Dabei wird das graue Eisenpulver schwarz. Auch gerät es vorübergehend ins Glimmen, wie etwa
ein Stückchen Holzkohle. Legen wir das Blech aber nach dem Erkalten
wieder auf die Wagschale, so ist es nicht wie die zu Asche verglommene
Holzkohle leichter, sondern deutlich schwerer geworden. Man hat
also den Eindruck, als ob das Eisen (das des Bleches sowie das Eisenpulver) einen wägbaren Stoff in sich aufgenommen hat. Das läßt sich
in der Tat beweisen. Tut man nämlich Eisenpulver in ein schwer schmelz-
bares Glasrohr, leitet langsam eine abgemessene Luftmenge (etwa
1 Liter) über das mittels einer Gasflamme erhitzte Pulver (etwa mit Hilfe
des Apparats der Abb. 22) und fängt die austretende Luft wieder auf,
so erhält man nur $^4/_5$ Liter. Diese Luft aber bringt eine eingetauchte
Kerze zum Erlöschen, ein Tier zum Ersticken und heißt deshalb Stickstoff. Der die Verbrennung und Atmung unterhaltende Teil der Luft
($^1/_5$ Liter), Sauerstoff genannt, ist vom Eisenpulver zurückgehalten.
Das graue Eisenpulver hat sich mit diesem Sauerstoff zu schwarzem
„Eisenoxyd" chemisch verbunden. — Es sei übrigens bemerkt, daß dieser
Versuch leichter gelingt, wenn man statt des Eisens ein Stück auf-
gerolltes blankes Kupferdrahtnetz benutzt. Die Luft ist gleichmäßiger
mit dem Draht in Berührung zu bringen als mit dem im Rohre liegenden
Eisenpulver.

Nun hat gewiß mancher Leser schon den Einwand gemacht: Ja, aber
bei der Kerze liegt die Sache doch ganz anders, diese verschwindet wirklich, wird also doch nicht schwerer! Das muß man zwar zugeben. Und
doch ist wieder ein „aber" dabei. Es ist nämlich zu beachten, daß die
Stoffe, die infolge der Verbrennung entstehen, ja durchaus nicht fest
wie das Eisenoxyd oder flüssig zu sein brauchen, sondern auch luftförmig
sein können. Ja, selbst wenn sie bei gewöhnlicher Temperatur flüssig
sind, so werden sie bei der eine erhöhte Temperatur erzeugenden Verbrennung doch in Gasform übergehen. Die Wassererzeugung der Gas-
oder Spiritusflamme im vorigen Abschnitt ist ein Beispiel dafür.
Solche „flüchtigen" Verbrennungsprodukte werden der gewöhnlichen
Beobachtung entgehen. Wenn man aber Einrichtungen trifft, um
sie festzuhalten, ähnlich wie im vorigen Abschnitt, so wird man sie
wägen können.

Die Vorrichtungen, die zur näheren Untersuchung der Kerzenverbren-
nung nötig sind, sind die folgenden. Ein weiter Gaslampenzylinder

(Abb. 55) wird mittels Draht so hergerichtet, daß er statt einer Wagschale an den Wagebalken gehängt werden kann. Unter dem Lampenzylinder wird ein Kerzenstumpf mittels Draht befestigt. In das obere Ende des Zylinders wird ein Drahtkörbchen eingesetzt, das zur Aufnahme von Natronkalk dient. Dieser Natronkalk ist Kalk, der statt mit Wasser mit Natronlauge „gelöscht" ist. Er hat die Fähigkeit, einem Luftstrom, der Wasserdampf und Kohlensäure enthält, diese Stoffe zu entziehen. Nun sind Wasserdampf und Kohlensäure die Verbrennungsprodukte einer Kerze, die aus Kohlenstoff, Wasserstoff und Sauerstoff oder, falls es eine reine Paraffinkerze ist, aus Kohlenstoff und Wasserstoff besteht. Durch Verbrennung von Kohlenstoff entsteht aber Kohlensäure oder Kohlendioxyd (CO_2), durch Verbrennung von Wasserstoff Wasser (H_2O). Der Luftstrom wird dadurch erzeugt, daß die heiße Kerzenflamme die Luft im Zylinder ausdehnt und dadurch zum Aufsteigen bringt. Auf diese Weise müssen alle Verbrennungsprodukte der Kerze durch den Natronkalk streichen und werden dort zurückgehalten. Hat man vor dem Anzünden der Kerze

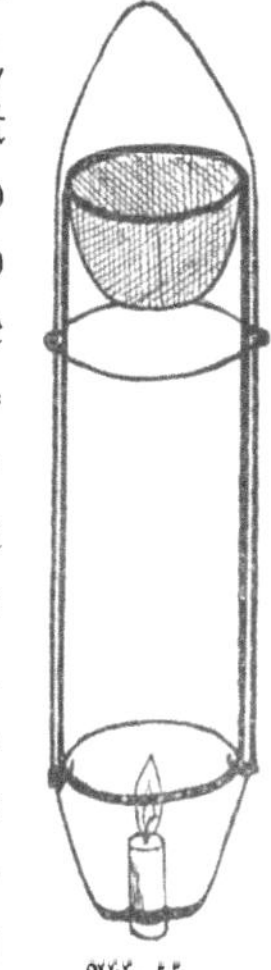

Abb. 55.

die Wage durch Sand u. a. ins Gleichgewicht gebracht, so sieht man nach kurzer Zeit das Wagebalkenende mit der Kerze sinken. Somit ist bewiesen, daß der Kerzenrest nebst den Verbrennungsprodukten schwerer ist, als die Kerze war. Die Gewichtszunahme erklärt sich durch die Sauerstoffaufnahme, wobei zu bedenken ist, daß 1 Liter Sauerstoff bei 0° und 760 mm Druck 1,429 Gramm wiegt. Das ist aber eine Sauerstoffmenge, die von einer Kerze in wenigen Minuten verbraucht wird. Wie stark der Sauerstoffverbrauch einer Kerzenflamme ist, erkennt man deutlich, wenn man unter eine große Glasglocke, die unten durch Wasser abgeschlossen wird, eine brennende Kerze stellt. Nach kurzer Zeit erlischt sie aus Sauerstoffmangel. Das Wasser aber steigt zum Teil in die Glasglocke hinein.

Wie es für die Kerze geschehen ist, so kann man für alle Stoffe beweisen, daß die Verbrennungsprodukte um das Gewicht des aufgenommenen Sauerstoffs schwerer sind als der verbrannte Stoff. Das gilt also auch für Holz und Kohle. Die bei der Verbrennung von Holz und Kohle zurückbleibende Asche gehört aber nicht zu den Verbrennungsprodukten, sie ist nichts weiter als ein unverbrennlicher Rückstand.

3. Ist Luft brennbar?

Es kann kaum eine Frage lächerlicher und widersinniger klingen als die in der Überschrift aufgeworfene. Dennoch liegt auch ihr eine Tatsache zugrunde, die allerdings auf den ersten Blick überaus merkwürdig

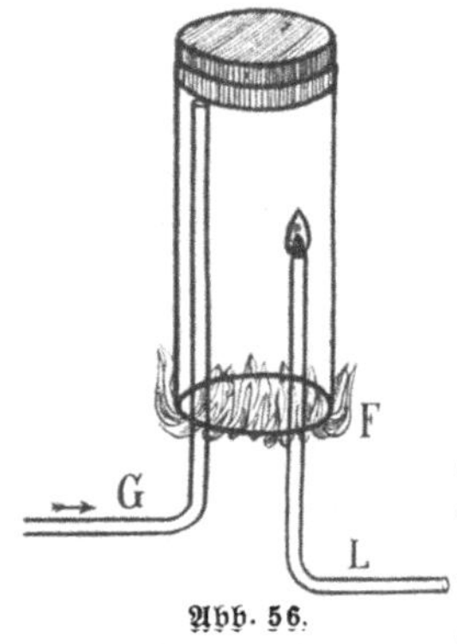

Abb. 56.

ist. Um es kurz zu sagen: wir sind zwar gewohnt, Leuchtgas in Luft brennen zu lassen, aber wir können auch Luft in Leuchtgas verbrennen.

Das Experiment ist leicht anzustellen. Aus einem Gashahn leitet man reines, nicht mit Luft vermischtes Leuchtgas in einen großen Gaslampenzylinder, der an einem Ende durch einen Kork dicht verschlossen ist (Abb. 56). Da das Gas leichter ist als Luft, befestigt man den Zylinder mit dem offenen Ende nach unten an einem Gestell und schiebt das

Glasrohr *G*, durch welches das Gas von unten eingeleitet wird, bis zum Kork. Wenn man den Kork durchbohrt, so kann man das Gas auch von oben einleiten. Jedenfalls verdrängt es die Luft aus dem Zylinder und läßt sich, sobald der Zylinder gefüllt ist, am unteren Ende anzünden. Läßt man fortgesetzt so viel Gas nachströmen, wie unten verbrennt, so bleibt der Zylinder andauernd mit Gas gefüllt. Nun verschafft man sich einen nicht zu starken Luftstrom, indem man vielleicht aus einer der Flaschen unserer Abb. 22 die Luft durch das Wasser der zweiten Flasche verdrängt. Ein Quetschhahn am Schlauch gestattet eine gute Regulierung. Läßt man diese Luft durch ein Glasrohr *L* ausströmen und schiebt man das Rohr von unten in den Zylinder hinein, so entzündet sich die Luft an der unten brennenden Leuchtgasflamme *F*, um weiter oben im Leuchtgas fortzubrennen.

Wollen wir uns über diese paradoxe Erscheinung klar werden, so müssen wir zuerst wissen, wie eine Flamme entsteht und was eine Flamme ist. Wir wollen annehmen, aus dem Rohr ströme ein brennbares Gas aus, etwa Wasserstoff. Über der Rohröffnung in der Verlängerung der Rohrachse befindet sich also reiner Wasserstoff. In einiger Entfernung von der Achse und oben mischt sich der Wasserstoff aber mit dem Sauerstoff der Luft[1]), und umgeben ist diese Zone von Sauerstoff

---

1) Vom Stickstoff, der an der Verbrennung nicht teilnimmt, sehen wir ganz ab.

(ohne Wasserstoff). Die in unserer Abb. 57 durch eine gebogene Linie gekennzeichnete Mischungszone enthält also ein sogenanntes Knallgasgemisch. Bringt man nun in diese Mischungszone einen Körper Z von genügend hoher Temperatur, also etwa einen glühenden Draht, so verbindet sich an dieser Stelle der Wasserstoff, der bisher nur mit dem Sauerstoff gemischt war, chemisch mit dem Sauerstoff und es entsteht Wasserdampf. Die dabei entstehende Wärme genügt aber, um (ganz ohne weitere Mitwirkung des Zündkörpers Z, der nur zur Einleitung des Vorganges nötig ist) auch das Knallgasgemisch der Nachbarschaft in Wasserdampf umzuwandeln. Blitzschnell hat sich dieser Vorgang unter schwachem Knall durch die ganze Mischungszone ausgebreitet.

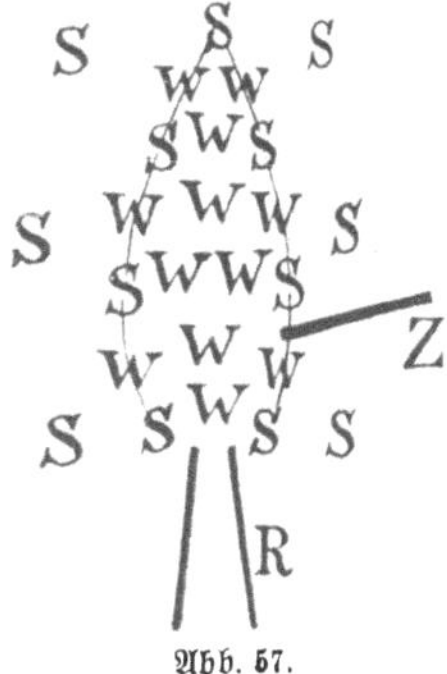

Abb. 57.

Der nach außen entweichende Wasserdampf wird von innen durch Wasserstoff, der sich wieder mit Sauerstoff mischt, ersetzt. Eine Anhäufung von Knallgasgemisch entsteht freilich nicht wieder; denn sooft die richtige Atomzahl von Wasserstoff und Sauerstoff beieinander ist, wird infolge der hohen Temperatur sich ein Wassermolekül daraus bilden. Es wird also von jetzt an der nachströmende Wasserstoff ohne Explosion (d. h. ohne Knall) zu Wasser verbrennen. Da die hohe Temperatur, die durch die Verbindung von Wasserstoff und Sauerstoff hervorgebracht wird, einen Teil des Gasgemisches zum Glühen bringt, so entsteht über der Rohrmündung eine auch unserem Auge erkennbare Erscheinung, die wir als Flamme bezeichnen. Danach ist eine Flamme ein in einer gewissen Zone glühendes Gasgemisch, dessen Glühen durch einen chemischen Vorgang im Gemisch dauernd unterhalten wird. Wer diese Erläuterungen aufmerksam verfolgt hat, wird nun ohne weiteres einsehen, daß der Wasserstoff und der Sauerstoff ebensogut ihre Plätze vertauschen können, denn es kommt ja nur darauf an, eine Mischungszone zu erzeugen und das Verbrauchte von innen und von außen zu ersetzen, wie es auch in unserem Versuch mit Luft und Leuchtgas geschah.

Wären wir so organisiert, daß wir den Wasserstoff als Lebensluft brauchten, und bestünde dementsprechend unsere Erdatmosphäre aus Wasserstoff, so würde sich ein aus einem Rohr ausströmender Sauerstoffstrom zur Flamme entzünden lassen, so wie wir Luft in Leuchtgas

brennen ließen. Wenn wir daran festhalten wollen, daß eine Ver=
brennung eine Verbindung mit Sauerstoff ist, so dürfen wir allerdings
nicht davon reden, daß „die Luft brennt", denn sie verbindet sich ja
nicht mit Sauerstoff. Aber man kann den Begriff „Verbrennung"
sehr wohl noch verallgemeinern. So sagt man z. B. auch, daß Wasser=
stoff in Chlor brennt, weil diese beiden Gase ebenfalls eine Flammen=
erscheinung liefern können. Ferner ist dieser Versuch umkehrbar, d. h.
Chlor brennt auch in Wasserstoff. Aus allem ersieht man, daß die Frage:
„Ist Luft brennbar?" doch nicht so widersinnig ist, wie sie zu Anfang
erscheint.

4. Die Kerze als Gasfabrik.

Die Tatsache, um die es sich hier handelt, wird den meisten Lesern schon
bekannt sein, daß nämlich in einer Kerzenflamme brennbares Gas ent=
halten ist. Auch ist nach der Definition der Flamme, zu der wir im vorigen
Abschnitt gelangten, ohne weiteres klar, daß nur gasförmige Stoffe
mit Flamme brennen können, dagegen flüssige und feste nicht. Als wir
das Eisenpulver (Abschnitt I, 2) erhitzten, da verbrannte es auch,
das Eisen verband sich unter Lichterscheinung mit dem Sauerstoff der Luft.
Diese Lichterscheinung war aber das Glühen des festen Eisenpulvers,
glühendes Gas kam dabei nicht in Betracht, von einer Flamme war
also nicht die Rede. Wir verglichen diese Art der Verbrennung mit dem
Verglimmen der Holzkohle. Freilich besteht ein großer Unterschied; das
Verbrennungsprodukt des Eisens ist fest, das der Holzkohle aber gasförmig
(Kohlensäure); das letztere entweicht also, und nur die unverbrennlichen
Bestandteile der Kohle bleiben als Asche zurück.

Daß nur gasförmige Stoffe mit Flamme brennen können, ist, vom
Standpunkte des täglichen Lebens angesehen, auch eine paradoxe Be=
hauptung. Sehen wir doch Holz, Steinkohle, Braunkohle, Torf, Papier,
Kerzenmaterial, Schwefel, Petroleum, Spiritus, Benzin,
also lauter feste oder flüssige Stoffe fortwährend mit
Flamme brennen. Die Lösung des Rätsels liegt dar=
in, daß alle die genannten Stoffe zuerst in Gas=
form übergehen, wenigstens zum Teil, und daß
dann diese Gase oder Dämpfe verbrennen.
Zwei Experimente sollen das für die Kerze
beweisen. In eine Kerzenflamme halte man
ein Glasrohr, das etwa so wie in Abb. 58 ge=

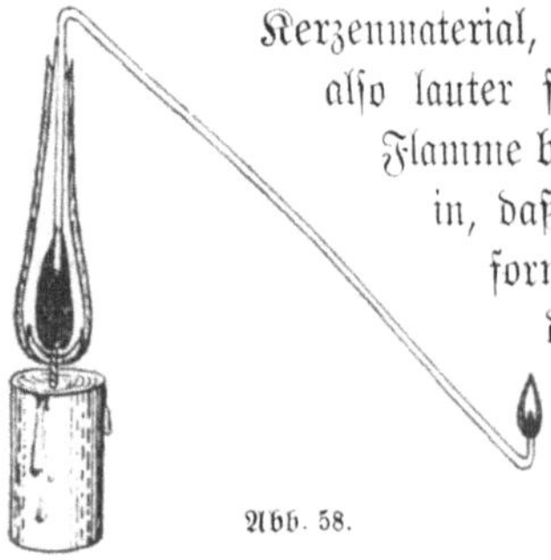

Abb. 58.

bogen ist, mit dem einen Ende dicht über den Docht. Bald sieht man dichte Nebel durch das Glasrohr abwärts fließen, die sich zum Teil am Rohr wieder als fester Stoff absetzen, zum Teil aber aus dem Rohre austreten und sich entzünden lassen.

Noch auffallender wird die Gaserzeugung der Kerze, wenn wir das Gas in unserem in Abb. 22 abgebildeten Gasometer auffangen. Wir führen zu diesem Zwecke die Rohröffnung C in das Innere der Flamme bis dicht über den Docht, nachdem die Flasche B durch Heben der Flasche A ganz mit Wasser gefüllt ist. Senken wir nun die Flasche A langsam, so saugt die Flasche B die Kerzengase ein. Die Kerzenflamme ist während des Saugens weit kleiner als vorher, weil ihr ja Brennstoff entzogen wird. Man muß sich davor hüten, daß die Öffnung C sich während des Saugens öfter oder längere Zeit außerhalb der Flamme befindet, weil sich sonst so große Luftmengen dem Kerzengase beimengen können, daß das Gemisch explosiv wird. Ist man sicher, daß das angesammelte Gas einigermaßen frei von Luft ist, so kann man es aus der Röhre C wieder durch Heben der Flasche A herauspressen und anzünden. Man erhält dann eine richtige Gasflamme. So stellt also wirklich eine Kerze eine kleine Gasfabrik dar, und wenn einer unserer Leser sich den Scherz machen will, so kann er für einige Zeit ein Zimmer mit dem Kerzengase beleuchten. Freilich geht ihm dabei diejenige Lichtenergie, die schon bei der Bereitung des Gases von der Flamme ausgestrahlt wurde, verloren, auch ist die Leuchtkraft des Gases nur gering, weil die beigemischten Dämpfe sich z. T. wieder im festen Zustande ausscheiden, bevor es zur Verbrennung kommt, lauter Nachteile, denen kein anderer Vorteil gegenübersteht als die Freude an einer recht absonderlichen Beleuchtungsart.

Es wird nützlich sein, daß wir uns im Anschluß hieran die Vorgänge bei der Entstehung einer Kerzenflamme noch einmal klarmachen. Es sind die folgenden:

1. durch Annäherung einer Zündflamme (Zündholz) wird das Stearin oder Paraffin des Dochtes geschmolzen;

2. der geschmolzene Kerzenstoff des Dochtes wird durch weitere Temperaturerhöhung in gas- und dampfförmige Stoffe (hauptsächlich Verbindungen von Kohlenstoff und Wasserstoff) zersetzt;

3. es entsteht am Docht eine Flamme, und zwar in der Weise, wie es im vorhergehenden Abschnitt geschildert wurde;

4. die in dieser Flamme erzeugte Wärme dient zum Schmelzen des tiefer gelegenen Kerzenmaterials; es bildet sich um den Docht eine mit geschmolzenem Stoff gefüllte Vertiefung;

5. der Docht saugt den flüssigen Brennstoff in seine Kapillarräume auf und ersetzt so den verbrannten Stoff.

Zum Schluß sei noch kurz das starke Leuchten der Flamme im Gegensatz zur Wasserstoffflamme erklärt. Es kommt dadurch zustande, daß ein Teil der Kohlenwasserstoffverbindungen sich infolge der hohen Temperatur unter Abscheidung von Kohlenstoff zersetzt, und daß dieser, bevor er genügend Sauerstoff zur Verbrennung findet, in Weißglut gerät. Will man sich von dem Vorhandensein des Kohlenstoffs überzeugen, so braucht man nur einen kalten Gegenstand (Porzellan, Glas) in die Flamme zu halten. Sofort scheidet sich der stark abgekühlte und deshalb aus dem Glühen gebrachte Kohlenstoff als Ruß ab. Die Leuchtkraft der Flamme geht dabei stark zurück. Auch genügt schon das Hineinblasen in die Flamme und die dadurch bewirkte Abkühlung, um Rußbildung hervorzurufen.

II. Merkwürdige Wirkungen des Wassers.

1. Durch kaltes Wasser Hitze zu erzeugen.

Daß das kalte Wasser, das man für gewöhnlich zum Löschen des Feuers oder zum Zwecke der Abkühlung braucht, auch in der Lage sein soll, Hitze zu erzeugen, das klingt widersinnig. Daß es dennoch wahr ist, sollen uns ein paar Beispiele zeigen.

Kalium und Natrium sind Metalle, die sich so leicht mit Sauerstoff verbinden, daß man sie, um sie vor der Einwirkung des Luftsauerstoffs zu schützen, in Petroleum aufbewahrt. Wirft man nun ein Stückchen Kalium oder Natrium auf Wasser, so entreißt das Metall dem Wasser seinen Sauerstoff, und der Wasserstoff wird frei. Dabei entwickelt sich, wie bei jeder Verbindung mit Sauerstoff, so viel Wärme, daß der entweichende Wasserstoff beim Kalium immer, beim Natrium manchmal sich entzündet.

Alkohol, der, wie man weiß, noch in anderem Sinne eine außerordentlich große Wärmequelle birgt, wird durch hinzugegossenes Wasser keineswegs immer abgekühlt. Tut man zu einem Teil reinen Alkohol einen Teil Wasser, das weder wärmer noch kälter als der Alkohol ist, und vermischt die beiden Stoffe miteinander, so erhält man eine deutliche Temperaturerhöhung.

Noch viel deutlicher ist die Temperaturerhöhung bei der Vermischung von Wasser mit Schwefelsäure, oder der Auflösung von Ätzkali oder Ätznatron in Wasser. Die hierdurch erzeugte Wärmemenge ist so groß, daß ein Glasgefäß dabei zerspringen kann. Die erhaltenen Flüssigkeiten sind übrigens so stark ätzend, daß man darauf bedacht sein muß, das Experiment an einem dafür passenden Platze auszuführen. Falls man auf starke Schwefelsäure einen Tropfen oder eine kleine Menge Wasser gießt, wird das Wasser so plötzlich und heftig erwärmt, daß durch die schnelle Verdampfung eine Art Explosion hervorgerufen werden kann, durch die möglicherweise etwas von der ätzenden Flüssigkeit herausgeschleudert wird. Es ist daher notwendig, die Mischung so herzustellen, daß man die Schwefelsäure langsam und vorsichtig in das Wasser gießt, nicht umgekehrt. Sehr hübsch kann man anderen Personen die Temperaturerhöhung ohne Thermometer und ohne Anfassen des Gefäßes beweisen, indem man in ein Reagenzglas ein wenig Äther (sogenannten Schwefeläther) gießt und das Glas in das Gemisch eintaucht. Da Äther schon bei 35° siedet, so gerät er ins Kochen.

Ein anderer Stoff, der mit Wasser erhebliche Wärmemengen erzeugt, ist der gebrannte Kalk, der eine Verbindung des Metalles Kalzium mit Sauerstoff ist. Man kann ihn selbst herstellen, indem man kleine Splitter von Marmor (kohlensaurem Kalk) in einer recht heißen, nicht leuchtenden Gasflamme, wenn nötig vor dem Lötrohr, glüht. Es entweicht dann Kohlensäure, und gebrannter Kalk bleibt zurück ($CaCO_3 = CaO + CO_2$). Fügt man zu dem erkalteten Kalk ein Tröpfchen Wasser, so verbindet sich der Kalk chemisch mit dem Wasser unter starker Erhitzung, ein Vorgang, der bekanntlich als das „Löschen" des Kalks bezeichnet wird ($CaO + H_2O = CaO_2H_2$). Oft sieht man — bei Neubauten — das Wasser geradezu ins Kochen geraten. Diese Methode wird übrigens neuerdings an Orten, wo es an Feuerungsmaterial fehlt, zum Wärmen von Nahrungsmitteln angewandt. Die Speise wird in ein Zinngefäß A (Abb. 59)

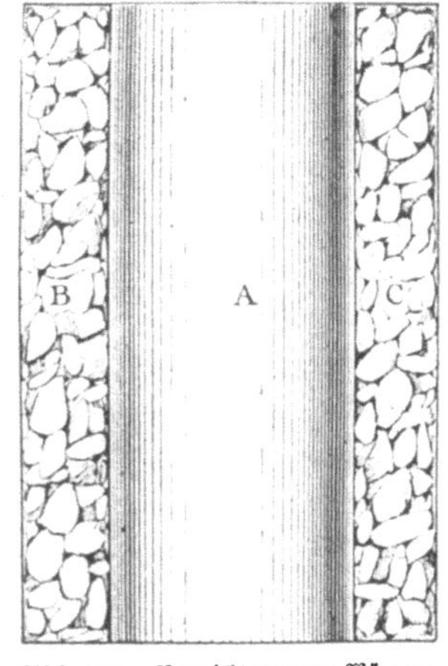

Abb. 59. Vorrichtung zum Wärmen von Speisen durch Kalk und Wasser.

getan. Dieses ist von einem anderen Behälter, der gebrannten Kalk enthält und luftdicht verschließbar ist, umgeben.

Wird nun warme Nahrung gewünscht, so öffnet man das äußere Gefäß und gießt Wasser über den Kalk. Die beiden Stoffe erzeugen bei ihrer Vereinigung Wärme genug, um den Inhalt des inneren Gefäßes auf eine ziemlich hohe Temperatur zu bringen.

Eine noch merkwürdigere Wirkung jedoch erhält man, wenn man über Baryt Wasser gießt. Der Baryt ist ein Stoff von ähnlicher Beschaffenheit wie der Kalk. Wenn ein nicht leicht springendes Glasgefäß mit ganz trockenen Barytstückchen angefüllt und dann Wasser in die Zwischenräume gegossen wird, so wird die Wärme, die sich bei der Vereinigung bildet, das Wasser bald zum Sieden bringen; es dauert nicht lange, so sieht man durch das Glas hindurch, daß einige der Barytstücke rotglühend sind. Eine so bedeutende Wärmemenge kann also durch die Anwendung von kaltem Wasser hervorgerufen werden.

In ähnlicher Weise sieht man übrigens oft auch jugendliche Enthusiasten in helles Feuer geraten, wenn sie einen ihrer Lieblingspläne durch einen kalten Wasserstrahl vernichtet sahen.

2. Durch Einwirkung reinen Wassers Farben zu verändern.

Vom reinen Wasser nimmt man im allgemeinen mit Recht an, daß es Farben nicht zerstört und nicht verändert. Erst wenn man gewisse Stoffe, wie z. B. Chlorkalk, im Wasser auflöst, beginnen die zerstörenden Wirkungen, die dann aber nicht Wirkungen des Wassers, sondern des gelösten Stoffes sind. Trotzdem kann auch das reine Wasser, also destilliertes Wasser oder Regenwasser, Farbenveränderungen hervorrufen.

Es gibt eine Verbindung des Metalles Kobalt mit dem gasförmigen Element Chlor, genannt Kobaltchlorid (Co Cl_2). Dieser Stoff ist in Gestalt von roten wasserhaltigen Kristallen käuflich. Daß sie Wasser enthalten, davon kann man sich überzeugen, wenn man ein Stückchen davon in einem Reagenzglase erwärmt. Dann entweicht das Kristallwasser als Dampf, um sich an kälteren Teilen des Rohres wieder zu Tropfen zu verdichten. Wenn alles Wasser entwichen ist, hat man aber keinen roten Stoff mehr, sondern einen blauen. Bringt man nun in das abgekühlte Reagenzglas etwas Wasser, so wird das Kobaltchlorid sofort wieder rot und löst sich, wenn die Wassermenge dazu ausreicht, auf. Würde man durch Kochen das Wasser verdampfen, so würde man zuerst einen festen roten Stoff und nach weiterem Erhitzen wieder einen blauen erhalten.

Man kann die hellrote Lösung dieser Verbindung als sogenannte „sympathetische Tinte" zu allerlei Scherzen benutzen. Schreibt man nämlich mit ihr auf weißem Papier, so sind die Schriftzüge nach dem Trocknen wegen der blassen Farbe so gut wie unsichtbar. Sobald man aber das Schriftstück am Ofen oder über einer Lampe erwärmt, wird die Schrift in blauer Farbe sichtbar, weil das Kristallwasser vertrieben wird. Um die Schrift wieder verschwinden zu lassen, genügt es, das Papier einfach an der Luft liegen zu lassen. Die Feuchtigkeit der Luft wird dann von dem blauen Kobaltchlorid aufgenommen. Da unser Atem sehr reich an Wasserdampf ist, verschwindet die Schrift schneller, wenn man darauf haucht.

Ein Stoff von ganz ähnlichen Eigenschaften ist das Kupferchlorid ($CuCl_2$). Es ist in blauen, wasserhaltigen Kristallen käuflich. Man kann es aber auch leicht selbst herstellen, wenn man schwarzes Kupferoxyd, das man durch Erhitzen von Kupfer an der Luft erhält, in konzentrierter Salzsäure unter Erwärmen auflöst. Man erhält dann eine grüne Lösung, die bei kräftigem Erhitzen sogar bräunlich, beim Abkühlen wieder grün wird. Wir wollen bei unseren Versuchen aber von der kristallisierten Substanz ausgehen und lösen diese in recht wenig Wasser. Es entsteht eine grüne Lösung. Verdünnen wir diese mit reinem Wasser, so wird sie zuerst blaugrün, dann blau. Erhitzen wir aber die wasserhaltigen Kristalle vorsichtig, so erhalten wir das wasserfreie, gelbbraune Kupferchlorid, das mit Wasser aber wieder eine grüne oder blaue Lösung ergibt.

Man gibt für diese merkwürdigen Farbenänderungen die folgende Erklärung. Die kleinsten Teilchen (Moleküle) des Kupferchlorids sind gelbbraun. Beim Auflösen in viel Wasser spalten sich die meisten Moleküle in ihre Bestandteile, nämlich in 1 Kupferteilchen und 2 Chlorteilchen. Diese Teilchen stellt man sich zum Unterschiede von den gewöhnlichen Atomen elektrisch geladen vor (Kupfer positiv, Chlor negativ) und nennt sie „Jonen". Die Kupfer-Jonen denkt man sich blau gefärbt, die Chlor-Jonen farblos. Löst man nun aber Kupferchlorid in wenig Wasser, so werden weniger Moleküle in Jonen gespalten, und es entsteht durch das Zusammenwirken der Moleküle und Jonen eine grüne Farbe. Tatsächlich kann man das wasserfreie Kupferchlorid in gewissen Stoffen auch mit gelbbrauner Farbe lösen. Hält man eine solche Lösung und eine blaue Lösung gleichzeitig hintereinander vor das Auge, so ist das Ergebnis, daß grünes Licht ins Auge fällt.

Ähnlich erklärt sich auch die Umfärbung des Kobaltchlorid, das in wasserfreiem Zustande die blaue Farbe seiner Moleküle, im feuchten Zustande oder mit Wasser kristallisiert, die rote Farbe der Kobalt-Jonen zeigt.

Von anderer Art ist der folgende Farbenwechsel. Man erhitzt in einem Reagenzglase oder einem kleinen Porzellantiegel 1 Gewichtsteil Braunstein (Mangansuperoxyd), $1\frac{1}{2}$ Gwt. Ätzkali und 1 Gwt. chlorsaures Kalium und übergießt die dunkelgrüne Schmelze nach dem Erkalten mit wenig Wasser. Die grüne Lösung gießt man vom ungelösten Rückstande ab, oder man filtriert sie. Nun nimmt man ein großes Glasgefäß und fügt allmählich Wasser hinzu. Bei Erreichung einer gewissen Verdünnung schlägt das Grün plötzlich in Rot um. Wegen dieses Farbenwechsels wird die grüne Lösung wohl auch „Chamäleonlösung" genannt. Die Erklärung ist nicht einfach genug, um sie hier geben zu können. Nur so viel sei gesagt, daß es sich um die Umwandlung des grünen mangansauren Kalium ($K_2\,Mn\,O_4$) in das rote übermangansaure Kalium ($K\,Mn\,O_4$) handelt.

III. Umwandlung von Elementen.

1. Wie das gleiche Element ganz verschiedene Eigenschaften annehmen kann.

Obgleich wir uns bald daran gewöhnen, erscheint es uns doch anfangs recht seltsam, wenn wir finden, daß ein Element, wenn es sich mit einem anderen verbindet, seine Beschaffenheit gänzlich verändert. Der Sauerstoff, den wir als Gas aus der Luft einatmen, bildet in Verbindung mit einem anderen Gase, dem Wasserstoff, eine Flüssigkeit, die wir als Wasser trinken, und in Verbindung mit dem festen Silizium (Kieselstoff) den festen Quarz, den Feuerstein oder den Sand.

Ein Element kann aber auch sein Aussehen und Verhalten ändern, ohne daß es sich mit einem anderen Elemente vereinigt. So ist es z. B. beim Sauerstoff. Die Chemiker sind zu der Ansicht gelangt, daß jedes Molekül des Sauerstoffs aus 2 Atomen besteht. Wenn aber 3 Atome sich miteinander vereinigen, so entsteht ein ganz anderes Gas, nämlich das Ozon, das sich bekanntlich bei elektrischen Entladungen in größerer Menge bildet und bei Blitzschlägen den sogenannten Schwefelgeruch erzeugt. Vom gewöhnlichen Sauerstoff unterscheidet es sich dadurch, daß es andere Stoffe viel leichter oxydiert. Darauf beruht z. B. die Benutzung des künstlich hergestellten Ozons zum Bleichen.

Sehr merkwürdig ist auch der Schwefel. Er wird den meisten als ein gelbes Pulver (Schwefelblumen) oder in Form gelber Stangen bekannt sein. Wir schmelzen eine größere Menge davon in einem passenden Gefäße und lassen ihn langsam so weit abkühlen, daß sich an den Wänden des Gefäßes und oben eine feste Kruste bildet. Dann durchstoßen wir die obere Kruste und schütten den noch flüssigen Schwefel des Innern schnell aus. Es zeigt sich, daß zahllose hübsche stäbchenförmige Kristalle von den Seitenwänden in das Innere ragen. Von ganz anderer Form sind die Kristalle, wie man sie in vulkanischen Gegenden in der Natur findet. Künstlich kann man ähnliche Kristalle erhalten, wenn man Schwe=fel in Schwefelkohlenstoff (feuergefährlich!) löst und im Freien (wegen des üblen Geruches) das Lösungsmittel verdunsten läßt. Eine besonders merkwürdige Form ist der amorphe Schwefel. Man erhält ihn, in=dem man geschmolzenen Schwefel in kaltes Wasser gießt. Er wird dann nicht fest, sondern bildet eine braune, klebrige, elastische Masse, die aller=dings meistens am folgenden Tage schon wieder in gewöhnlichen Schwefel übergegangen ist. Phosphor kann als gelber, fester Körper vorkommen, der sich mit dem Messer schneiden läßt, sehr giftig und so leicht entzündlich ist, daß er oft ohne äußere Temperaturerhöhung zu brennen anfängt, weshalb man ihn unter Wasser aufbewahren und auch unter Wasser schneiden muß. Phosphor kann aber auch von roter Farbe, ungiftig und schwer entzündlich sein.

Solche verschiedenen Formen desselben Stoffes nennt man allo=tropische Formen. Das merkwürdigste Beispiel dafür liefert der Kohlenstoff, der als Diamant, grauschwarzer Graphit und als künst=licher amorpher Kohlenstoff (Ruß) bekannt ist. Daß es sich jedesmal um dasselbe Element handelt, geht daraus hervor, daß bei der Ver=brennung von allen 3 Stoffen derselbe Stoff, nämlich Kohlensäure, entsteht. Dabei zeigt sich auch, daß gleiche Gewichtsmengen der 3 Kohlen=stoff=Formen zu gleichen Mengen von Kohlensäure verbrennen. Dagegen ist die dabei entstehende Wärmeenergie verschieden. Der amorphe Kohlenstoff erzeugt am meisten Wärme, der Diamant am wenigsten.

Wenn man Kohlen (Steinkohle, Anthrazit), die auch wesentlich aus Kohlenstoff bestehen, „schwarze Diamanten" nennt, so ist das aber nur ein halb scherzhafter Ausdruck.

2. Der Stein der Weisen.

Im Mittelalter suchte man eifrig nach dem „Stein der Weisen", jenem geheimnisvollen Stoff, der imstande sein sollte, alle Metalle oder wohl gar alle Dinge durch seine Berührung in Gold zu verwandeln. So bemühten sich denn die Alchimisten vor allem darum, alle Mittel kennen zu lernen, welche fähig sind, einen Stoff in einen anderen zu verwandeln. Sie setzten das festeste Vertrauen in ihre Kunst, da es ihrer Meinung nach nur darauf ankam, die Geheimnisse jener Kunst kennen zu lernen. Von ihren Grenzen hatten sie dagegen eine sehr mangelhafte Vorstellung.

Ihr Glaube an die unbegrenzte Veränderlichkeit der Eigenschaften von Stoffen mußte um so fester werden, je zahlreichere wunderbare Veränderungen tatsächlich durch ihre Bemühungen ans Tageslicht gefördert wurden. Nachdem man gesehen hatte, daß es möglich sei, die festen Metalle Gold und Silber zu klaren Flüssigkeiten aufzulösen und sie daraus wieder zu gewinnen, war es wohl zu entschuldigen, wenn man nun glaubte, daß der menschlichen Kraft in dieser Beziehung keine Grenzen gezogen seien.

Erst die moderne chemische Wissenschaft lehrte uns, daß die Dinge stets das bleiben, was sie sind, und daß sie nie zu etwas anderem werden können. Ob das Silber nun gelöst oder wieder gefällt wird, ob es mit anderen Stoffen verbunden oder wieder von ihnen getrennt wird, ob es in fester und undurchsichtiger oder flüssiger und durchsichtiger Gestalt erscheint, es bleibt während aller Veränderungen stets dieselbe Menge Silber wie ursprünglich, und durch geeignete Mittel kann diese bestimmte Menge immer wieder gewonnen werden. Von einem Zentner Silber kann kein Körnchen in ein anderes Metall verwandelt werden, ebensowenig wie man ein Körnchen eines anderen Metalls in Silber umsetzen könnte.

Die Kenntnis der Zusammensetzung der Dinge in der Welt wurde ganz unendlich vereinfacht, als man fand, daß die komplizierten Verbindungen, die uns umgeben, zerlegt werden konnten in etwa 70 einfache Stoffe, die Elemente genannt wurden, und welche in ihren verschiedenen Verbindungen die mannigfaltigen Stoffe bilden, die uns umgeben.

Und je weiter die Forschung vordrang, desto fester wurde auch die Überzeugung, daß jegliches Element ewig unveränderlich sei, daß kein Element durch irgendwelche Mittel in ein anderes verwandelt werden könne.

Hiermit eng verbunden entwickelte sich die Lehre von den Atomen, den kleinsten Teilchen der Elemente, die man, wie ja auch der Name sagt, als unteilbar und unvergänglich ansehen lernte. Die Lehre von den unveränderlichen Atomen schließt, wie man sieht, die Lehre von der unveränderlichen Natur der Elemente ein. Diese Lehre nun, die wichtigste Grundlage der bis zu einem so hohen Grade der Vollkommenheit entwickelten modernen Chemie, ist die modernste Chemie im Begriff, teilweise wieder aufzugeben.

Die durch die merkwürdigen Eigenschaften des Radiums veranlaßten Untersuchungen haben zu dem Schluß geführt, daß ein Teil der Atome, aus denen die Elemente bestehen, beständig in kleinere Teile zerfallen, und daß die überraschenden Eigenschaften des Radiums, durch die es sich von den anderen Dingen unterscheidet, darauf zurückzuführen sind, daß bei ihm dieser Atomzerfall größeren Umfang annimmt.

Nun erheben sich die Fragen: Was wird aus den Teilen, die durch die sich auflösenden Atome frei werden? Und was wird aus den zurückbleibenden Teilen? Eine teilweise Lösung der ersten Frage erhielten wir vor einigen Jahren durch den Londoner Physiker William Ramsay. Dieser Forscher hatte in einem kleinen Röhrchen etwas von jenen Zerfallsprodukten, der sogenannten „Emanation" des Radiums, untergebracht. Als er nach einer Woche den Inhalt der Röhre mit dem Spektralapparat untersuchte, fand er, daß das Spektrum sich verändert hatte und deutlich die vorher nicht sichtbar gewesenen Spektrallinien aufwies, an denen man die Gegenwart des Gases Helium erkennt. Ramsay selbst hatte einige Jahre früher dieses Element auf der Erde entdeckt, nachdem man aus dem Ergebnis der spektralanalytischen Untersuchung der Sonnenatmosphäre schon längst den Schluß gezogen hatte, daß dort ein auf der Erde noch unbekanntes Element — eben das Helium — vorhanden sei.

So hatte also ein Abspaltungsprodukt des Radiums im Verlaufe einer Woche sich in Helium verwandelt. Da aber Radium und Helium auf

Grund ihrer chemischen und physikalischen Eigenschaften als verschiedene Elemente bezeichnet werden müssen, so haben wir die Umwandlung eines Elements in ein anderes vor uns. Der Traum der Alchimisten vom „Stein der Weisen" ist, wenn auch in anderem Sinne, erfüllt worden.

Der Vorgang des Radiumzerfalls ist übrigens ein sehr verwickelter, denn auch der zurückbleibende Teil erfährt weitere Veränderungen, indem er verschiedene Stadien durchläuft, von denen das Blei das beständigste zu sein scheint. Das Radium selbst scheint wieder ein Zerfallsprodukt des Urans zu sein. So sehen wir also vier verschiedene, uns bisher als selbständige Elemente bekannte Stoffe miteinander genetisch verbunden.

Weitere Untersuchungen haben gezeigt, daß neben den anderen schon bekannten „radioaktiven" Stoffen (Uran, Thorium, Polonium, Aktinium), welche Veränderungen ähnlicher Art wie das Radium erleiden, und neben anderen, die gerade jetzt entdeckt werden oder entdeckt werden sollen, noch viele wohlbekannte Stoffe bei genauer Untersuchung ähnliche, wenn auch schwächere Erscheinungen wie das Radium zeigen. Man muß deshalb annehmen, daß sie auch ähnliche Veränderungen erleiden. Quecksilber und Kupfer zeigen ganz deutliche Merkmale dieser Art und, nachdem die Beobachtungsmethoden sich immer mehr verfeinert haben, scheint es, daß kein Element ganz frei von solchen Umwandlungserscheinungen ist. Alles scheint also in Zerfall und Veränderung begriffen zu sein. Der harte Diamant, das feste Eisen und der massive Granit, nichts scheint von diesem allgemeinen Verfall eine Ausnahme zu machen. Und wenn genug Millionen von Jahrhunderten vergangen sein werden, sind vielleicht alle Atome unserer Welt zerstäubt, um eine neue, von der unsrigen verschiedene Welt zu bilden.

Dritter Teil.
Biologische und psychologische Paradoxe.

I. Botanische Paradoxe.[1]

1. Wer kann durch einen Holzstab von mehreren Metern Länge hindurchblasen?

Die Frage, ob man durch einen Holzstab hindurchblasen kann, wird manchem, dem jede Kenntnis der Wunderwerke des Lebens fehlt, nicht paradox, sondern vielleicht sogar lächerlich erscheinen. Trotzdem ist sie zu bejahen. Man verschaffe sich ein recht langes „spanisches Rohr", den holzigen Stamm der kletternden Rotangpalme (Calamus rotang) und schneide die beiden Enden mit einem scharfen Messer glatt ab. Dann krümme man diesen Stab und lasse ihn mit dem einen Ende in ein Gefäß mit Wasser tauchen, während man in das andere Ende mittels des Mundes Luft hineinbläst. Man sieht dann tatsächlich zahlreiche Luftblasen aus dem holzigen Stengel im Wasser hochsteigen. Dabei macht es gar keinen Unterschied, ob der Stab 1 m oder 5 m lang ist. Offenbar ist also ein Palmstamm von zahlreichen feinen Röhrchen — die Botaniker nennen sie „Gefäße" oder „Tracheen" — durchzogen, die man übrigens auch leicht auf dem Stengelquerschnitt als Poren bemerken kann. Beim toten, trockenen Stamm sind diese Gefäße ganz von Luft erfüllt, bei der lebenden Pflanze enthalten sie jedoch eine verdünnte Lösung von Nährsalzen, welche die Wurzeln aus dem Erdboden aufgenommen und in die Gefäße gepreßt haben. Da ferner fortwährend aus den Laubblättern Wasser verdunstet, das dann durch Nährsalzlösung der Gefäße ersetzt wird, so steigt während der Vegetationszeit in den Gefäßen andauernd der „Saft" von den Wurzeln zu den Blättern empor.

Unser Versuch läßt sich auch in der Weise ausführen, daß man Tabaksrauch durch den Stengel hindurchbläst, oder daß man Leuchtgas aus einem Schlauch hindurchleitet und anzündet. Da wir nun aber zur Be-

---

[1] Eine Reihe weiterer interessanter Paradoxe aus dem Gebiete der Botanik bringt das Buch von Prof. Molisch: Populäre biologische Vorträge. Jena, Gustav Fischer, 1920.

antwortung unserer Frage kein gewöhnliches Holz, sondern spanisches Rohr benutzten, so könnte mancher meinen, das sei ein Taschenspieler=kunststück, und das gewöhnliche Holz verhalte sich anders. Prüfen wir die Sache also weiter! Wir verschaffen uns einen Stab von etwa 2 cm Durchmesser und 10—40 cm Länge aus ganz trockenem Eichenholz. Blasen wir dann Tabaksrauch mittels der Backen kräftig in das eine Ende des Stabes, so sehen wir ihn aus dem anderen Ende hervortreten. Die Gefäße sind hier bedeutend enger als beim spanischen Rohr; erst mit einer starken Lupe oder mittels des Mikroskopes werden wir sie er=kennen. Darum gelingt der Versuch bei unseren heimischen Hölzern auch nicht mit so großen Stablängen, wie sie in der Überschrift genannt sind.

2. Laubblätter als photographische Platten.

Jedermann weiß, daß die mit Blattgrün (Chlorophyll) versehene höhere Pflanze des Lichtes bedarf. Daß aber dieses Licht in den Zellen der Blätter so fein abgestufte chemische Wirkungen hervorbringt, daß ein Laubblatt sozusagen als Ersatz für eine photographische Platte oder photographisches Papier dienen könnte, erscheint höchst erstaunlich und ist wenig bekannt. Und doch wird es durch unsere Abb. 60 bewiesen. Bevor wir erfahren, wie dieses Kunststück fertiggebracht wird, müssen zum Verständnis der Sache einige grundlegende Erscheinungen be=sprochen werden. Zunächst bringen wir in ein hohes Glasgefäß mit frischem Brunnenwasser einen frisch abgerissenen Sproß einer bekann=ten Wasserpflanze, der Wasser=pest. Am besten beschweren wir ihn — mittels eines Glasrohres oder dgl. — so, daß das abgerissene Ende oben und einige Zentimeter von der Wasseroberfläche entfernt ist, der Gipfel des Sprosses aber unten. Stellen wir das Gefäß nun in direktes Sonnenlicht, so sehen wir, daß aus der beim Abreißen erzeug=ten Wunde eine Gasblase austritt, was nicht weiter wundernimmt,

Abb. 60. Eine Photographie im Blatte der Kapu=zinerkresse.
(Aus: H. Molisch, Populäre biologische Vorträge. Jena 1920.)

wenn man weiß, daß alle Pflanzenteile Luft zwischen den Zellen enthalten. Aber merkwürdigerweise folgt auf die erste Blase sehr bald eine zweite, dritte und so fort, und oft bildet sich eine neue Luftblase schon, während die vorigen noch gar nicht die Wasseroberfläche erreicht haben. Offenbar wird also in den Blättern ein Gas gebildet, das uns bei Wasserpflanzen gewöhnlich deshalb entgeht, weil es sich im Wasser oft in demselben Maße löst, wie es erzeugt wird. Daß es auch den Landpflanzen entweicht, die ihre Laubsprosse in die atmosphärische Luft hineinstrecken, ist nicht so unmittelbar sichtbar zu machen; doch trifft es auch bei diesen zu.

Leicht ist es, größere Mengen des Gases zu erlangen, wenn man etwa eine langhalsige Flasche aus weißem Glase ganz mit Wasser und einigen Wasserpestsprossen füllt und die Flasche durch einen Korken verschließt. Man muß aber natürlich das vom Gas verdrängte Wasser durch ein in die Flasche hineinragendes Überlaufrohr abfließen lassen (Abb. 61). Hat sich nun der Hals ganz oder halb mit dem Gase gefüllt, dann tauche in den geöffneten Flaschenhals schnell einen glimmenden Holzspan ein. Er wird dort mit hell leuchtender Flamme brennen, ein Beweis, daß das Gas Sauerstoff ist.

Durch besondere Versuche läßt sich nun beweisen, daß dieser Sauerstoff aus der „Kohlensäure" (richtiger: dem Kohlendioxyd CO_2) stammt, die in der Luft zu etwa $0{,}04\,\%$ enthalten ist und im Wasser sich gelöst findet. Durch Hinzutreten von Wasser (H_2O) bildet sich in den Blättern hieraus die Stärke ($C_6H_{10}O_5$), und dabei entweicht dann überschüssiger Sauerstoff. Der Chemiker drückt diesen Vorgang durch die chemische Gleichung aus: $6\,CO_2 + 5\,H_2O = C_6H_{10}O_5 + 12\,O$. Der Physiologe aber nennt ihn die „Assimilation" der Kohlensäure.

Es gibt nun ein einfaches Mittel, um Stärke nachzuweisen: Stärkekörnchen werden nämlich durch Jod blauschwarz gefärbt. Am besten überzeugt man sich davon, indem man eine Kartoffel durchschneidet und auf die Schnittfläche ein Tröpfchen Jodtinktur (Lösung von Jod in Alkohol) streicht. Jedes farblose Stärkekörnchen wird dann zu farbloser Jodstärke. Aber auch die frischgebildete Stärke in den Blättern läßt sich durch Jod erkennen.

Abb. 61. Ausscheidung von Sauerstoff durch Sprosse der Wasserpest.

Zu diesem Zwecke führt man die „Jodprobe"

folgendermaßen aus. An einer in der Sonne stehenden Pflanze, etwa der Kapuzinerkresse (Tropaeolum), wird ein Blatt teilweise beschattet, indem mittels feiner Nadeln zwei dünne Korkscheiben an ihm befestigt werden, die eine oben, die andere unten (Abb. 62). Am folgenden Tage[1]

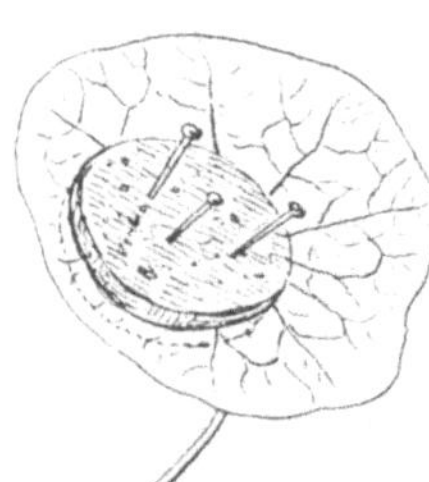

Abb. 62. Blatt der Kapuzinerkresse, teilweise verdunkelt durch 2 Korkscheiben.

setzt man das Blatt mehrere Stunden hellem Sonnenscheine aus. Alsdann schneidet man es ab, taucht es ein paar Sekunden in kochendes Wasser und kocht es bis zur völligen Entfärbung mit Alkohol aus. (Im Wasserbade kochen! Vorsicht wegen der brennbaren Dämpfe!) Legt man es nun einige Zeit in eine flache Schale mit Jodtinktur (mehrfach benutzbar!), so färbt es sich an den belichteten Stellen blauschwarz; die vom Kork beschattet gewesene Stelle bleibt jedoch hell.[2] Somit ist erwiesen, daß sich Stärke nur am Lichte bildet. Daß sich die Assimilation in den das Blattgrün (Chlorophyll) enthaltenden Körperchen vollzieht, sei hier nur nebenbei erwähnt.

Kehren wir nun noch einmal zu unserem ersten Versuche (Entweichen der Sauerstoffblasen aus dem Wasserpestsproß) zurück! Die Beobachtung der Blasen erfolgte dabei im direkten Sonnenlichte. Wie wird sich der Sproß im Schatten verhalten? Um das zu ergründen, beschatte man ihn mehr oder weniger vollständig durch Pappstücke oder ähnliches. Dann ist durch Zählung der Blasen festzustellen, daß die wechselnde Lichtstärke in genauester Weise sich in den wechselnden Mengen des erzeugten Sauerstoffs widerspiegelt. Dieser Versuch ist für uns von größter Bedeutung; denn es ist ja nun klar, daß auch die gleichzeitig mit dem Sauerstoff entstandene Stärkemenge genau der Menge des vom Blatte empfangenen Lichtes entsprechen muß. Dann muß es aber auch möglich sein, die Helligkeitsunterschiede eines photographischen Negativs in umgekehrter Weise (also als Positiv) mittels Jodstärke wiederzugeben, falls man das Negativ sozusagen als Schablone benutzt. Prof. Molisch, der zuerst auf diesen hübschen Gedanken gekommen ist, gibt in seinem Buche „Populäre biologische Vorträge" (Jena 1920) dafür die folgende Vorschrift: „Man

---

1) Die vorher an der jetzt beschatteten Stelle etwa gebildete Stärke wandert — in Zucker verwandelt — während der folgenden Nacht aus.

2) Die störende braune Jodfarbe läßt sich durch mehrfach gewechselten Alkohol auswaschen.

legt auf ein stärkefreies[1] Tropaeolum-Blatt ein kontrastreiches Negativ dicht auf, sorgt dafür, daß das Blatt mit dem Negativ nicht verschoben wird und setzt das Ganze bei wolkenlosem Himmel von früh bis abends oder wenigstens mehrere Stunden dem direkten Sonnenlichte aus. Nachher wird das Blatt abgeschnitten und in der angegebenen Weise der Jodprobe unterworfen. Schon wenige Minuten nach der Behandlung mit Jod taucht, falls der Versuch gelungen ist, das Positiv des angewandten Negativs oft mit einer überraschenden Schärfe im Blatte auf" (Abb. 60).

Würde man das Blatt, statt es unter ein fertiges Negativ zu legen, in eine photographische Kamera bringen und dort auf ihm wie auf einer Platte mittels des Objektivs ein Bild erzeugen, so könnte man in ihm natürlich auch ein Negativ hervorrufen. Es würde aber die Geduld und die Fähigkeit eines Menschen „still zu halten" sehr überschreiten, wollte man ihm zumuten, einen Tag lang als „Objekt" zu dienen. Man müßte schon nach geduldigeren Objekten suchen. Jedenfalls sind wir aber nach allem doch berechtigt, das Laubblatt mit einer photographischen Platte zu vergleichen: dem lichtempfindlichen Silbersalz der Platte entsprechen die nur am Lichte assimilierenden Chlorophyllkörper, dem Silberkorn das Stärkekorn und dem „Entwickler" des Photographen das Jod.

3. Fiebernde Pflanzen.

Unter „Fieber" verstehen wir bei uns bekanntlich das Auftreten einer über die Normaltemperatur von 37° C wesentlich hinausgehenden Körperwärme, einen Zustand, der aber nie selbständig auftritt, sondern der stets an irgendwelche schädigenden Einwirkungen der Außenwelt, vor allem Infektion mit Krankheit erregenden Mikroorganismen, geknüpft ist. Daß etwas Ähnliches bei den Tieren, besonders bei den höheren, in Bau und Lebenserscheinungen uns nahestehenden, vorkommen kann, erscheint uns begreiflich. Daß aber auch bei den Pflanzen ein Fieberzustand möglich sein soll, widerstreitet insofern der — vermeintlichen — Erfahrung, als der ungelehrte Mensch bei der Pflanze ja gar keine ihr eigene Körpertemperatur kennt. Bei Mensch und Tier ist die Körperwärme bekanntlich das Ergebnis einer Verbrennung in den Organen. Das Blut führt unseren Organen Sauerstoff zu, und organische Substanz

_____
1) Stärkefrei ist das Blatt am frühen Morgen.

wird durch ihn zu Kohlensäure (Kohlendioxyd CO$_2$) und Wasser oxydiert, wobei also der Sauerstoff verbraucht wird. Die aus unseren Lungen ausgeschiedene Kohlensäure ist leicht nachweisbar. Wir brauchen die Luft beim Ausatmen nur mittels eines Rohres durch klares Kalkwasser (Lösung von gelöschtem Kalk in Wasser) zu blasen; es trübt sich bald durch Bildung von unlöslichem kohlensauren Kalk.

Atmet nun auch die Pflanze? Man hat es lange verneint. Man hat auch wohl die Assimilation der Kohlensäure und die damit verbundene Ausscheidung von Sauerstoff (vgl. das vorige Kapitel) mit der Atmung verwechselt. Nun ist aber das Wesen der Atmung: Verbrauch (Zerstörung) von Körperbaustoffen und Erzeugung von Energie (z. B. Wärme). Das Wesen der Assimilation ist umgekehrt: Erzeugung von Körperbaustoffen und Verbrauch von Energie (Sonnenlicht). Stofflich und energetisch ist also die Assimilation das Gegenteil der Atmung. Die Pflanze scheint also nicht zu atmen. Aber das ist, wie wir jetzt sehen werden, ein voreiliger Schluß. Wir haben nämlich im vorigen Kapitel den Stoffwechsel der Pflanze insofern nur unvollständig untersucht, als wir lediglich ihr Verhalten im Sonnenlicht prüften. In der Tat ist das Ergebnis im Dunkeln oder bei Nacht ein ganz anderes. Wir füllen ein hohes zylindrisches Glasgefäß locker mit frisch abgeschnittenen grünen Laubblättern, verschließen es gut — etwa durch eine am Rande eingefettete Glasplatte — und stellen es in einen lichtdichten Schrank. Nach 24 Stunden gießen wir in das Gefäß etwas klares Kalkwasser und schütteln um. Die entstehende Trübung zeigt, daß sich jetzt bedeutende Mengen von Kohlensäure gebildet haben. Wiederholen wir den Versuch und tauchen — statt der Kalkwasserprobe — eine brennende Kerze ein, so zeigt das Erlöschen der Flamme, daß der Luftsauerstoff verbraucht wurde, während Kohlensäure entstand. Damit ist aber offenbar der Atmungsvorgang bei der Pflanze nachgewiesen. Wie Versuche mit nichtgrünen Pflanzen und Pflanzenteilen[1]) (Blüten, keimenden Samen, Kartoffeln, Pilzen) ergeben, findet diese Atmung auch am Lichte statt; sie ist aber bei grünen Pflanzenteilen und bei genügend starker Beleuchtung durch die ihr entgegenwirkende Assimilation verdeckt. Auch Wärmebildung bei der Pflanzenatmung ist leicht nachweisbar. Im Innern eines im Keller aufgehäuften Kartoffelvorrats ist, wenn dieser zur Ver-

---

1) Bezüglich weiterer Versuche sei verwiesen auf: Schäffer, C., Biologisches Experimentierbuch, Teubners naturwissenschaftliche Bibliothek 1913.

hinderung stärkerer Luftströmungen zwischen den Kartoffeln mit einem Tuch bedeckt wurde, deutlich eine erhöhte Temperatur nachweisbar. Bekannt ist die Erwärmung der keimenden Gerste bei der Bereitung des Malzes. Eine mit Laubblättern oder Blüten erfüllte Thermosflasche, durch deren Kork ein Thermometer gesteckt ist, zeigt, daß auch bei der Atmung der Blätter und Blüten Wärme entsteht; ja, in den mit tütenförmig gerolltem Hochblatt versehenen Blütenständen vieler Aronstabgewächse, ferner in den Blüten der **Victoria** regia läßt sich eine ganz bedeutende Temperaturerhöhung unmittelbar mit dem Thermometer messen.

Wenn danach also an der Atmung der Pflanze nicht zu zweifeln ist, so mag wohl auch eine fiebernde Pflanze nichts Undenkbares sein. Tatsächlich hat man z. B. an Kartoffeln sehr merkwürdige Beobachtungen nach dieser Richtung gemacht. Als man nach einem hier nicht näher zu beschreibenden Verfahren die Menge der Kohlensäure feststellte, welche von 1 kg Kartoffeln während 1 Stunde gebildet wurde, ergab sich der Betrag von 7 mg. Zerschnitt man aber diese Kartoffeln in je 4 Stücke, so bildeten sie durchschnittlich am ersten Tage 63 mg, am zweiten Tage 46 mg, am vierten erst wieder 7 mg Kohlensäure in der Stunde. Die Atmung, somit auch die Wärmebildung, wurde also durch die Verletzung anfangs auf das Neunfache gesteigert, um dann langsam wieder auf das normale Maß zu sinken. Und dieses Ergebnis steht nicht vereinzelt da; es hat sich vielmehr gezeigt, daß die Erscheinung des „Pflanzenfiebers" weit verbreitet ist.

Wer etwas weiter in die Kenntnis des Pflanzenlebens eingedrungen ist, weiß, daß es nach vielen Richtungen mit dem der Tiere und des Menschen grundsätzlich übereinstimmt. Es sei nur erinnert an die Reizbarkeit der Pflanzen durch chemische Einwirkung, durch Licht und durch Berührung und an die Bewegungen, welche häufig dadurch hervorgerufen werden. Ja, manche einzelligen Lebewesen spotten aller Versuche, sie in die altüblichen Kategorien von Pflanze und Tier einzuordnen. Auch das „Pflanzenfieber" ist eine jener Erscheinungen, die geeignet sind, uns die scheinbar so scharf in Tier und Pflanze geschiedene Lebewelt als eine Einheit erscheinen zu lassen.

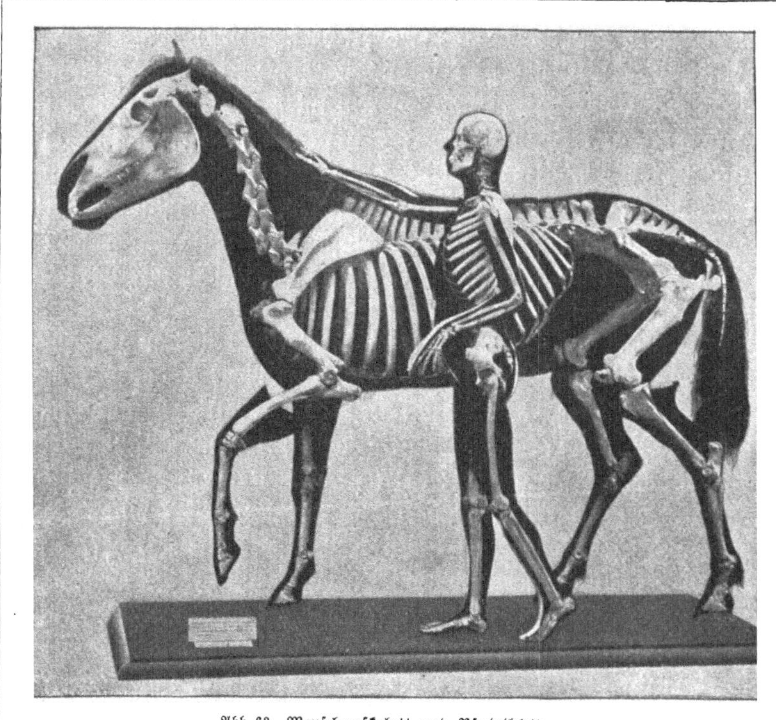

Abb. 63. Menschenskelett und Pferdeskelett.

II. Zoologische Paradoxe.

1. Das Pferd als Ballettänzer.

Die unvermeidliche Beobachtung, daß unser Körper mit dem Körper vieler Tiere in einer großen Zahl wesentlicher Bauverhältnisse über=einstimmt, hat dazu geführt, ähnliche Teile mit demselben Namen zu bezeichnen. In einigen Fällen aber stimmen die Eindrücke, die der Laie vom Bau gewisser Tiere erhält, nicht mit den Tatsachen überein. Dahin gehört der Umstand, daß dasjenige, was er bei Pferden, Rindern, Schafen und anderen Tieren Knie nennt, keineswegs dem menschlichen Knie entspricht. Ein Vergleich des Skelettes von Mensch und Pferd (Abb. 63) wird uns das lehren.

Zuerst vergleichen wir das menschliche Bein mit dem Hinterbein des Pferdes. Dabei wollen wir die erste und letzte der 5 schematischen

Skizzen unserer Abb. 64 benutzen. Ein Blick auf die naturgetreuen Abbildungen der Abb. 63 kann dann zeigen, wie die besprochenen Teile in Wirklichkeit aussehen.

Den obersten Teil unseres Beines bezeichnen wir bekanntlich als Oberschenkel. Der darin liegende Knochen (Abb. 64 *BD*), der durch das Hüftgelenk (*B*) mit dem Rumpfskelett verbunden ist, heißt demgemäß der Oberschen= kelknochen. Das Hüftgelenk des Pferdes ist mit *A* bezeichnet, der Oberschenkel reicht bis *C*. Das nächste Gelenk unter dem Hüftgelenk ist das Kniegelenk. Wir finden es an unserem Bein= skelett bei *D*, beim Pferde ist es

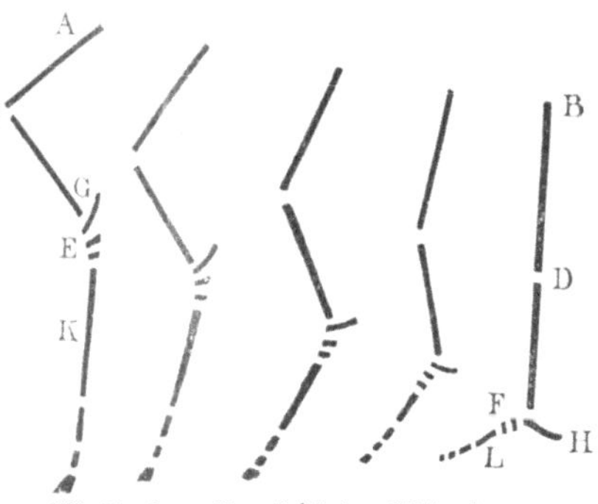

Abb. 64. Zum Vergleich der Gliedmaßen von Mensch und Pferd.

mit *C* bezeichnet. Bei Pferden und vielen anderen Tieren ist aber der Oberschenkelknochen *AC* im Verhältnis zur Länge des Beines so kurz und außerdem so nahezu horizontal gelagert, daß das Ge= lenk *C* bei einem in gutem Zustande befindlichen Tiere kaum zu sehen ist. Und wenn es einmal, beispielsweise bei einem abgemagerten Tiere, zu bemerken ist, so würde der Laie kaum wissen, wie er es nennen sollte. Wollte er es doch benennen, so würde er es als Hüftgelenk be= zeichnen, denn das wahre Hüftgelenk ist vollkommen unsichtbar, nämlich bei *A* innerhalb großer Fleischmassen versteckt. Gehen wir nun am Pferde= skelett zum nächst tieferen Gelenk *E*. Das ist beim Pferde das erste vom Rumpfe deutlich entfernte Gelenk. Der Laie wird es, lediglich nach seinen Beobachtungen am lebenden Tiere, gewöhnlich als Knie bezeichnen. Er wird sich höchstens darüber wundern, daß beim Pferde das „Knie" nach hinten gebeugt wird, beim Menschen aber nach vorn. Dieser Wider= spruch ist natürlich nur ein scheinbarer, das „Knie" *E* ist eben kein Knie. Werfen wir, ehe wir unsere Betrachtung weiter führen, einen Blick auf die 3 mittleren schematischen Zeichnungen der Abb. 64. Wenn wir sie mit den beiden anderen vergleichen, so sehen wir, daß alle 5 in der Zahl und Reihenfolge der Knochen und Gelenke übereinstimmen, daß ferner 2 aufeinanderfolgende Zeichnungen sich immer nur wenig voneinander durch Länge und Richtung gewisser Knochen unterscheiden. Mit anderen Worten: die 3 mittleren Bilder stellen Übergänge zwischen dem ersten und letzten dar und sind dadurch geeignet, uns zu zeigen, daß Pferdebein und Menschenbein einander durchaus entsprechen. Sie können uns die folgende Betrachtung deshalb erleichtern. Wir erkennen jetzt, daß das Gelenk, das wir am Pferdebein als Knie bezeichnen möchten, in Wirklichkeit schon das Fußgelenk ist, wobei der Knochen G dem Fersenbein H entspricht. Auf das Fersenbein folgen bei E noch einige kleinere Knochen, die den Fußwurzelknochen des Menschen gleichzusetzen sind. Dann kommt ein ziemlich langer Knochen K, der von Laien wohl zunächst als Schienbein benannt wird. Er entspricht aber offenbar dem Knochen L der fünften Figur, d. h. einem der Mittelfußknochen des Menschen. Hier kommen wir aber auf einen bemerkenswerten Unterschied. Beim Pferde findet sich an dieser Stelle nur ein einzelner Knochen mit Spuren von zwei weiteren Knochen zu beiden Seiten. Beim Menschen aber liegen fünf Knochen, die fünf Mittelfußknochen, nebeneinander, die von den Fußwurzelknochen bis zum Anfang der Zehen reichen.

Wie erklärt sich dieser Unterschied, wenn doch die genannten Knochen bei Mensch und Pferd einander entsprechen? Unter den Knochenresten ausgestorbener Tierarten hat man vor nicht sehr langer Zeit Knochen von Tieren gefunden, die in vielen Beziehungen dem Pferde glichen, jedoch kleiner waren und eine größere Zahl von Zehen besaßen. Eine genaue Untersuchung dieser Funde führte zu dem Schlusse, daß die Vorfahren unseres Pferdes ursprünglich fünfzehige Wesen waren, deren Nachkommen die Gewohnheit annahmen, sich mehr und mehr auf den vorderen Teil des Fußes zu stützen, bis die Ferse dauernd über dem Erdboden erhoben blieb, ja sogar die Mittelfußknochen und Zehenknochen fast senkrecht gestellt wurden. Schließlich standen diese Tiere nur noch auf den Spitzen der Zehen oder genauer auf den „Nägeln" derselben, die zu diesem Zwecke gewaltig an Größe und Dicke zugenommen hatten und zu Hufen geworden waren.

Zugleich übernahm die mittlere und längste Zehe mehr und mehr die Aufgabe, den Körper zu tragen; sie wurde immer länger, während die seitlichen Zehen verkümmerten und verschwanden. Bei dem heutigen Pferde verrät sich ihre frühere Anwesenheit nur noch durch zwei dünne, mit dem großen Mittelfußknochen verwachsene Spangen.

Der Pferdefuß hat sich also durch drei auffallende Veränderungen des ursprünglich fünfzehigen Fußes entwickelt. Erstens ist die Zahl der

Zehen bis auf eine herabgesunken, zweitens hat sich diese eine Zehe so fortentwickelt, daß sie praktisch einen Unterschenkel darstellt, und zwar (drittens) so, daß nur der verdickte Nagel (Huf) noch den Boden berührt.

In der letzten Hinsicht hat das Pferd moderne Rivalen in den Ballett= tänzern und =tänzerinnen erhalten, deren Ziel zu sein scheint, auf den Zehenspitzen umherzuwirbeln. Dieses Bestreben führt zu allem an= deren, nur nicht zu graziösen und schönen Bewegungen. Es ist offen= bar auf Zuschauer berechnet, die mehr das Erstaunliche als das Schöne zu sehen verlangen. Aber die erfolgreichste Tänzerin hat es noch nicht weiter gebracht, als auf den Zehenspitzen zu tanzen, während das Droschkenpferd, das ihren Wagen zur Vorstellung zieht, nicht bloß auf den Zehenspitzen, sondern sogar auf den Nägeln geht. Wenn ein Ballett= meister seinen Damen vom Ballett einmal die Entwicklungsreihe vor= führte, mit der wir uns soeben beschäftigt haben, so würden sie vielleicht ihren Fleiß in der Voraussicht einer ähnlichen Entwicklung ihres eigenen Fußes verdoppeln. Die Verringerung der Zehenzahl könnte ihnen die so heiß ersehnte Verkleinerung ihres Fußes in Aussicht stellen. Ein vor= sichtiger Lehrer würde dabei ihre Aufmerksamkeit nicht auf die Ent= wicklung lenken, die infolge der Verkleinerung der Zehenzahl die übrig= bleibende Zehe und ihr Nagel genommen haben.

Das Vorderbein des Pferdes und der Arm des Menschen zeigen eine ähnliche Übereinstimmung wie die anderen Gliedmaßen. Das Schulter= gelenk des Pferdes ist beim lebenden Tiere kaum erkennbar. Das erste deutlich sichtbare Gelenk entspricht unserem Ellbogengelenk und be= findet sich mit der Unterseite der Brust des Pferdes in einer Höhe. Was wir beim Pferde Knie zu nennen geneigt sind, entspricht in Wirklichkeit unserem Handgelenk. Der lange Knochen, der von hier aus beim Pferd abwärts geht, ist ein Mittelhandknochen. An unserem Handrücken können wir die fünf Mittelhandknochen deutlich fühlen. Beim Pferde ist also nur einer, der mittlere, wohl entwickelt; zwei andere sind wiederum durch dünne Spangen angedeutet. Schließlich folgen noch zwei kurze Finger= knochen und der Huf.

Es ist schwer zu sagen, was bei solchen Studien, wie wir hier eine angestellt haben, mehr überrascht, die auffallende Übereinstimmung im Bau, die wir bei so mancher Tiergruppe finden, oder die wunderbaren Verschiedenheiten innerhalb derselben, die lediglich durch Abänderung von ursprünglich ähnlichen Organen zustande gekommen sind.

2. Wie der Luftdruck unsere Knochen zusammenhält.

Es ist bekannt, daß der Luftdruck eine bedeutende Rolle im Leben der Tiere und natürlich auch der Pflanzen spielt. Er ist es, der, wenn wir unsere Lungen erweitern, frische Luft in sie hineintreibt; ihn müssen wir überwinden, wenn wir die unbrauchbar gewordene Luft ausatmen. Steigen wir auf hohe Berge oder mittels des Luftballons in zu große Höhen, so kann der Fall eintreten, daß die feineren Blutgefäße, z. B. der Lungen, dem Blutdrucke nicht mehr standhalten und zerreißen, weil der Luftdruck zu sehr vom normalen Druck, dem der Bau unserer Blutgefäße angepaßt ist, abweicht. Bekannt ist auch, daß Fische, die mit Schwimmblase versehen sind und in großen Tiefen leben, wie z. B. die Kropffelchen (Coregonus hiemalis) des Bodensees, sich stets mit geplatzter Schwimmblase und aufgetriebenem Bauch tot oder halbtot im Netz finden. Da sie in Tiefen von etwa 80 m bei einem Druck von etwa $7\,^{1}/_{2}$ Atmosphären leben, so ist die Luft der Schwimmblase dem angepaßt, also verdichtet. Beim Heraufziehen des Fisches nimmt der starke Druck des Wassers allmählich ab und bei Erreichung der Ober=fläche bleibt nur der Luftdruck von einer Atmosphäre übrig. Deshalb dehnt sich die einen hohen Druck ausübende eingeschlossene Luft beim Heraufziehen aus und bringt die Schwimmblase endlich zum Platzen.

Eine wichtige Verwendung findet der Luftdruck unter anderm bei gewissen Einrichtungen der Tiere zum Festhalten. Zum Verständ= nis der Erscheinungen bedürfen wir einer physikalischen Erläuterung. Um einen festen Körper zu zerreißen, zu zerbrechen oder zu zer= schneiden, bedarf es einer gewissen Kraft, die für verschiedene Stoffe verschieden ist. Daraus ist zu folgern, daß die kleinsten Teile (Moleküle) der festen Körper unter sich durch anziehende Kräfte zusammenhängen, die man Kohäsionskräfte nennt. Bei Flüssigkeiten muß die Kohäsion geringer sein als bei festen Körpern, denn es ist leicht, eine Flüssigkeits= masse in mehrere Teile zu zerlegen. Bei gasförmigen Stoffen ist Ko= häsion nicht direkt nachweisbar, die Moleküle suchen sich bei diesen möglichst weit voneinander zu entfernen (Expansion).

Legt man 2 ganz eben geschliffene Glasplatten aufeinander, so ist es schwer, sie wieder voneinander zu trennen. Ebenso kann man 2 ebene Bleiplatten durch Druck so fest miteinander verbinden, daß sie sich wie ein Körper verhalten. Dieses Haften der Teile ursprünglich getrennter Körper aneinander heißt Adhäsion; zur Erklärung nimmt man Ad=

häsionskräfte an, die aber nicht wesentlich verschieden von den Kohä-
sionskräften sein können. Adhäsion zeigen auch feste Körper und Flüssigkeiten zueinander, das Haften eines Wassertropfens am Glase, das
Zusammenkleben von zwei gewöhnlichen, nicht eben geschliffenen Glasscheiben mittels einer Wasser-
schicht, überhaupt alles Kleben
und Leimen sind Beispiele
dafür.

Ein lehrreiches Experiment,
das sich auf Kohäsion und
Adhäsion bezieht, ist das folgende (Abb. 65). An einer
Wage hänge man eine gut

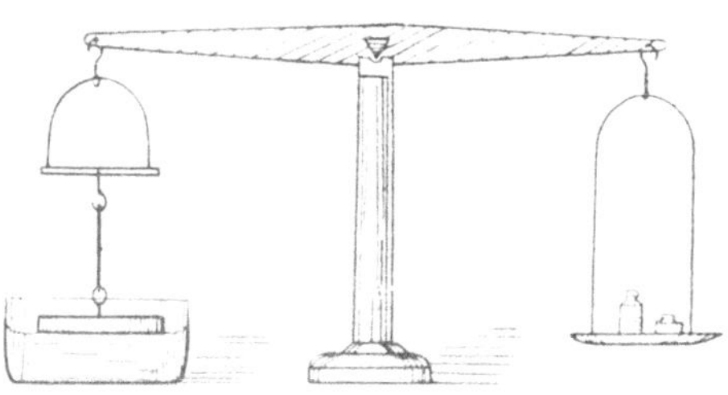

Abb. 65. Adhäsion und Kohäsion.

gereinigte Glasplatte wagerecht auf und bringe sie ins Gleichgewicht.
Dann gieße man langsam in ein darunter gestelltes Gefäß so viel Wasser,
daß die Wasseroberfläche die Platte gerade berührt. Ist die Platte
20 qcm groß, so muß man etwa 10 g auf die Wagschale legen, um die
Glasplatte vom Wasser loszureißen. Anscheinend haben wir damit ein
Maß für die Adhäsion zwischen Glas und Wasser gefunden. Eine Betrachtung der Unterseite unserer Glasplatte lehrt aber (falls sie tadellos
gereinigt war), daß auf ihrer ganzen Fläche Wasser haftet. Die 10 g haben
also nicht die Glasplatte vom Wasser losgerissen, sondern sie haben die Kohäsion des Wassers überwunden. Dieser Versuch gestattet noch eine lehr-
reiche Abänderung. Man benutzt eine genau eben geschliffene Glasplatte
und bringt auch an die Stelle der Wasseroberfläche eine solche Platte.
Diese nähert man der hängenden Platte so weit wie möglich, ohne daß wirkliche Berührung eintritt. Das Fehlen jeglicher Luftströmungen ist Bedingung für das Gelingen. Legt man nun ein kleines Übergewicht auf
die Wage, so bleibt die obere Platte scheinbar eine Zeitlang im gleichen
Abstande von der unteren; durch besonders feine Untersuchungsmethoden
aber läßt sich zeigen, daß die Bewegung nach oben nur sehr verlangsamt
ist, daß sie sofort beim Auflegen des Übergewichts beginnt. Die Verlangsamung wird weit deutlicher, wenn beide Platten während des
Versuchs im Wasser eintauchen. Nimmt man dann zwei Platten mit
einer Fläche von annähernd 200 qcm und einem Abstand von
$^1/_{10}$ mm, so bewirkt selbst ein Übergewicht von einem ganzen Gramm
erst in etwa 7 Minuten eine Verdoppelung des Abstandes. Die Er-

klärung für die Verlangsamung liegt natürlich darin, daß sich der größer
werdende Zwischenraum der Platten mit Wasser füllen muß, wenn der
Druck des darüberstehenden Wassers und der Luft überwunden werden
soll. Da aber die bei dem sehr geringen Plattenabstand ungemein
vergrößerte Reibung zwischen Platten und Wasser diese Füllung sehr
verlangsamt, so hält jener Druck die obere Platte längere Zeit annähernd
in ihrer Lage fest. Die gleiche Erklärung gilt natürlich auch für den Versuch in Luft, nur tritt hier die leichter verschiebbare und deshalb sich
weniger reibende Luft an die Stelle des Wassers; das Ergebnis ist deswegen weniger auffallend.

Da von Adhäsion bei den sich gar nicht berührenden Platten gewiß
nicht die Rede sein kann, so ist der Versuch ein Beweis dafür, daß beim
Haften von zwei Gegenständen aneinander nicht nur die
Adhäsion, sondern auch der Luftdruck wirkt. Wenn, wie in
unserem Versuch, sich schon Luft zwischen den Platten befindet, wirkt
der Luftdruck nur verlangsamend. Liegen die Platten so dicht aufeinander, daß gar keine Luft dazwischen ist, was durch Anfeuchtung der
Platten stets zu erreichen ist, so muß außer der Adhäsion stets auch noch
der volle Luftdruck überwunden werden, wenn man die Körper trennen
will. Dabei ist aber zu beachten, daß die Luft auf jedes Quadratzentimeter
mit etwas mehr als einem ganzen Kilogramm drückt; das ist ein Druck,
der bei genügender Flächengröße für Menschenkraft unüberwindlich ist.

Jetzt wird dem Leser auch die Überschrift dieses Kapitels nicht mehr
so widersinnig erscheinen, wie sie ihm vielleicht anfangs vorkam. Handelt
es sich doch auch bei der Verbindung der Knochen in den Gelenken
um sehr genau aufeinander passende Flächen, beim Schulter- und
Hüftgelenk z. B. um Kugelflächen (Abb. 66), die von einer schleimigen
Flüssigkeit überzogen sind und sich lückenlos berühren. Über das Ge-

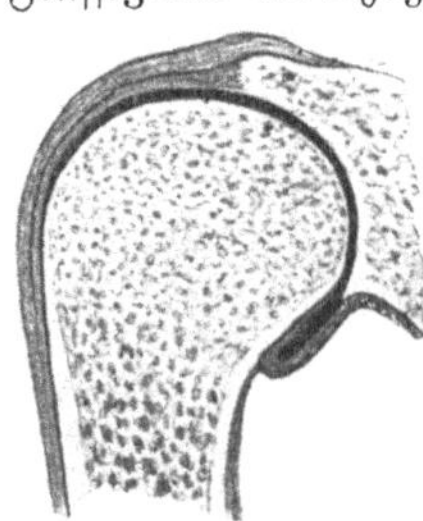

lenk zieht sich wie ein elastischer Schlauch eine sehnige
Haut, die Gelenkkapsel, hinweg, welche an ihren
Enden in die alle Knochen umhüllende Knochenhaut
übergeht. Man könnte nun meinen, daß es die Sehnen
und Muskeln, welche die Knochen umgeben, ferner
die Körperhaut und die Gelenkkapsel seien, wodurch
die Knochenstücke etwa am frei hängenden Beine
zusammengehalten werden. Unsere physikalischen
Erfahrungen sprechen aber entschieden dafür, daß

Abb. 66. Durchschnitt durch
das Schultergelenk.

hierbei in erster Linie der Luftdruck in Frage kommt. Man hat das auch durch ein Experiment bewiesen. An einem getöteten Tiere kann man alle verbindenden Teile durchschneiden, ohne daß die Knochen= stücke sich trennen. Sobald man aber durch Anbohren der Gelenk= pfanne (der vertieften Gelenkfläche) der Luft gestattet, zwischen die Gelenkflächen einzudringen, fällt, falls das Bein hängt, der untere Knochen herunter. So wird also in der Tat ein Teil der Kraft, die unsere Knochen zusammenhält, vom Luftdruck geliefert.

3. Pumpen ohne Kolben.

Eine der interessantesten Übereinstimmungen zwischen Werken der Natur und der menschlichen Technik zeigen uns das Herz und die Venen. Das Herz ist eine Pumpe, die Blut in alle Teile des Körpers zu treiben hat. Die Venen enthalten eine Reihe weiterer Vorrichtungen, um es zum Herzen zurückzuführen. Diese Pumpen haben aber zwei große Vorteile gegenüber denjenigen, die wir uns bauen, um Flüssigkeiten zu heben. Sie sind wachstumsfähig und entbehren des Kolbens.

Die Blutpumpe unseres Körpers arbeitet also in ähnlicher Weise wie ein Gummigebläse, nämlich durch abwechselnde Verkleinerung und Vergrößerung ihres Hohlraumes. Bei der Zusammenziehung des Her= zens wird Blut in die Adern gedrückt, und die Erschlaffung erlaubt einer frischen Blutmenge in das Herz einzutreten und auf die nächste Zusammenziehung zu warten.

Obgleich die Tätigkeit verschieden ist, so ist das Ergebnis doch das= selbe wie bei unseren gewöhnlichen Pumpen, und in beiden Fällen sind Ventile nötig, um das Zurückfließen der Flüssigkeit zu verhindern, während sich eine neue Blutmenge ansammelt. Sowohl in den physiolo= gischen als auch in den künstlichen Pumpen sind die Ventile Einrichtungen von großer Bedeutung. Wenn sie nicht dicht schließen, so fließt ein Teil der schon herausgepreßten Flüssigkeit zurück in den Raum, der durch eine ganz neue Zufuhr gefüllt werden sollte, es geht viel Energie der Pumpe verloren, und sie hat Schwierigkeiten, ihren Druck aufrechtzuerhalten.

Um die Beschaffenheit und Wirkung der Ventile des Blutkreislaufs kennen zu lernen, betrachten wir zuerst den Pumpmechanismus der Venen, da dieser durch die einfachste Veränderung der Blutgefäße zustande kommt. Die Venen enthalten Blut, welches zum Herzen ge= trieben werden soll. Ihre Wandungen sind weich und dehnbar, so

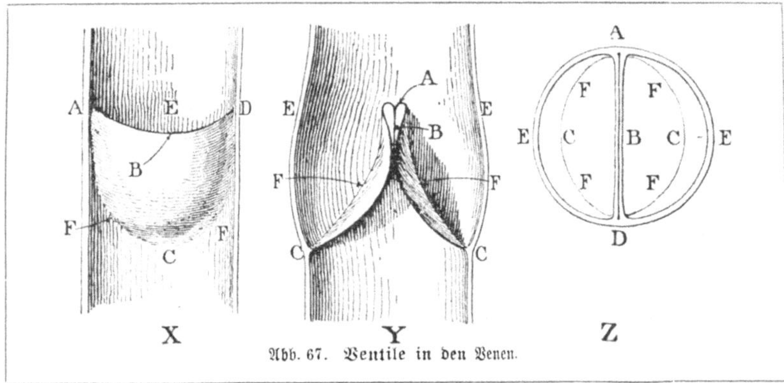

Abb. 67. Ventile in den Venen.

daß sie durch Druck von außen leicht abgeflacht werden können. Drückt
man sie flach, so treibt man das Blut in einen anderen Teil der Venen.
In den Venen muß nun nicht nur Blut nach dem Herzen hin getrieben
werden, sondern es muß auch verhindert werden, daß das einmal vorwärts=
getriebene Blut wieder zurückfließt. Beides wird durch Ventile oder Klap=
pen erreicht, die an verschiedenen Stellen im Verlauf der Venen ange=
bracht sind. Sie bestehen aus Paaren von taschenähnlichen Auswüchsen
der Venenwandung ins Innere des Hohlraumes hinein. Abb. 67 X
zeigt die Ansicht, die man erhält, wenn man eine Vene der Länge nach
so durchschneidet, daß sich in jeder Hälfte nur eine vollständige Tasche
befindet. ABD ist der freie obere Rand, ACD der mit der Venenwandung
verbundene Rand. Abb. 67 Y stellt die Ansicht dar, die zustande kommt,
wenn man so schneidet, daß jede der Taschen halbiert wird. Die Vene
zeigt sich hier oben ausgedehnt durch den Druck des Blutes, welches
die Taschen füllt, die freien Ränder der Klappen gegeneinander preßt
und sich so selbst die Rückkehr in den unteren Teil unmöglich macht.
Abb. 67 Z endlich zeigt uns den Querschnitt einer Vene nebst Klappen=
vorrichtung. Man sieht auf jeder Seite in die Taschen hinein, deren freie
Ränder bei B gegeneinander gepreßt werden. Die drei Abbildungen
zeigen, welch ausgezeichnete und doch einfache Einrichtung zur Sicherung
der richtigen Strömungsrichtung des Blutes wir hier haben. Wenn irgend=
eine Ursache das Blut von C nach E zu bewegen strebt, so drückt es die
freien Ränder der Klappen mit Leichtigkeit auseinander. In demselben
Augenblick aber, wo es von E nach C zu fließen strebt, bläht sein eigener
Druck die Taschen auf und preßt sie gegeneinander.

Das Vorhandensein von einigen dieser Klappen kann man leicht am eigenen Körper feststellen, indem man eine große Vene, etwa am Unterarm, zusammenpreßt und so den regelmäßigen Blutstrom hemmt. Man bemerkt dann an der Vene Anschwellungen, die durch die Aufstauung des Blutes an der Venenklappe verursacht sind.

Der die Flüssigkeit vorwärtstreibende Druck, der in gewöhnlichen Pumpen mittels des Kolbens hervorgebracht wird, wird in den Venen auf verschiedene Weise geliefert. Wenn die Muskeln sich zusammenziehen, sei es bei leichter oder schwerer Arbeit, so preßt diese Zusammenziehung die Venen zwischen den Muskeln oder zwischen ihnen und der Haut zusammen. Eine solche Verengerung kann aber, indem sie das Blut in den Venen vorschiebt, nur die Folge haben, daß es zum Herzen hingeschoben wird, da es von den Klappen an entgegengesetzter Verschiebung gehindert wird. Auch jeder Druck von außen, wie bei Massage oder einfachem Stoß, muß ebenso wirken. Veränderungen in der Lage des Körpers können auch die Bewegung des Blutes in den Venen befördern. Streckt man den Arm in die Höhe, so fließt das Blut infolge seiner Schwere in den Venen abwärts. Hält man das Glied dagegen abwärts, so bewirkt das eine Anhäufung von Blut in den Venen, nicht weil es infolge seiner Schwere abwärts fließt — daran hindern ja die Klappen —, sondern weil die Venen von ihren feineren Ästen her gefüllt werden. Wird dann das Glied gehoben, so ziehen sich die durch den Blutdruck ausgedehnten Wandungen der Venen infolge ihrer Elastizität zusammen und treiben den Blutüberschuß hinaus. So tragen also alle Arten von Arbeit, Bewegung, Massage zur Aufrechterhaltung des Blutlaufes in den Venen bei und dienen auch dadurch zur Beförderung der körperlichen Gesundheit.

Die Venen münden in das Herz, welches als ein besonders erweiterter Teil der Blutgefäße aufgefaßt werden kann. Wie die Förderung des Blutkreislaufes für die Gesundheit nützlich ist, so ist seine Aufrechterhaltung notwendig. Das Herz liefert die Mittel dazu, ob wir uns nun im wachenden oder schlafenden Zustande, in Tätigkeit oder in Ruhe befinden. Für diesen Zweck würden die zufälligen, durch Arbeit oder äußere Einwirkungen hervorgerufenen Verengungen der Blutgefäße nicht genügen. So ist denn an dieser einen Stelle eine mächtige, in vier Kammern eingeteilte Gefäßerweiterung entstanden, und so gewaltige Muskelfasermassen haben sich in der Wand entwickelt, daß das Herz geradezu als ein mächtiger Muskel von besonderer Form und Funktion bezeichnet werden kann. Um das Blut durch die Arterien und ihre Verästelungen zu pressen, ist eine bedeutende Kraft erforderlich. Die linke Herzkammer, die das sauerstoffreiche Blut in die verschiedenen Teile des Körpers sendet, erzeugt zu diesem Zwecke einen Druck, der gleich dem Drucke einer Wassersäule von 270 cm Höhe ist. Die rechte Herzkammer, die das Blut durch die Lungen preßt, bringt einen Druck hervor, der dem Drucke einer Wassersäule von 90 cm gleichkommt. Die Menge des Blutes, die jederseits bei jeder Zusammenziehung dem menschlichen Herzen entströmt, beträgt etwa 170 Gramm. Da in einer Minute etwa 70 Herzschläge erfolgen, so ist die Arbeit, die das Herz in 24 Stunden verrichtet, annähernd gleich der Arbeit, eine Last von 60 000 kg 1 m oder, was dasselbe sagt, 1 kg 60 000 m hochzuheben.

Das Herz ist eigentlich eine Doppelpumpe, deren linke Seite, wie schon erwähnt, die Aufgabe hat, das sauerstoffreiche (arterielle) Blut durch den ganzen Körper zu pressen, während die rechte Seite das sauerstoffarme, aber kohlensäurereich gewordene (venöse) Blut zur Aufnahme von Sauerstoff und Abgabe der Kohlensäure durch die Lungen treibt. Da beide Herzhälften wesentlich gleich gebaut sind, so genügt es, den Bau und die Wirkungsweise für die eine Hälfte, etwa die linke, auseinanderzusetzen.

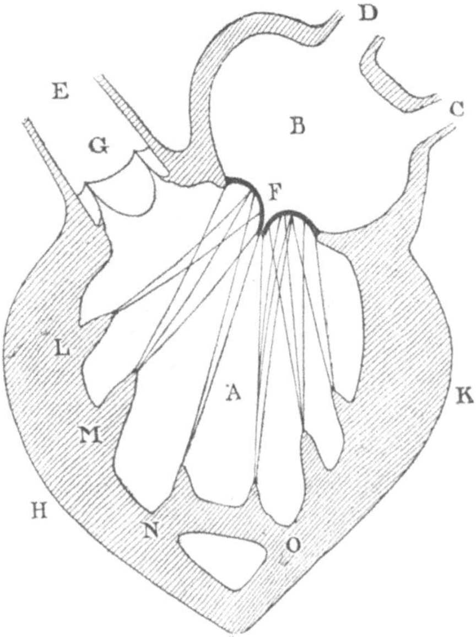

Die linke Hälfte besteht aus einer eigentlichen Herzkammer *A* (Abb. 68) und einer Vorkammer *B*. Die Herzkammer ist es, die den Transport des Blutes durch den Körper (den „großen Kreislauf") besorgt. Sie ist deshalb mit einer muskulösen Wand versehen, die weit dicker ist als die Wand der rechten Herzkammer, die den „kleinen Kreislauf", den Lungenkreislauf, betreibt. Die Vorkammer dient wesentlich zur Ansammlung des Blutes. Wenn das Herz nach

Abb. 68. Mechanismus der Herzklappen.

jeder Zusammenziehung unmittelbar von den Venen gefüllt werden müßte, so würde das viel Zeit in Anspruch nehmen. Diese wird dadurch gespart, daß während der Zeit, wo die Herzkammer das in ihr enthaltene Blut durch Zusammenziehung ihrer Wandungen in die „Aorta" E treibt, eine neue Blutmenge sich in der Vorkammer sammelt.

Während die Herzkammer sich wieder ausdehnt, könnte nun das Blut aus der Aorta E in die Herzkammer zurückfließen. Das wird vermieden durch eine ähnliche Einrichtung, wie wir sie schon in den Venen kennen gelernt haben. Nur sind in diesem Falle drei solcher Taschen vorhanden, die in der Mitte der Aorta zusammenstoßen. Eine derselben ist bei G dargestellt, und daneben ist ein kleiner Teil der beiden anderen sichtbar. Da so eine Neufüllung des Herzens von E her un= möglich gemacht ist, somit auch auf dieser Seite kein Druck zu überwinden ist, so bedarf die Vorkammer B keiner besonders großen Muskelkraft, um das Blut in die zum Teil schon infolge ihrer Elastizität sich wieder ausdehnende Herzkammer zu befördern. Dem entspricht auch die ver= hältnismäßig dünne Wand der Vorkammer und das Fehlen von beson= deren Herzklappen an der Einmündungsstelle der Venen.

Eine der bemerkenswertesten Einrichtungen am Herzen ist die Herz= klappe, durch welche während der Zusammenziehung der Herzkammer das Blut gehindert wird, in die Vorkammer zurückzufließen. Diese Herzklappe besteht in der linken Herzkammer aus 2 großen Hautlappen, zu denen 2 kleine hinzukommen, in der rechten Herzkammer dagegen aus 3 Lappen. Die Einrichtung der Herzklappe der linken Seite zeigt uns unsere Abb. 68 bei F. Man sieht, daß das Blut durch Beiseiteschieben der Hautlappen leicht in die Herzkammer hineinfließen kann. Dazu ist allerdings eine breite Öffnung zwischen Herzkammer und Vorkammer nötig. Teilweise deswegen und teilweise, weil die Verbindung keine röhrenförmige ist, erscheint die Verwendung von taschenförmigen Klappen mit Rücksicht auf den hohen Druck, den sie auszuhalten haben, unmöglich. So finden wir also große Hautlappen, die auf ganz besondere Weise in ihrer Lage festgehalten werden. An der Innenseite der Herz= kammerwand ragen mehrere säulenförmige oder rippenförmige Fort= sätze der Muskelmasse ins Innere hinein. Von den Spitzen dieser musku= lösen Fortsätze gehen starke, fadenförmige Stränge zu den freien Rändern der Hautlappen und zu deren Oberfläche. Wenn sich deshalb die Herz= kammer zusammenzieht und der Blutdruck die Hautlappen gegen die

Vorkammer preßt, halten diese Fasern dem Blutdruck das Gleichgewicht. Wenn die Herzklappe nicht verletzt oder die Öffnung nicht erweitert ist, so kann kein Blut in die Vorkammer eintreten, die mittlerweile
eine frische Blutmenge aus den Venen in sich ansammelt.

Es ist schon angedeutet, daß die Herzklappen bisweilen durch Krankheit dienstunfähig werden. Ebenso kann der Herzmuskel durch Krankheit
oder Mißbrauch verändert und geschwächt werden. Das alles zu verhindern, so weit reicht die Selbstregulierung des Herzens nicht. Die Ab-
nutzung durch reguläre Arbeit unter normalen Verhältnissen wird jedoch
fortwährend ausgeglichen. Insofern ist das Herz ein sich selbst regu-
lierender Apparat. Darin ist es allen Mechanismen von Menschenhand,
und seien sie noch so kunstvoll, überlegen.

4. Kauen mit dem Magen.

Es ist bekannt, wie wichtig eine gute Zerkleinerung der Speise mittels
der Zähne für den regelrechten Gang der Verdauung im Magen und

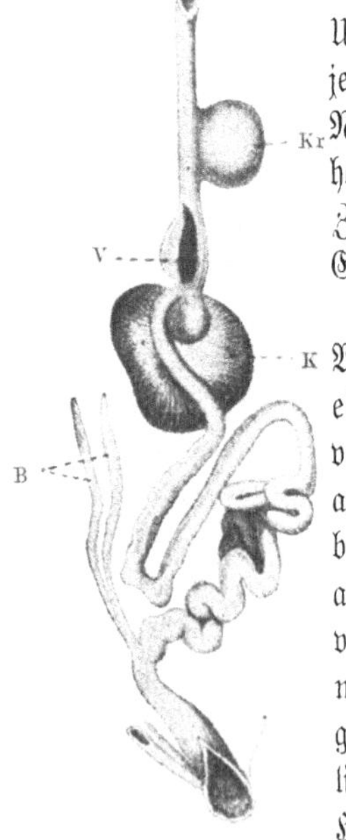

Abb. 69. Darmkanal des
Huhnes. Kr Kropf, V Vor-
magen, K Kaumagen,
B Blinddärme.

im Darm ist, und somit auch für unser Wohlbefinden.
Unser Magen ist nicht so eingerichtet, daß er die-
jenigen Veränderungen der Speise, welche wir aus
Nachlässigkeit im Munde versäumt haben, nach-
holen kann. Deshalb wendet ja auch die neuere
Zahnheilkunde so viel Kunst auf, um das menschliche
Gebiß vor dem Verfall zu bewahren.

Um so auffallender ist es, daß es unter den
Wirbeltieren große Abteilungen gibt, die keine
eigentlichen Zähne besitzen. Dahin gehören
vor allem die Vögel. Da auch sie oft Nahrung
aufnehmen, die einer gründlichen Zerkleinerung
bedarf, um verdaulich zu werden — man denke
an die Tauben, wie sie Erbsen und Maiskörner
verschlucken! —, so muß man von vornherein vermuten, daß bei diesen Tieren auf andere Weise Ersatz
geschaffen ist. In der Tat ist das in ganz absonder-
licher Weise geschehen. Wir wollen als Beispiel das
Huhn betrachten (Abb. 69). Bekanntlich besitzen die
meisten Vögel schon an der Speiseröhre eine Erweiterung, den Kropf, der bei den Körnerfressern, z. B.

den Tauben und Hühnern, zum Erweichen der aufgenommenen Körner
dient. Die so erweichten Samen und Früchte gelangen dann in den
sogenannten Vormagen oder Drüsenmagen, der seinen Namen nach
den schlauchförmigen Drüsen erhalten hat, die in seiner Wandung liegen
und die Nahrung mit Verdauungssaft vermischen. So vorbereitet
tritt die Nahrung endlich in den Kaumagen ein. Seine sehr dicke
Wandung besteht hauptsächlich aus Muskelfasern und ist innen mit einer
runzligen Hornschicht ausgekleidet. Durch Zusammenziehung und Wieder=
erschlaffen der Muskelfasern werden die erweichten Körner gegenein=
ander verschoben und zerquetschen sich allmählich gegenseitig. Man findet
aber im Kaumagen stets auch größere Mengen von Sand und kleinen
Steinchen, die gewiß nicht zufällig in den Magen gelangt sind. Man
muß vielmehr annehmen, daß diese harten Körper wesentlich mit zur Zer=
kleinerung der Nahrung beitragen. Besonders auffallend ist der Gehalt
des Straußenmagens an Steinen und anderen festen Körpern, z. B.
Münzen, Scherben usw., falls er, wie etwa im zoologischen Garten,
Gelegenheit hatte, solche zu verspeisen. Das Gewicht dieser unverdau=
lichen Stoffe des Straußenmagens beträgt manchmal mehrere Kilo=
gramm.

Sehr merkwürdig ist, daß die ältesten ausgestorbenen Vögel alle
Zähne im Schnabel hatten. Wir denken hier nicht an den im lithographi=
schen Schiefer von Solnhofen gefundenen „Urvogel" (Archaeopteryx),
der ein vogelähnliches befiedertes Reptil darstellt. Es sind vielmehr
echte Vögel, die sogenannten „Zahnvögel" gemeint, von denen man
in Gesteinsschichten, die etwa gleichaltrig mit der Schreibkreide sind,
vielfach Knochenreste gefunden hat. Ähnlich wie wir annehmen, daß die
Vorfahren unseres Pferdes dereinst mehr als eine Zehe besaßen, daß
aber alle bis auf eine allmählich verkümmert und verschwunden sind,
so liegt die Vermutung nahe, daß unsere heutigen zahnlosen Vögel
von Zahnvögeln abstammen, deren Zähne im Laufe der Jahrtausende
mehr und mehr verkümmert sind. Will man der ernsten Sache eine scherz=
hafte Wendung geben, so kann man wohl sagen, daß es vielen körner=
fressenden Vögeln gelungen ist, sich für die verlorenen Zähne des Schna=
bels künstliche Zähne in Gestalt von Steinen und Steinchen in den Magen
einzusetzen.

Die absonderliche Lage, die der Kauapparat bei vielen Vögeln hat,
wiederholt sich in einem den Wirbeltieren ganz fremden Tierkreise,

11*

bei den Gliederfüßlern, und zwar ſpeziell bei den Inſekten und Krebſen. So hat der Flußkrebs nebſt ſeinen Verwandten einen kräftig ausgebildeten Kaumagen, und ähnliche Bildungen finden ſich bei den Laufkäfern (Abb. 70), Schwimmkäfern, Borkenkäfern, Laubheuſchrecken (Heupferd), Grabheuſchrecken (Maulwurfsgrille) und anderen Inſekten. Äußerlich erſcheint er bei dieſen Inſekten als eine einfache Anſchwellung zwiſchen dem Kropf und dem mit Drüſenſchläuchen beſetzten „Chylusmagen", innen aber iſt ſeine muskelreiche Wand von einer derben Haut aus hornähnlichem Stoff (Chitin) bekleidet, auf der nicht ſelten Tauſende von Zähnen, Stacheln uſw. ſtehen. Wenn man bedenkt, daß die Gliederfüßler, ſoweit unſere Kenntniſſe bis jetzt reichen, eine viel ältere Tiergruppe ſind als die Vögel, und daß ſie vermutlich ſolche Kaueinrichtungen auch ſchon in alten Zeiten der Erdgeſchichte hatten, ſo kann man in bezug auf den Kaumagen der Vögel, ſo abſonderlich er auch auf den erſten Blick erſcheint, doch ſagen: „Alles ſchon dageweſen!"

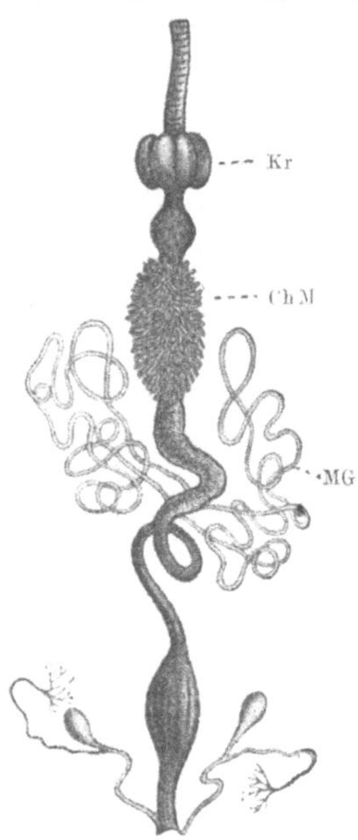

Abb. 70. Darmkanal eines Laufkäfers. Kr Kropf, ChM Chylusmagen, MG Malpighiſche Gefäße.

Die Organiſation der Gliederfüßler bietet auch ſonſt noch manche abſonderliche Erſcheinung dar, die man in gewiſſem Sinne wohl paradox nennen kann. So beißen die vielbeinigen Skolopender ihre Beute mit dem erſten Beinpaar und töten ſie mittels eines Giftes, das ſie in die ſo erzeugte Wunde fließen laſſen, die Feldheuſchrecken muſizieren mit den Beinen, die ſie an den Flügeldecken reiben, die Laubheuſchrecken, indem ſie die Flügeldecken aneinanderreiben. Von den Laubheuſchrecken kann man ſagen, daß ſie mit den Beinen hören, denn ihre Gehörorgane liegen am erſten Beinpaar, während die Feldheuſchrecken (Wanderheuſchrecke, Heuſpringer) zu jeder Seite des erſten Hinterleibringes ein „Ohr" beſitzen. Für den, der nach wunderlich erſcheinenden Einrichtungen ſucht, bieten die Inſekten faſt unerſchöpflichen Stoff. Den Grund dafür, daß uns ſo manches an ihnen wunderlich erſcheint, finden wir zweifellos in dem ſo ganz anderen Bauplan ihres Körpers. Da unſer Körper nach dem Plane des Wirbeltieres aufgebaut ist, so haben wir, wenn wir die Welt der niederen Tiere, insbesondere die Insekten ins Auge fassen, ein ähnliches Gefühl, wie wenn wir zum ersten Male in ein fernes Land mit ganz anderen Sitten und Gebräuchen und ganz anderer Lebensauffassung kommen.

III. Das Auge und das Sehen.

1. Ein blinder Fleck in einem gesunden Auge.

Man schließe das linke Auge (wenn nötig, durch Auflegen der linken Hand) und fixiere mit dem rechten Auge den Buchstaben R der Abb. 71. Obgleich man ruhig nach R sieht, kann man doch mit Leichtigkeit das L der anderen Seite sehen, und zwar, ohne die Blickrichtung

R   **L**

Abb. 71. Zum Nachweise des blinden Flecks im menschlichen Auge.

zu verändern. Nun halte man das Blatt mit den Buchstaben etwa 25 cm entfernt vom Auge und nähere es demselben langsam. Bei einer Entfernung von ungefähr 15 cm wird L unsichtbar. Noch einen Augenblick vorher sah man es seitwärts, obgleich der Blick nicht darauf gerichtet war. Jetzt sieht man es nur noch, wenn man den Blick von R abwendet. Tut man das nicht und nähert das Blatt dem Auge noch mehr, so erscheint L wieder.

Kehrt man die Reihenfolge um, bringt das Papier dem Auge so nahe, daß man die Buchstaben noch bequem erkennen kann, und sieht mit dem rechten Auge nach R, so sieht man L, obgleich man nicht absichtlich hinsieht. Entfernt man das Papier auf ungefähr 15 cm vom Auge, so sieht man L nicht mehr. Entfernt man es noch weiter, so erscheint L wieder. Denselben Versuch kann man mit dem linken Auge machen, wenn man das rechte Auge mit der rechten Hand verschließt, das Papier in der linken Hand hält und nach L sieht.

Wie erklärt sich nun diese merkwürdige Erscheinung? Zur Erläuterung diene Abb. 72. Hierin bedeutet der Kreis einen horizontalen Durchschnitt durch das rechte Auge. Die Achse des rechten Auges ist auf den Buchstaben R gerichtet. Das Licht von R trifft dann, nachdem es durch

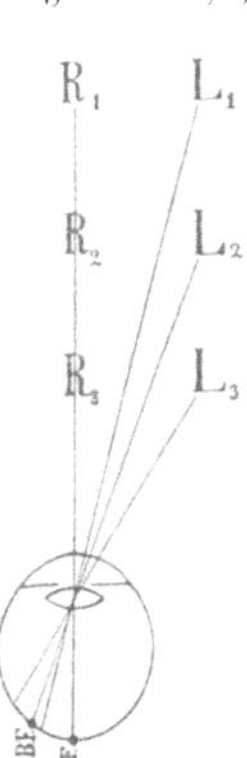

Abb. 72. Zum Nachweise des blinden Flecks im menschlichen Auge.

die Pupille und die Linse gegangen ist, die Netzhaut (Retina) in dem sogenannten „gelben Fleck" (*GF*). Dieser gelbe Fleck, besonders eine kleine Vertiefung in der Mitte desselben, ist am meisten empfindlich für das Licht und liefert die deutlichsten Bilder der Gegenstände. Wir stellen das Auge deshalb unwillkürlich so ein, daß von einem Objekt, welches wir genau sehen wollen, das Bild auf dem gelben Fleck entsteht. Wir sagen dann: ich „fixiere" den Gegenstand. Nun sind aber auch die anderen Teile der Netzhaut empfindlich, wenn auch nicht in demselben Grade. Deshalb bringt auch das Licht von seitlich gelegenen Körpern Bilder hervor, allerdings undeutlichere. So sehen wir auch Dinge, die außerhalb unserer Hauptsehrichtung liegen. Bringt man nun das Papier mit den Buchstaben dem Auge allmählich näher, so daß die Buchstaben der Reihe nach die Lagen 1, 2 und 3 annehmen, so sieht man ein, daß die Bilder von *L*, falls die Augenachse fortwährend ruhig auf *R* gerichtet ist, an 3 verschiedenen Punkten der Netzhaut entstehen müssen. Nehmen wir nun an, daß, sobald das Papier die Lage 2 hat, der Buchstabe *L* unsichtbar wird, so folgt daraus, daß bei *BF*, da wo die Lichtstrahlen von L_2 auf der Netzhaut vereinigt werden, eine unempfindliche Stelle der Netzhaut ist. Dieser Schluß ist unabweisbar, denn die Augenlinse erzeugt nach bekannten physikalischen Gesetzen ein Bild. Wenn wir dieses Bild nicht sehen, so kann das nur daher kommen, daß das Auge hier einen „blinden Fleck" hat.

Die Erklärung für das Vorhandensein des blinden Fleckes ergibt sich aus dem Bau des Auges. Der blinde Fleck ist die Stelle, wo der Sehnerv ins Auge eintritt. Der Nerv teilt sich dann in zahllose Fasern, die in besonderen lichtempfindlichen Organen (Stäbchen und Zapfen) enden und mit den Endorganen zusammen die „Netzhaut" bilden. Der Nerv selbst enthält keine solchen Organe — auch nicht an seiner Eintrittsstelle ins Auge — und ist nicht zur Aufnahme von Lichtreizen fähig, gerade so wie zur Aufnahme von telephonischen Mitteilungen nicht die Eintrittstelle des Telephondrahtes in den Telephonraum, sondern nur der zu diesem Zwecke besonders eingerichtete Endapparat dienen kann.

2. Das Doppeltsehen.

Man setze sich bequem hin, fixiere einen Türdrücker, ein Zifferblatt oder einen anderen, wohlbegrenzten Gegenstand von mäßiger Größe an der gegenüberliegenden Zimmerwand. Will man einen Gegenstand außerhalb des Hauses wählen, so kann es ein gleichfalls gut begrenzter entfernter Gegenstand, wie z. B. eine Flaggenstange, ein Fabrikschornstein oder ein Kirchturm sein. Während man ruhig und unverändert den Türdrücker fixiert, hebe man den nach oben gerichteten Zeigefinger einer Hand bis zur Augenhöhe empor. Der Türdrücker wird deutlich gesehen. Weniger deutlich, aber doch ganz klar, bemerkt man zu jeder Seite des Drückers je einen Finger.

Nun sehe man scharf nach dem Finger, welcher 15—25 cm vom Auge entfernt ist. Den Finger sieht man deutlich; weniger deutlich, aber doch deutlich genug, sieht man zu jeder Seite des Fingers je einen Türdrücker.

Die Erklärung ist die folgende. Wir haben im letzten Abschnitt erfahren, daß die Grube im gelben Fleck, die innmitten der Netzhaut an der Rückwand des Auges liegt, der lichtempfindlichste Ort der Netzhaut ist. Folglich ist die gerade Linie durch diesen Fleck und das Zentrum der Linse, die „Augenachse“, die Linie des deutlichsten Sehens. Wünschen wir nun irgendeinen Gegenstand mit beiden Augen genau zu sehen, so muß sich jedes Auge so stellen, daß beide Augenachsen auf jenen Gegenstand gerichtet sind. Befindet sich der Gegenstand in einer bestimmten Entfernung, so bilden die Achsen einen bestimmten Winkel.

In Abb. 73 stellt R das rechte, L das linke Auge dar, beide von oben gesehen. Beide Augen sind auf den Gegenstand P gerichtet und, obgleich jedes von ihnen einen besonderen Eindruck davon erhält, ist der Mechanismus im Gehirn doch derart, daß man nur einen Gegenstand sieht, weil die beiden Bilder an entsprechenden Stellen der Netzhaut entstehen, nämlich beide auf dem gelben Fleck.

Befindet sich neben P ein zweiter Punkt S_1, so sind die Augen auch für diesen Punkt annähernd „eingestellt“, wenn sie für P eingestellt sind, denn der Winkel LS_1R ist annähernd gleich dem Winkel LPR. Die beiden Bilder von S_1 entstehen deshalb auch an entsprechenden Stellen beider Augen, nämlich wenn P fixiert wird, beide links vom gelben Fleck. Anders steht es mit dem Punkte S_2. Der Winkel LS_2R ist weit größer als der Winkel LPR. Sind also die

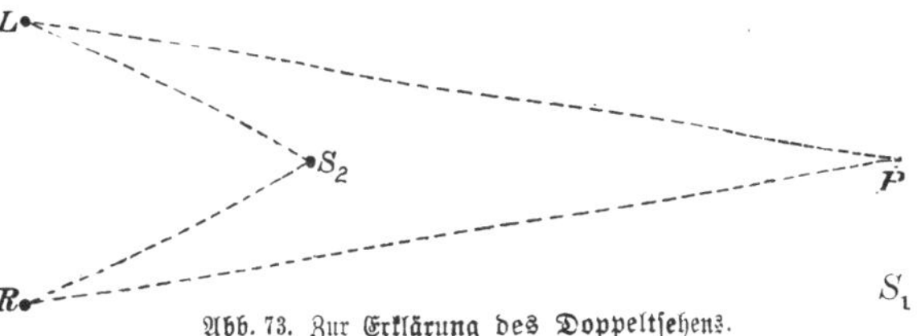

Abb. 73. Zur Erklärung des Doppeltsehens.

Augen auf P eingestellt, so sind sie es nicht für S_2. Die Bilder von S_2 entstehen nicht an entsprechenden Stellen der Netzhaut, vielmehr entsteht, falls P fixiert wird, das eine links, das andere rechts vom gelben Fleck. Während deshalb das Gehirn P und S_1 nur einfach wahrnimmt, nimmt es S_2 doppelt wahr.

Sind die Augen umgekehrt auf S_2 eingestellt, so ist klar, daß nun die Bilder von P oder S_1 an einander nicht entsprechenden Stellen der Netzhaut entstehen und deshalb im Gehirn den Eindruck von 2 verschiedenen Gegenständen hervorbringen. Ist P der Türdrücker und S_2 der Finger, so ist hiermit die vorhin geschilderte Beobachtung erklärt.

Das Doppeltsehen wird, allgemein gesagt, stets dann zustande kommen, wenn die Augenachsen auf einen fernen Gegenstand gerichtet sind und die Aufmerksamkeit einem näheren Gegenstand zugewandt wird, oder wenn die Augenachsen auf einen nahen Gegenstand eingestellt werden, während ein fernerer die Aufmerksamkeit fesselt. Derjenige, dem die Aufmerksamkeit gilt, wird dann doppelt erscheinen. Es ist auch gar nicht einmal nötig, einen bestimmten Gegenstand zu fixieren, damit ein anderer doppelt erscheint. Manchen Personen gelingt es sehr leicht, absichtlich die für einen gewissen Punkt richtige Augeneinstellung zu vermeiden, um diesen Punkt doppelt zu sehen.

Aber auch unabsichtlich kann dieser Fall eintreten. Indem der Genuß alkoholischer Getränke die normalen Funktionen des Gehirns, ja, des ganzen Nervensystems, verändert, ruft er auch Störungen in der Tätigkeit der Muskeln hervor, welche ja selbst unter dem Einflusse der Nerven stehen. Diese Erscheinung ist ja nur zu bekannt; wir brauchen nur an die ungeordneten Bewegungen eines Betrunkenen zu denken. Sehr leicht werden die Augenmuskeln durch das Gift „Alkohol" beeinflußt. Die Folge ist, daß auch schon bei „mäßigem" Genusse desselben die richtige Einstellung der Augenachsen erschwert wird und die Erscheinung des Doppeltsehens zustande kommt.

Abb. 74 stellt dar, wie bei unrichtiger Einstellung der Augen-

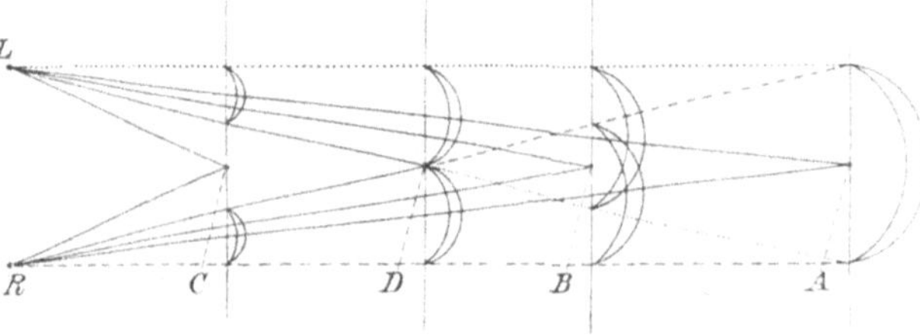

Abb. 74. Der doppelt gesehene Mond.

achsen auf die Punkte *B*, *D* und *C* die Mondsichel *A* doppelt erscheinen
muß. *L* und *R* bedeuten darin das linke und rechte Auge. Es kommen
entweder 2 getrennte Bilder zustande (*C*) oder 2 aneinanderstoßende (*D*)
oder 2 sich teilweise überlagernde (*B*).

3. Wer kann durch die Hand sehen?

Nimm eine Rolle Papier in die linke Hand, halte sie vor das linke
Auge und sieh durch dieselbe nach einem hellen Gegenstande in einiger
Entfernung, vielleicht also nach einem Bilde an der gegenüber lie-
genden Zimmerwand. Halte die rechte, flache Hand vor das rechte
Auge, so daß der Rand der flachen Hand gegen die Rolle stößt. Beide
Hände mögen sich in einer Entfernung von ungefähr 15 bis 20 cm vom
Auge befinden.

Man wird nun erwarten, daß die Aussicht des rechten Auges gehemmt wird, statt dessen aber merkt der Beobachter, daß er durch ein
Loch in der rechten Hand sieht, und zwar sieht er durch dieses Loch das
betrachtete Bild. Das Loch befindet sich ungefähr an der Stelle, wo die
Abb. 75 einen Kreis zeigt.

Diese auffallende Erscheinung beruht auf einer uns eigentümlichen
Gewohnheit, immer nur auf gewisse Hauptgegenstände die Aufmerksamkeit zu richten und alle anderen weniger zu beachten.

Wir können drei Fälle einer solchen Vernachlässigung sichtbarer
Dinge unterscheiden. Wenn wir z. B. einen Gegenstand genau beobachten
wollen, rich-
ten wir un-
sere beiden
Augenachsen
auf densel-
ben, so daß
jedes Auge
sein Bild im
Mittelpunkte
seines Ge-
sichtsfeldes
hat. Dabei
vernachläffi-
gen wir Ge-

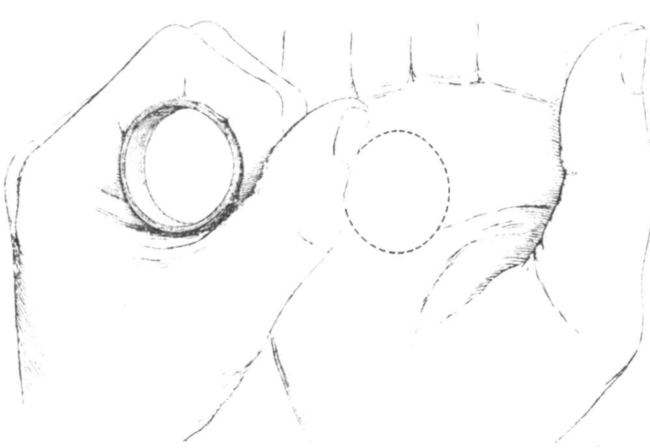

Abb. 75. Das Sehen durch ein Loch in der Hand.

genstände, die außerhalb der mittleren Sehlinie liegen. Wenn wir scharf nach einem Bilde sehen, welches an der gegenüber befindlichen Zimmerwand hängt, so können wir die Tätigkeit einer 2 Meter von demselben befindlichen Person vollständig unbeachtet lassen, falls unser Interesse an dem Bild uns genügend fesselt.

Zweitens können wir Dinge vernachlässigen, die sich nicht in der für deutliches Sehen richtigen Entfernung befinden. Wir können unser Auge ebenso genau auf Gegenstände, die wir zu sehen wünschen, einstellen, wie eine photographische Kamera oder ein Fernrohr. Wir tun es, indem wir mittels gewisser Muskeln die Form der Augenlinse verändern. Wenn die Linse nun auf einen bestimmten Gegenstand eingestellt ist, so werden andere vor oder hinter demselben gelegene undeutlich gesehen und dementsprechend weniger beachtet. Würden wir sie nicht vernachlässigen, so würden wir, wie die Experimente des letzten Abschnittes zeigen, in einer „Welt des Doppelten" leben.

Wenn endlich nur ein Auge den das Interesse erregenden Gegenstand sehen kann, vernachlässigen wir die Dinge, die gleichzeitig von dem anderen Auge gesehen werden. Ein Soldat kann sehr wohl lernen, mit dem rechten Auge nach der Scheibe zu visieren, ohne auch nur für einen Augenblick das linke deswegen zu schließen. Er kann das mit dem linken Auge Gesehene während dieser Zeit vernachlässigen.

Ähnlich ist es in dem vorher erwähnten Experiment. Das linke Auge sieht durch die Röhre die beleuchtete Wand. Dort sieht es einen Interesse erregenden Gegenstand, und deshalb wird die Linse unbewußt auf die Wand eingestellt. Nun kann aber beim normalen Menschen die Anpassung (Akkommodation) der einen Linse niemals erfolgen, ohne daß die andere dieselben Veränderungen erfährt. Die rechte Linse wird also auch für die weite Entfernung eingestellt.

Wir erhalten nun das folgende Resultat. Das linke Auge erzeugt nur von dem von der Papierrolle begrenzten Wandteil ein deutliches Bild, von der Innenseite der Rolle aber, für welche die Linse nicht akkommodiert ist, ein undeutliches. Dazu kommt, daß die Innenseite der Rolle auch nicht imstande ist, durch irgendeine auffallende Form, die Aufmerksamkeit auf sich zu lenken. Diese Innenansicht der Rolle wird deshalb vernachlässigt zugunsten dessen, was das rechte Auge undeutlich sieht, das ist die durch ihre Form auffallende Hand. Kurz gesagt: Mit dem linken Auge sieht man einen Teil der Wand deutlich, mit dem rechten die Hand undeutlich. Das Gehirn vernachlässigt bei der Kombination beider Bilder zu einem einzigen den Teil des Handbildes, dem das kreisförmige Wandbild im anderen Auge entspricht. So erscheint der betreffende Teil der Wand, wie wenn er durch ein Loch der rechten Hand gesehen wird.

Daß der kreisförmige Teil der rechten Hand nur vernachlässigt wird, nicht etwa ungesehen bleibt, kann leicht gezeigt werden, indem man die Aufmerksamkeit in ähnlicher Weise erregt, wie das einst die Damen durch Schönheitspflästerchen taten. Man bringe ein kleines Stück weißes Papier gerade da an der rechten Hand an, wo die Öffnung erscheinen muß. Dann wird dieses Papier sichtbar werden, und bei sorgfältigem Zusehen wird man, auch wenn man immer noch die Wand fixiert, sogar einige der Linien in der Hand entdecken.

In ähnlicher Weise wird man auch Schrift und dergleichen an der Innenseite der Papierrolle bemerken, wenn man dafür sorgt, daß durch eine Öffnung genügend Licht in das Innere fallen kann.

4. Blau und Gelb bringen nicht immer Grün hervor.

Diejenigen, welche in ihrer Jugend mit einem Farbkasten gespielt haben — und wer hätte es wohl nicht getan? —, haben bald gelernt, wenn das grüne Täfelchen verloren gegangen war, sich aus blau und gelb, welches sie miteinander vermischten, ein Ersatzmittel zu schaffen, ebenso aus blau und rosa purpurn und aus rot und gelb orange hervorzubringen.

Wenn man nun fragt, was für eine Farbe man zu sehen erwartet, wenn man das Licht einer Lampe zuerst durch eine gelbe und dann das gelbe durch eine blaue Scheibe gehen läßt, so werden die meisten Menschen antworten — falls sie nicht Verdacht schöpfen, daß man sie aufs Glatteis führen will —, daß das Licht grün aussehen muß. Dennoch sind sie im Irrtum.

Zunächst muß man wissen, daß das weiße Tageslicht aus verschiedenfarbigem Lichte zusammengesetzt ist. Das zeigt sich, wenn man das weiße Licht in seine Bestandteile zerlegt. Jeder einen Sonnenstrahl zurückwerfende Tau= oder Regentropfen sendet, wenn er in bestimmter Richtung betrachtet wird, statt des weißen Lichtes eine ganze Reihe farbiger Lichtstrahlen in unser Auge, und eine ebensolche Zerlegung beobachten wir, wenn weißes Licht z. B. durch ein prismatisches

Stück Glas geht. Die so entstehenden „Regenbogenfarben" oder Spektralfarben lassen sich auch umgekehrt wieder zu weißem Lichte vereinigen.

Gelbes Glas sieht nun aus zweierlei Gründen gelb aus. Erstens läßt es nur die gelben Strahlen des weißen Lichtes durchfallen, und zweitens hält es alle anderen Strahlen zurück. Der zweite Grund ist genau so wichtig wie der erste. Blaues Glas ist ferner blau, nicht nur, weil es blaue Strahlen durchläßt, sondern weil es alle übrigen Strahlen zurückhält. Geht weißes Licht zuerst durch ein gelbes Glas und fällt dann auf ein blaues, so erhält das blaue Glas nur gelbe Strahlen. Also können überhaupt keine Strahlen durchfallen.

Mit anderen Worten: Ein Licht, das sich hinter blauen und gelben Scheiben befindet, verschwindet, wenn die Farben rein und dunkel genug sind. Das Resultat ist also, zum großen Erstaunen aller derjenigen, die grün zu sehen erwarteten, nahezu Dunkelheit. Sind jedoch die Farben keine reinen Spektralfarben, so kann der Fall eintreten, daß das unserem Auge gelb erscheinende Glas außer den gelben Strahlen auch noch blaue, das blau erscheinende außer den blauen auch noch gelbe in geringerem Grade durchläßt. Dann kann das Ergebnis dennoch „grün" sein (vgl. chemische Paradoxe II. 2).

5. Wie man nach einer Farbe sieht und eine andere erblickt.

Man nehme ein Buch, welches einen hellen Einband von leuchtender Farbe hat, z. B. ein lebhaftes Rot. Sind Buchstaben darauf gedruckt, so fasse man einen Punkt ins Auge, an dem sich zwei Linien kreuzen. Ist es ohne Zierat oder Schrift, so mache man auf die Oberfläche ein ganz kleines Zeichen. Den Kopf und das Buch halte man nun unbeweglich und fixiere den Punkt während einer oder einer halben Minute. Man darf aber während dieser Zeit den Blick nicht von dem Punkt wenden und auf irgendeine andere Stelle richten. Dieses Festlegen der Blickrichtung steht mit den natürlichen Neigungen im Widerspruch und erfordert feste Willenskraft. Nach ungefähr einer halben Minute betrachte man eine große, rein weiße Fläche. Dann wird man ein Bild von dem eben betrachteten Gegenstand erblicken, aber nicht in seiner natürlichen Farbe. Die Farbe ist vielmehr die Komplementärfarbe der ursprünglichen, d. h. es ist die Farbe, welche, mit der natürlichen vermischt, weiß ergibt. Ist das Buch hellrot, so ist das „Nachbild" grün und um-

gekehrt. Zu gelb gehört blau und zu blau gehört gelb als Komplementärfarbe. Wie erklären sich diese farbigen Nachbilder?

Die lichtempfindlichen Nervenendigungen sind ebenso wie die Nerven
der Ermüdung unterworfen. Daß dieses richtig ist, können wir jederzeit leicht beobachten. Hat sich die Netzhaut z. B. in einem dunkeln
Raume oder bei geschlossenem Auge gut ausgeruht, so erscheint eine
plötzlich das Auge beleuchtende Lichtquelle bedeutend heller, unter Umständen blendend, als wenn die Netzhaut schon längere Zeit gereizt wurde,
also ermüdet ist oder, wie man sagt, sich an das Licht gewöhnt hat. Nun
setzt sich das weiße Licht, wie wir wissen, aus farbigen Lichtstrahlen zusammen und kann demgemäß bekanntlich auch in seine farbigen Bestandteile zerlegt werden. Wenn die Netzhaut nun durch und für gewisse
Farben ermüdet ist, so braucht sie es noch nicht für die übrigen Farben,
die mit den ersten zusammen weiß ergeben, also für die Komplementärfarbe, zu sein. So mag es — nach einer Annahme von Helmholtz —
kommen, daß weißes Licht, das auf einen für grün ermüdeten Teil der
Netzhaut trifft, Rotempfindung hervorruft und umgekehrt. Das gleiche
gilt dann für alle anderen Komplementärfarben.

Man kann den Versuch auch so ausführen, daß man die Augen nach dem
Fixieren des farbigen Gegenstandes schließt. Es fällt immer noch so
viel Licht durch die Augenlider hindurch, daß die Nervenendigungen
dadurch gereizt werden. Oder wenn das nicht der Fall ist, so wirkt der
Reiz des weißen Tages- oder Lampenlichtes, der kurz vorher die Netzhaut traf, doch noch etwas nach. Auch in diesem Falle erhält man deshalb
ein sogenanntes „Nachbild" in den Komplementärfarben.

IV. Die Augen als falsche Zeugen.

1. Entgegengesetzte Bewegungen können gleich aussehen.

Einen überraschend großen Teil dessen, was wir zu sehen glauben,
sehen wir gar nicht mit unseren Augen. Es handelt sich vielfach nur um
ein Urteil, das wir uns aus unseren Erfahrungen gebildet haben. Dies
erklärt auch die wohlbekannte Tatsache, daß ehrliche Zeugen eines Ereig-
nisses das Gesehene oft ganz verschieden, ja, manchmal entgegengesetzt
darstellen.

Denken wir uns eine Windmühle in einiger Entfernung. Die Nacht
ist dunkel, es befindet sich kein Licht hinter dem Zuschauer, hinter der

Mühle ist ein trüber Himmel. Einzelheiten sind nicht sichtbar. Man nimmt nur große Massen wahr, und diese ohne Schatten, aus denen man Schlüsse auf die Form ziehen könnte. Die unter diesen Umständen gesehene Mühle wird durch Abb. 76 A dargestellt. Von der Bewegung der Flügel kann man nichts weiter sehen, als daß sie links hinaufsteigen und rechts herunterkommen, wie es auch der Uhrzeiger macht. Ihre Enden beschreiben eine Ellipse, nicht einen Kreis. Dies beweist, daß ihre Drehungsebene nicht senkrecht auf der Sehrichtung des Beschauers steht,

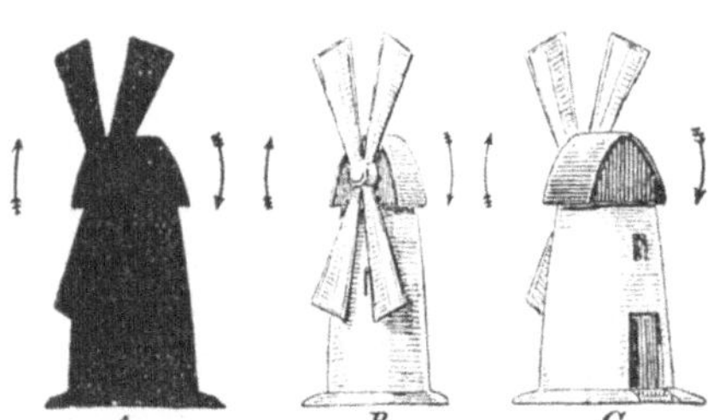

Abb. 76. Vervollständigung der Gesichtsvorstellungen durch den Verstand.

aber, ob ihm die rechte oder die linke Seite näher ist, kann er nicht beurteilen. Nach den Tatsachen, die der Zuschauer in A sieht, ist gar nicht zu entscheiden, ob die Stellung der Mühle wie in B oder wie in C ist. Aber der Geist läßt sich nicht durch die Sinneserfahrungen einschränken. Er baut weiter auf unbewußtem Überlegen und instinktiven Urteilen, welche sich aus vorhergegangenen Erfahrungen bilden. Es kann z. B. sein, daß man in jener Gegend die Windmühlen alle derart baut, daß ihre Flügel sich in der gleichen Richtung drehen. Nehmen wir an, die Regel wäre derart, daß, wenn der Zuschauer dem Winde den Rücken zukehrt, er die Flügel wie einen Uhrzeiger herumgehen sieht. In diesem Falle würde ein Müller, wenn er bemerkt, daß der Wind von rechts nach links weht, beim Anblick der Mühle sicher sein, daß er die Vorderseite der Flügel vor sich habe, und daß die Anordnung wie in B ist; denn in dieser Richtung allein kann der Wind die Flügel in Zeigerart herumdrehen.

Der Müller jedoch, der da weiß, daß gerade diese Flügel gegen die Regel gebaut sind, daß sie sich also von rechts nach links drehen, sobald ein Zuschauer, der den Wind im Rücken hat, sie beobachtet, würde beim ersten Blicke auf das in A dargestellte Bild wissen, daß die einzig mögliche Anordnung, wenn der Wind von links kommt, die in C gezeichnete ist.

So können also zwei Zeugen, beide kompetente Männer, von einer und derselben Sache, die sie zu gleicher Zeit und vom selben Platz gesehen haben, einen ganz entgegengesetzten Eindruck haben.

Bei unkundigen Beobachtern wird es immer Zufallssache sein, ob sie in der Erscheinung *A* die Anordnung *B* oder *C* zu sehen glauben. Wenn sie aber in einem Falle eine dieser Anordnungen als die richtige kennen gelernt haben, so wird sich diese so fest einprägen, daß es bei den meisten Personen nachher unmöglich ist, in der Erscheinung *A* die andere Anordnung zu sehen. Der erste Eindruck hinterläßt eine ebensolche Überzeugung wie technisches Wissen, und von solchen Leuten können wir leicht eine auf-

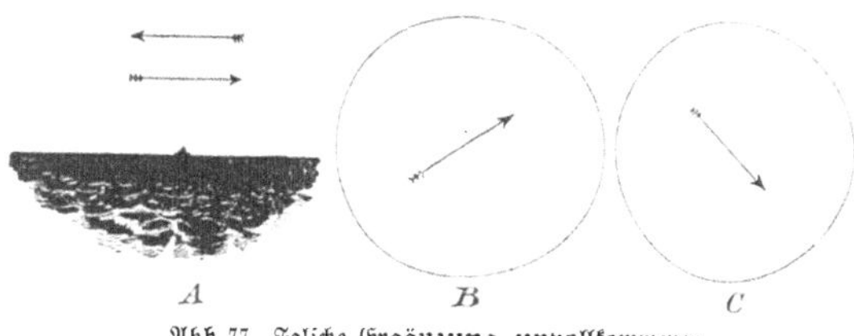

Abb. 77. Falsche Ergänzung unvollkommener Gesichtswahrnehmungen.

richtig gemeinte, aber doch gänzlich falsche Auskunft erlangen.

Eine ähnliche Erscheinung können wir an einem kleinen Boot beobachten, das man am fernen Horizont nach Sonnenuntergang am Abendhimmel sieht. Abb. 77 *A* gibt uns eine Anschauung von der Entfernung und der Kleinheit des Gegenstandes. Das Boot ist zu weit entfernt und zu schlecht beleuchtet, um die Stellung der Segel oder die Richtung des Bootes selbst unterscheiden zu können. Nach wenigen Minuten der Beobachtung jedoch sehen wir, daß es sich in der Richtung des unteren Pfeiles bewegt. Da der Wind in der Richtung des oberen Pfeiles weht, ist es klar, daß es kreuzt, in welcher Richtung jedoch, das kann man nicht sehen. Aus der Vogelperspektive, also etwa von einem Ballon aus, der sich über jenem Teile des Meeres befindet, könnte man wohl sehen, ob sich das Boot in der Richtung *B* oder *C* bewegt; bei seitlicher Beobachtung ist eine Entscheidung unmöglich. Hier kommt nun wieder der Einfluß der Erfahrung und des unbewußten Urteils in Betracht.

Ein Fischer, welcher zufälligerweise dieses Boot am Horizont beobachtet hat und nur sehen konnte, daß es sich nach rechts gegen den Wind bewegte, der jedoch mit den Fischereigebräuchen jenes Küstenstriches wohl vertraut ist, würde, ohne weiter darüber nachzudenken, zu sich sagen: „Sieh, da kommt der erste Kutter der Fischerflotte in den Hafen zurück." Er würde instinktiv fühlen, daß das Boot in der Richtung *C* kreuzt, und würde bereit sein zu bezeugen, daß er ein Boot auf die Küste zusegeln sah.

Aber ein im Hafen Ansässiger, welcher weiß, daß die Flotte des Hafens noch für mehrere Stunden nicht zurückerwartet wird, und welcher weiß, daß ein Boot nach Westen gesegelt ist, und zwar vor genügend langer Zeit, um jenen Punkt erreicht zu haben, würde jederzeit bereit sein, uns zu bezeugen, daß er zu jener Stunde ein Schiff sah, das in der Richtung C von der Küste fortsegelte.

So können zwei ehrliche und scheinbar kompetente Beobachter der gleichen Bootsbewegungen zu gleicher Stunde nachher getreulich Zeugnis ablegen, der eine, daß er das Boot in den Hafen, der andere, daß er es hinaussegeln sah.

2. Parallele, die nicht parallel erscheinen, und Parallele, die nicht parallel sind.

Wenn die Wolken am Himmel streifig angeordnet sind, kann man oft beobachten, daß am Horizont alle Wolkenlinien in einem Punkte zusammenzulaufen scheinen, etwa so wie Abb. 78 es veranschaulicht.

Ist nun der ganze Himmel mit solchen Wolkenstreifen bedeckt, und wendet sich der Beobachter um, so zeigt sich manchmal, daß die Linien auch in einem dem ersten genau gegenüberliegenden Punkte zusammenzulaufen scheinen. Diese

Abb. 78. Scheinbare Konvergenz von Wolkenlinien.

Erscheinung ist aber nicht immer ganz leicht zu sehen. Zuweilen sind die Wolken abgerundet und nicht klar in Linien angeordnet. Aber selbst solche unregelmäßigen Wolken kann man bei näherem Zusehen oft noch in Reihen und Linien ordnen, und wenn man dann diese Wolken= linien prüft, so wird man stets zwei entgegengesetzte Konvergenzpunkte finden.

Ist diese Wolkenanordnung nun recht deutlich, so ist es für den Be= schauer kaum möglich, an dem Zusammenlaufen der Wolkenlinien zu zweifeln. Dennoch haben wir es hier mit einer der vielen Täuschungen zu tun. Die Wolkenlinien sind tatsächlich parallel, sie laufen überhaupt nicht zusammen.

Wenn wir irgendwelche langen, geraden Linien betrachten, die par= allel sind, so scheinen sie stets an jenem Ende, das am weitesten von uns entfernt ist, zusammenzulaufen. Sehen wir z. B. an der Innen= seite eines Tunnels entlang dem Ein= oder Ausgang zu (Abb. 80 A), oder betrachten wir die Eisenbahnschienen der Abb. 79, so sehen wir die Schienen und die übrigen Linien des Tunnels, von welchen wir wissen, daß sie parallel sind, am Ende sich nahezu vereinigen. Oder sehen wir einen geraden Weg entlang, der vielleicht an einer Seite von einem Gitter, an der anderen von einer Mauer begrenzt ist (Abb. 80 B),

Abb. 79. Eisenbahnschienen in der Perspektive.

so beobachten wir die gleiche Erscheinung. Das ist eine ganz bekannte Tatsache. Sie bildet eines der Gesetze der Perspektive.

Es würde zu weit führen, wenn wir die Erscheinung ganz bis ins einzelne erklären wollten. Es muß hier genügen, zu sagen, daß wir eine Strecke um so kleiner sehen, je kleiner der Sehwinkel ist, unter dem sie erscheint, d. h. je weiter sie vom Beobachter entfernt ist. Dabei versteht man unter dem Sehwinkel den Winkel, der von den Verbindungslinien des Auges mit den Endpunkten der Strecke gebildet wird. Deshalb sieht nun auch die Entfernung von zwei parallelen Geraden um so kleiner aus, je weiter die Linien sich von uns entfernen.

Diesem Perspektivegesetz, das wir häufig an Alleen, Säulengängen, Deichen und vielen anderen Dingen beobachten, sind nun auch die Wolkenreihen unterworfen. Selbst wenn die Wolkenlinien, durch Luftwirbel hervorgerufen, in Wirklichkeit Teile konzentrischer Kreise oder auseinanderlaufender Radien sind, so sind doch diese Kreise von so un=

geheurer Größe, und die Teile der beobachteten Wolkenlinien verhältnis=
mäßig so klein, daß sie von Linien, die wirklich gerade und parallel
sind, praktisch nicht unterscheidbar sind. Es ist z. B. auch ganz gut
möglich, daß jemand bei sehr nebeligem Wetter der Einfriedigung,

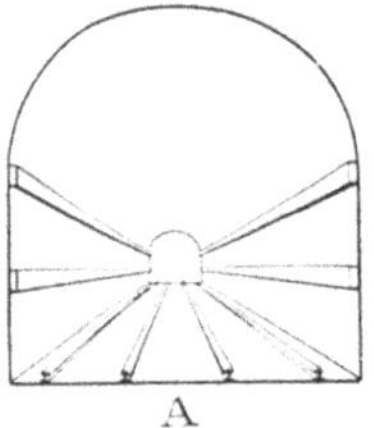
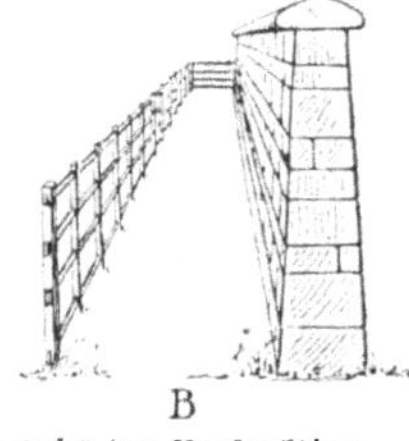

die um eine Rennbahn herum=
führt, folgt, in der Meinung,
einen geraden Weg eingeschlagen
zu haben. Ebensowohl ist es an=
gängig, daß sich zwei Personen
von der Einfriedigung fortbe=
wegen wollen, und zwar in
Linien, die im rechten Winkel zu

Abb. 80.   Beispiele zum Gesetz der Perspektive.

derselben stehen und auch nicht weit voneinander entfernt, in der festen
Meinung, daß die Wege parallel laufen, während sie sich in Wirklichkeit
im Zentrum treffen.

Sind nun parallele Wolkenlinien dem erwähnten Perspektivegesetz
unterworfen, so scheinen sie einander um so näher zu sein, je weiter
sie sich von uns entfernen. Oberhalb unseres Kopfes sind sie uns am näch=
sten. Da erscheinen sie deshalb auch parallel. Vor und hinter uns jedoch,
bei zunehmender Entfernung, scheinen sie sich einander zu nähern.
Bei der Annäherung an den Horizont scheinen sie gar in einem etwas
unter dem Horizont liegenden Punkte zusammenzulaufen.

Bei den Wolken wird diese Wirkung noch verstärkt durch die Tatsache,
daß die Enden der Linien tatsächlich tiefer liegen als die Mitte. Schon
wenn das Wolkenfirmament eine Ebene wäre, so würden, nach dem
Perspektivegesetz, die Wolkenlinien dem Horizont näher scheinen als der
mittlere Teil dem Beobachter und der Erdoberfläche. Das Wolken=
firmament (ABC in Abb. 81) ist aber keine Ebene, sondern eine Kugel=
fläche, die mit der Erdoberfläche DEF konzentrisch ist und den Hori=
zont GEH tatsächlich schneidet. Da nun der Abschnitt GBH dieser
Kugelfläche dem Beschauer erfahrungsgemäß als Halbkugel erscheint,
die Punkte G und H also dem Beschauer E genähert erscheinen, so

wird die scheinbar fächerför=
mige Anordnung der Wolken=
linien nur noch desto auf=
fallender.

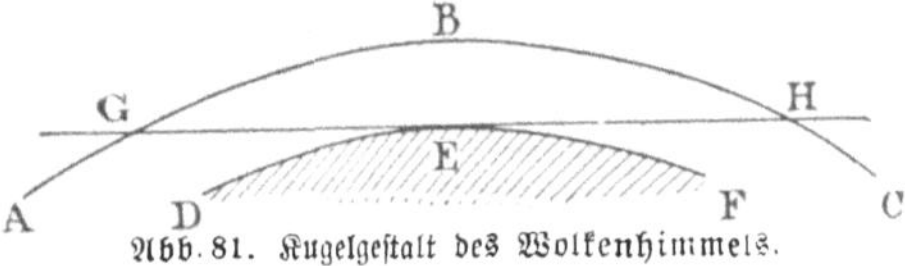

Abb. 81. Kugelgestalt des Wolkenhimmels.

3. Falsche Beurteilung von Höhen.

Der Anblick einer Landschaft ruft häufig, was die höhere und tiefere Lage ihrer Teile betrifft, ganz falsche Eindrücke in uns hervor.

Radfahrer, die sehr kleine Höhenunterschiede des Bodens leicht bemerken, entdecken nicht selten, daß ein Weg, der sich scheinbar ziemlich steil vor ihnen erhob, in Wirklichkeit horizontal, ja, manchmal sogar etwas abschüssig ist. Häufiger jedoch macht man die unangenehme Wahrnehmung, daß der Teil des Wegs, bei dem man auf bequemes Fahren hoffte, mehr oder weniger ansteigt.

Derartige Fehler beruhen meistens gar nicht auf ungenauem Sehen, sondern auf falscher Beurteilung des Gesehenen. Wir mißdeuten die Eindrücke, die durch eine horizontale Ebene hinter einer Steigung oder einer Senkung jenseits einer horizontalen Ebene, durch allmähliche Erweiterung oder Verengung des Weges, durch einen in den Schatten hinein oder aus ihm heraus führenden Weg, durch eine Zu- oder Abnahme in der Größe der am Wege stehenden Bäume und vieles andere hervorgerufen werden.

Wenige, aber wohlbekannte Beispiele sollen das genauer erläutern. Wir finden oft, daß ein Land, das uns von einem hohen Berge aus flach wie ein Tisch erschien, in Wirklichkeit leicht gewellt, selbst hügelig oder bergig ist, mit Erhebungen und Senkungen, hochliegenden Schlössern und tiefen Schluchten, großen hängenden Matten und Flüssen zwischen steilen, bewaldeten Gehängen. Die große Höhe, in der wir uns befanden, war an dem falschen Bilde schuld. Sie glättete alle Hügel und ließ das Land langweilig eben erscheinen.

Wenn wir jedoch — es wird wohl sehr befremdlich klingen — von einer gleich großen Erhebung auf einen bedeutenderen Berg sehen, der sich auf der anderen Talseite befindet, so wird uns derselbe steiler und höher erscheinen, als wenn wir ihn von unten sehen. Ebenso erscheint uns die See, wenn wir von einem naheliegenden Hügel auf dieselbe herabsehen, wie ein recht bedeutender Hügel, der sich von der Küste an erhebt. So bewirkt die Betrachtung einer Landschaft aus großer Höhe manchmal eine Verkleinerung der Hügel bis zu vollständigem Verschwinden, manchmal eine Vergrößerung derselben, ja, manchmal täuscht sie Hügel vor, wo gar keine sind.

Diese sich widersprechenden Wirkungen beruhen auf irrigen Urteilen, die dadurch hervorgerufen werden, daß wir das gewohnheitsmäßige

Urteil, das unter gewöhnlichen Verhältnissen erworben ist, für außer-
gewöhnliche Fälle anwenden.

Liegt der Aussichtspunkt tief unten, so wird das Dasein von Hügeln
und Tälern dadurch recht deutlich, daß die höher gelegenen Teile die
Aussicht auf den niedrigeren Boden hinter ihnen verdecken. Befindet
sich der Ausgangspunkt aber sehr hoch oben, so fehlt dem Auge dieser
Führer für die Beurteilung des Landes, denn das Auge sieht gleicherweise nieder auf die Oberfläche der Hügel, wie auf die der Täler, und
die Höhenunterschiede zwischen den höheren und tieferen Teilen sind so
gering im Vergleich zu ihrer Entfernung vom Auge des Beobachters,
daß sie von demselben kaum bemerkt werden. In solchen Fällen fehlt
es der Aussicht scheinbar an Höhen und Tiefen.

Ähnlich ist es in jenen Fällen, wo wir Höhen größer sehen, als sie
wirklich sind. Nehmen wir an, daß AB (Abb. 82) einen Strich flachen
Landes darstellt und BCD einen Hügel. Vertraut mit dem horizontalen Boden, beurteilen wir die Steilheit und Höhe des Hügels nach
der Größe des Winkels ABC.

Wenn aber anstatt der ebenen Fläche AB sich ein Hügel mit dem
Abhang BE erhebt und wir von E nach dem Hügel BCD schauen, so
haben wir nun EB statt AB als Grundlinie, und die Seite des gegenüberliegenden Hügels BC bildet mit seiner Grundlinie den Winkel EBC,
der viel kleiner ist als der Winkel ABC. Obgleich wir wissen, daß
die Grundlinie EB nicht horizontal ist wie AB, haben sich in unserem
Geist bestimmte Grade von Steilheit und Höhe so fest mit bestimmten
Steigungswinkeln der Abhänge verknüpft, daß uns BC weit steiler
und C weit höher erscheint als vorher. Und wenn wir von einer an der
Küste liegenden Höhe auf die See sehen, so erhalten wir aus demselben
Grunde leicht den Eindruck, als ob die Oberfläche des Meeres vom Beschauer aus hügelartig ansteigt.

Der Eindruck der Höhe eines Hügels, wie sie von einem gegenüber-
liegenden Hügel aus gesehen wird, kann aber auch noch durch zwei andere Ursachen gesteigert werden.

Jede Höhe er-

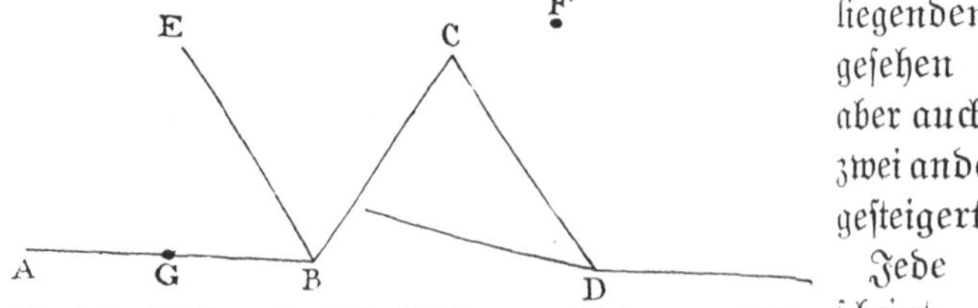

Abb. 82. Zur Erklärung der falschen Abschätzung von Steigungen und Höhen.

scheint von ihrer

Spitze gesehen bedeutender als von unten. Wir sehen einen Baum, einen Kirchturm oder einen steilen Hügel weit häufiger von unten als von der Spitze. Haben wir nun einmal Gelegenheit, einen Turm von der Spitze aus zu sehen, so macht seine Höhe einen viel stärkeren Eindruck und erscheint uns infolgedessen viel größer. Daher erscheint uns also auch ein Hügel von seiner Spitze aus gesehen höher als vom Tale, und ein gegenüberliegender Hügel von gleicher Höhe nimmt an dieser Zunahme der scheinbaren Höhe teil.

Endlich werden einem Beobachter, der sich auf einer gegenüber= liegenden Höhe befindet, oft höhere Teile eines Hügels sichtbar, die von unten nicht zu sehen waren. Kehren wir noch einmal zu der Abb. 82 zurück, so finden wir, daß, wenn der Hügel BCD einen zweiten höheren Gipfel F hat, dieser von B oder G auf dem horizontalen Boden unsichtbar ist, da er von dem Abhange C verdeckt wird. Erklimmt man aber den gegen= überliegenden Hügel E, so wird er sichtbar. So gibt es verschiedene Gründe, weshalb ein Hügel von einer gegenüberliegenden Höhe gesehen größer erscheint, während andererseits kleine Hügel, die man von einem hohen Berge sieht, ihre tatsächlich vorhandene Höhe zu verlieren scheinen und sich vom ebenen Boden nicht mehr unterscheiden lassen.

4. Gesichtswahrnehmungen, die lückenhaft sind und lücken= los erscheinen.

Unser Auge nimmt an der Oberfläche und im Bau der Körper große Unterschiede wahr. Ein Schwamm, ein Haufen von Körnern, von Zucker oder Sand, alle diese Dinge sind deutlich porös, d. h. sie bestehen aus un= vollkommen zusammenhängendem Stoff. Sandstein, Ziegelsteine, Papier zeigen diesen Bau nicht so deutlich. Bei etwas genauerer Beobachtung erkennt man jedoch, daß auch sie aus teilweise getrennten Teilen, zwischen denen sich Hohlräume befinden, bestehen.

Viele andere Stoffe scheinen von ganz anderer Beschaffenheit zu sein. Die Oberfläche der Haut, des Nagels, eines Glases oder eines Metall= gegenstandes, ein Stück Wachs oder Blei, alle diese Dinge scheinen vollkommen zusammenhängend zu sein und keine Hohlräume zu haben.

Nähere Beobachtung lehrt jedoch, daß der gewonnene Eindruck irrig ist. Der Flügel eines Schmetterlings oder ein Blumenblatt sind, so gleichmäßig sie dem Auge auch erscheinen, doch alle aus vielen kleinen Teilen, gleichwie ein Haus aus Ziegelsteinen, aufgebaut.

Betrachtet man ein Blumenblatt durch das Mikroskop, so findet man, daß es wie in Abb. 83 *A* aussieht; die runden oder abgerundeten Teilchen sind getrennte, farbige Zellen, zwischen denen sich farblose Zellwände befinden. *B* zeigt uns, ebenfalls stark vergrößert, die Schuppen eines Schmetterlingsflügels. In ihrer natürlichen Lage auf dem Flügel sind sie alle in gleicher Richtung befestigt, die eine greift über die andere gleich den Ziegeln eines Daches.

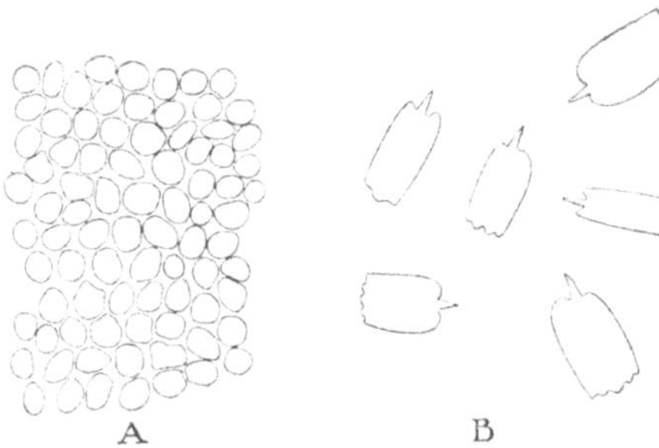

Abb. 83.   Beispiele für scheinbare Kontinuität.

Dieselbe Erscheinung zeigt sich an anderen Dingen schon ohne die Hilfe des Mikroskops. Das Feld, das im Mai in einer Entfernung von einem Kilometer wie ein großes Stück glänzenden Smaragds aussieht, besteht in Wirklichkeit aus Millionen von getrennten Grashalmen. Und wenn im September gewisse Flächen unseres Vaterlandes aus der Ferne in einen riesengroßen Purpurmantel gehüllt erscheinen, so sind es in Wirklichkeit zahllose, vom Abendsonnenstrahl getroffene Heidekrautblüten, die uns eine nicht vorhandene Lückenlosigkeit vortäuschen.

So müssen wir stets auf der Hut sein, eine Substanz für lückenlos zu halten, weil sie so aussieht. Die Sache ist einfach die, daß es eine Grenze für die Kleinheit der in unseren Augen entstehenden Bilder gibt, wo diese keine Einzelvorstellungen in unserem Gehirn mehr hervorrufen können. Sind ihrer dann viele beieinander, so vereinigen sie sich zu gemeinsamer Wirkung und rufen den Eindruck der Kontinuität (Lückenlosigkeit) hervor, wo in Wirklichkeit das Gegenteil, nämlich Diskontinuität, vorhanden ist.

V. Die Ohren als falsche Zeugen.

1. Das Bauchreden.

Das Ohr kann nicht beurteilen, aus welcher Richtung oder aus welcher Entfernung ein Ton kommt. Es kann nur die Stärke, Höhe und Klangfarbe wahrnehmen. Daraus kann dann allerdings das Gehirn seine Schlüsse ziehen. Wir beginnen mit folgendem Experiment

(Abb. 84). Jemand setzt sich mit verbundenen Augen auf einen Stuhl.
Zwei andere Personen stehen neben ihm, zu jeder Seite eine. Eine
von ihnen hält in der Hand zwei Münzen, mit denen sie klappern kann.
Sie kann sich auch irgendeines anderen Gegenstandes, mit dem sie ein
leises Geräusch hervor-
zubringen vermag, be-
dienen. Das Geräusch
wird an verschiedenen
Orten in der Sym-
metrieebene des Kopfes
erzeugt, und jedesmal
wird der Sitzende ge-
fragt, aus welcher Rich-

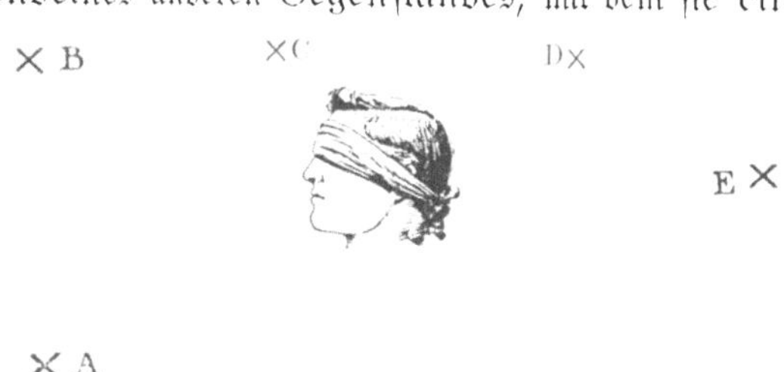

Abb. 84. Falsche Bestimmung der Schallrichtung.

tung das Geräusch kommt. Um die Hinweise, die durch das Geräusch
der Glieder und Ärmel gegeben werden, aufzuheben, bewegt die andere
Person ihre Hand jedesmal nach einem anderen Ort der Symmetrieebene.

Der Sitzende hat tatsächlich keine begründete Vorstellung davon,
wo der Ton entsteht. Er kann ja manchmal richtig raten, aber meistens
gibt er einen unrichtigen Ort an. Er wird häufig angeben, daß ein Ton
von D kommt, wenn er in Wirklichkeit von A kommt, und wird einen Ton,
der von F kommt, für einen in C erzeugten halten.

Es läßt sich allerdings einiges über die Richtung sagen, aber nicht
auf Grund der Angaben des Ohres allein. Die vom Ohre wahrgenom-
menen Tatsachen müssen vielmehr erst vom Verstand durchgearbeitet
werden. Das geschieht manchmal so schnell, daß es eher instinktive
als verstandesmäßige Tätigkeit zu sein scheint. Wenn z. B. bei dem beschriebenen Experiment das Geräusch ein wenig seitwärts von der
Mittellinie hervorgebracht wird, so wird es auch von dem Ohre auf jener
Seite deutlicher gehört, und die Versuchsperson gibt dann die Seite
in der Regel richtig an. Wenn wir ferner beurteilen wollen, in welcher
Gegend ein Kuckuck ruft, so finden wir durch Probieren diejenige Stellung
des Kopfes, bei welcher der Ton für das eine Ohr am lautesten ist. Drehen
wir den Kopf um, so zeigt sich, daß der Ruf nun vom anderen Ohr am stärksten wahrgenommen wird. Wir urteilen also, daß der Ton von jener
Seite kommt. Man sieht ein, daß hierbei das Ohr uns nur Angaben über
die Tonstärke, nicht über die Schallrichtung macht. Erst unser Verstand
zieht aus unserer Stellung und der Tonstärke weitere Schlüsse.

Ebenso ist das Ohr nicht fähig, die Entfernung eines Geräusches wahrzunehmen. Die folgenden Beispiele werden das zeigen. Zwei Personen schliefen in einem großen Zimmer, ihre Betten waren vielleicht 4 m voneinander entfernt. In der Stille der Nacht hörte der eine ein schwaches Geräusch, wie wenn jemand auf dem Kieswege, der dicht unter dem Fenster vorbeiführt, vorsichtig gehe, dann kurze Zeit stillstehe, gleichsam horchend oder in die Fenster schauend, und dann wieder leise weiter gehe. Er fragte seinen Freund, ob er jemand über den Kies schleichen höre, und ging, als dieser die Frage bejahte, zu einem der Fenster, um hinauszuschauen und zu horchen. Aber er hörte und sah nichts und ging wieder ins Bett. Dasselbe ereignete sich ein zweites Mal, und zwar mit demselben Resultat. Als er das Geräusch zum dritten Male hörte, stürzte er zum Fenster hin, riß es schnell auf und, indem er sich hinauslehnte und Umschau hielt, rief er den Fremdling an. Wieder war nichts zu sehen und zu hören. Als er nun das Fenster geschlossen hatte, horchte er sehr genau, bis das Geräusch wieder entstand, und entdeckte seinen Ursprung in dem Flattern eines Schmetterlings zwischen Vorhang und Glas des Fensters. Das schwache Geräusch in demselben Zimmer hatte so genau ein stärkeres, weiter entferntes nachgeahmt, daß zwei Leute, die sorgfältig horchten, vollkommen getäuscht wurden.

Nicht die Ohren hatten sie irregeführt. Die Ohren hatten lediglich Auskunft über Tonhöhe, Tonstärke und Tondauer gegeben, und hieraus hatte der Verstand bezüglich der Richtung und des Ursprungs falsche Schlüsse gezogen, weil es an der nötigen Zahl von Beobachtungen, die unter verschiedenen Umständen angestellt waren, fehlte.

Noch ein Beispiel ähnlicher Art! Jeder, der einige Zeit, etwa im August, in einer ackerbautreibenden Gegend zugebracht hat, kennt das laute Geräusch, das von der Dreschmaschine hervorgebracht wird, und weiß, daß es leicht erkennbar ist. Dieses Geräusch wurde einst deutlich in stiller Nacht gehört, so laut, wie wenn es von einem Bauernhof käme, der vielleicht 1/2 km entfernt war, zuweilen aufhörend, dann wieder einsetzend, manchmal lauter, manchmal leiser, wie wenn der Wind die Richtung und Geschwindigkeit des Schalles veränderte. Nun handelte es sich aber um die Vorstadt einer größeren Stadt, und der nächste Bauernhof lag 2 km entfernt hinter mehreren Hügeln; keine Dreschmaschine konnte so weit gehört werden. Überdies war es Mitternacht, und keine Dreschmaschine konnte zu dieser Zeit arbeiten. Eine sorgfältige Untersuchung zeigte, daß das Geräusch in gewissen Teilen des Zimmers deutlicher zu hören war als in anderen. Indem man dieser Fährte folgte, fand sich bald eine Stelle, wo das Geräusch sehr deutlich war und allerlei von jenen Nebengeräuschen aufwies, durch welche es genauer erkennbar wird. Schließlich stellte sich heraus, daß es von einem engen Spalt zwischen der Holzverkleidung des Fensters und der Mauer ausging, wo etwas Mörtel heruntergefallen war. Der Wind blies durch diese Spalte und versetzte ein bewegliches Stückchen Tapete, das über die Verkleidung vorragte, in Schwingungen. Dieses wirkte so wie die Zunge eines Blasinstruments und brachte Laute hervor, deren Stärke sich mit der Stärke des Windes veränderte.

Hier gibt wieder das Ohr Auskunft über Stärke, Höhe und Klangfarbe der Töne, der Verstand aber baut darauf anfangs falsche Schlüsse bezüglich der Herkunft des Schalles. Gewöhnlich folgt die Bildung des Urteils durch den Verstand unmittelbar auf die Wahrnehmung des Schalles durch das Ohr. Deshalb glauben wir meistens nicht nur zu hören, was für ein Ton es ist, sondern auch, woher er kommt. Dennoch ist die Bildung des Urteils verschieden von der Wahrnehmung des Schalles mittels des Ohres, und, je nachdem die anderen Bedingungen verschieden sind, kann auch das Urteil ein ganz verschiedenes werden.

Von dieser Tatsache macht auch der Bauchredner Gebrauch. Wenn jemand auf der Dachfirste entlang geht, so wird seine Stimme murmelnd und schwach ins Innere des Hauses dringen. Wenn er weiter ans Ende des Gebäudes geht, so wird sie schwächer und schwächer werden. Sitzen wir in einem Zimmer des Hauses, so kann unser Ohr uns über Richtung des Schalls und Entfernung der Person nichts sagen. Unser Verstand aber wird aus der Veränderung der Stimme schließen, daß ihr Besitzer von uns fort geht. Wenn gar die Stimme selbst uns sagen würde, daß ihr Besitzer die Dachfirste entlang geht, so würde diese Suggestion in uns leicht Wurzel schlagen. Wenn endlich jemand der draußen befindlichen Person etwas zurufen und verständige Antwort bekommen würde, so würde die Suggestion unwiderstehlich werden.

Das sind die Bedingungen, unter denen der Bauchredner arbeitet. Wenn die Reihe zu sprechen an dem Manne auf dem Dach ist, bringt der Bauchredner murmelnde und schwache Laute hervor, wenn die Reihe an ihm selbst ist, spricht er mit voller, klarer Stimme, um den Kontrast mit der anderen Stimme recht deutlich zu machen. Der Gegenstand seiner Bemerkungen und derjenigen seines angeblichen Partners vervollständigt die Suggestion. Der einzige schwache Punkt in dieser Täuschung könnte sein, daß die angebliche Stimme der außen befindlichen Person tatsächlich von dem Mann auf der Bühne kommt, d. h. aus falscher Richtung. Da aber das Ohr die Richtung nicht angibt und der Verstand mit Gründen zur Bildung eines falschen Urteils versorgt wird, so ist das in Wirklichkeit kein schwacher Punkt.

Hier sei bemerkt, daß die Bezeichnung „Bauchredner" nicht gut ist. Der Bauchredner muß vor seinen Zuhörern die Tatsache verbergen, daß, wenn die Reihe an seinem angeblichen Partner ist, er tatsächlich selbst spricht. Zu diesem Zwecke benutzt er verschiedene Kunstgriffe. Durch allerlei Gesten lenkt er die Augen der Zuhörer von sich ab. Indem er sich seitwärts beugt und die Hand an das Ohr hält, offenbar, um genau zu hören, ist er bestrebt, seine Lippen soweit wie möglich zu verbergen. Wenn er sein Gesicht nicht verbergen kann, so beschränkt er die Bewegung der Lippen auf das allernötigste. Es überrascht, zu sehen, wie geringe Gesichtsbewegungen ein geschickter Darsteller nötig hat. Dabei hilft der Umstand mit, daß oft nur undeutliches oder murmelndes Sprechen erforderlich ist. Die Benutzung der Lippen wird so gut verborgen, daß manche Leute wohl glauben, der Darsteller bringe die Stimme in einer tieferen Region hervor: daher der Name „Bauchredner".

2. Lückenhafte Schalleindrücke, die lückenlos erscheinen.

Gerade so wie getrennte Lichtreize, wenn sie zu nahe beieinander die Netzhaut des Auges treffen, oder wenn sie zu schnell aufeinander folgen, als zusammenhängend erscheinen, so ergeben sich aus ähnlichen Gründen auch auf dem Gebiete des Gehörten oft irrige Vorstellungen.

Wenn wir einen langgezogenen, sanften Ton vernehmen, so haben wir die Empfindung, als ob die Ursache dafür in einem ununterbrochen auf unser Ohr wirkenden Reiz zu suchen sei. Tatsächlich ist das aber nicht der Fall. Der sanfteste Ton wird durch eine Reihe von Luftwellen, die durch eine Aufeinanderfolge von Stößen auf die Luft veranlaßt wird, hervorgebracht. Diese Stöße werden bei Musikinstrumenten durch irgendwelche schwingenden Teile, bei Zungenpfeifen z. B. durch ein schwingendes Plättchen, die sogenannte Zunge, erzeugt.

Die Zahl der zur Hervorbringung eines Tones erforderlichen Stöße ist sehr verschieden; die tiefsten musikalischen Töne werden durch ungefähr 40, die höchsten durch 4000 Schwingungen in der Sekunde erzeugt. Wir können jedoch noch Töne wahrnehmen mit Schwingungszahlen zwischen 16 und 38 000 in der Sekunde.

Man könnte nun denken, daß, wenn Töne durch eine Aufeinanderfolge von Luftstößen hervorgebracht werden, wir dann auch eine Aufeinanderfolge getrennter Eindrücke haben müßten. Unter gewissen Umständen ist das in der Tat der Fall. Wenn ein Mann mit sehr tiefer Stimme spricht, während er seinen Rücken gegen eine Banklehne preßt, so nimmt eine andere Person, die sich auf dieselbe Lehne stützt, Schwingungen der Lehne wahr. Oder man legt die Hand auf Brust oder Rücken des Betreffenden, während er spricht, und veranlaßt ihn, etwa das Wort „neunzehn" auszusprechen. Wenn wir versuchen, Baßtöne hervorzubringen, die tiefer sind als die tiefsten Töne der Musikskala, so beginnen wir selbst mit dem Ohre die getrennten Schwingungen wahrzunehmen, denen diese Töne ihren Ursprung verdanken. Das ist auch der Grund, weshalb die Tonskala der Musik kleiner ist als die Skala der gehörten Töne.

Wie kommt es nun, daß die Schwingungen, falls sie mit einer gewissen Geschwindigkeit aufeinander folgen, nicht getrennte Eindrücke hervorrufen, sondern Töne, die uns erscheinen, als ob ihre Ursache ein gleichmäßiger, ununterbrochener Zustand wäre? Es beruht darauf, daß Gehörs= ebenso wie Gesichtseindrücke nicht in dem Augenblicke aufhören, wo der Reiz — also die Schallwelle — aufhört, sondern eine bestimmte Zeit andauern. Darauf beruht ja auch die Wirkung des Kinematographen. Da die vorgeführten Bilder überaus schnell wechseln, so ist der durch ein Bild im Auge hervorgerufene Eindruck noch vorhanden, wenn der nächste durch ein sehr ähnliches Bild erzeugt wird. Deshalb bemerken wir gar nicht, daß ein Bildwechsel stattfindet, und so kommt eine Wirkung zustande, wie wenn ein allmählicher Wechsel an einem und demselben Bilde stattfände.

So geht es nun auch mit Ton und Gehör. Jeder Gehörseindruck dauert eine gewisse Zeit an, und während er noch nachwirkt, entsteht schon ein anderer von gleicher Art, gleichsam als Fortsetzung des ersten. So erzeugt eine Reihe von einzelnen Schallbewegungen eine zusammenhängende Schallempfindung, einen Ton, immer vorausgesetzt, daß die Schwingungen schnell genug aufeinander folgen.

Hier haben wir wieder ein Beispiel dafür, daß unsere Sinne als Werkzeuge für wissenschaftliche Untersuchung (ohne Hilfe künstlicher Werkzeuge) unbrauchbar sind. Wenn sie nicht durch die Einwirkung dessen, was wir Zivilisation nennen, abgestumpft sind, sagen sie uns gewöhnlich sehr deutlich alles, was für uns als tierähnliche Wesen zu wissen nötig ist; aber sie sind unzuverlässig, wenn es darauf ankommt, die tieferen Ursachen der Erscheinungen zu ergründen.

VI. Das Gefühl als falscher Zeuge.

1. Das Wärmere erscheint kälter.

Wärme und Kälte sind Begriffe, die nur in Beziehung aufeinander Sinn haben, indem beide nur verschiedene Grade desselben Zustandes bedeuten; es sind sogenannte „relative Begriffe". Das gleiche gilt von unseren Wärme- und Kälteempfindungen. Einen Gegenstand nennen wir warm oder kalt, je nachdem seine Temperatur höher oder tiefer ist als die normale Temperatur unseres Körpers (37° C). Nun kann aber der Körperteil, etwa die Hand, welcher zur Prüfung der Temperatur dient, selbst vorher abgekühlt oder erhitzt sein. Daraus ergeben sich auffallende Täuschungen.

Man fülle 4 Gefäße mit Wasser. Die eine Wassermenge sei so warm, wie sie sein kann, ohne für die Hand unangenehm zu werden, die andere (B) kalt, und die beiden letzten (C und D) erhält man, indem man gleiche Teile der beiden ersten mischt, so daß ihre Temperatur eine mittlere ist. Nun lasse man eine Person, welche diese Vorbereitungen nicht gesehen hat, und der die Augen verbunden sind, um zu verhindern, daß sie von dem warmen Wasser Dampf aufsteigen sieht, die eine Hand eine Minute lang in das Wasser A, die andere in das Wasser B tauchen und dann sagen, welches das wärmere ist. Sie wird natürlich sagen, daß A wärmer ist als B. Nun lasse man die Hände herausziehen und bringe sie sofort in das Wasser C und D. Dann wird die Versuchsperson sicher sagen, daß D wärmer ist als C, wenn sie nicht den Versuch von früher her kennt und sich ein Vergnügen daraus macht, ihn zu stören.

Die Ursache des Irrtums ist sehr einfach. Die in das Wasser C getauchte Hand war vorher durch das Wasser A erwärmt worden; darum erschien C kühl oder kalt. Die das Wasser D prüfende Hand war vorher durch B abgekühlt; darum erschien D wärmer.

Der Widerspruch kann noch auffallender gemacht werden, indem man in das Gefäß C etwas mehr warmes Wasser tut als in D, so daß das Wasser C etwas wärmer ist als das Wasser D. Trotzdem wird der Empfindungsunterschied so groß sein, daß das Wasser C als das kältere bezeichnet wird. Die Überraschung für die Versuchsperson läßt sich noch steigern, wenn man statt der 2 Behälter C und D ein Gefäß benutzt, von solcher Größe, daß die Person nicht merken kann, daß es nur ein Gefäß ist. Nimmt man ihr dann, sobald die Hände eingetaucht sind, die Binde von den Augen, so sieht sie, daß die Hände, die sie in 2 verschiedene Wassermengen getaucht wähnte, sich beide in einem und demselben Gefäße befinden.

2. Schmerzen im Fuß, wenn das Bein amputiert ist.

Schmerzen in einem Gliede zu empfinden, das man nicht mehr besitzt, klingt absurd. Dennoch ist es eine nicht ungewöhnliche Erfahrung. Es kommt auch vor, daß wir in einem vorhandenen Gliede einen Schmerz fühlen, für den an dieser Stelle des Körpers gar keine Ursache vorhanden ist. Das kann sich in Träumen ereignen oder bei hysterischen Personen. Diese Erscheinung ist nicht weniger wunderbar als die erste.

Die Erklärung dafür ist die, daß der Schmerz seinen Sitz überhaupt nie in dem Gliede hat, wo wir ihn vermuten, sondern daß er auf Gehirnvorgängen beruht, daß er also seinen Sitz im Gehirn hat. Vom Gehirn aus verlaufen im Rückenmark innerhalb der Wirbelsäule Nervenfasern; Gruppen derselben zweigen sich von Zeit zu Zeit in die verschiedenen Körperteile ab, gerade so wie ein elektrischer Leitungsdraht oder mehrere von dem Kabel, das die Straße entlang läuft, in Städte, Dörfer oder einzelne Häuser abgehen. Nun kann einer dieser Drähte an einem Punkte, der weit von seinem Bestimmungsort entfernt ist, durchschnitten werden, und wenn nun durch ein mit seinem neuen Ende verbundenes Telephon dem Hauptamt eine Meldung zugeht, so wird der Empfänger glauben, daß diese von dem alten Endpunkt kommt.

So geht es auch bei der Durchschneidung eines Nervenstammes bei einer Amputation. Jede Nervenfaser führt zu einer bestimmten Stelle der Gliedmaßen oder des Körpers. Wenn der Nerv durchschnitten ist, so ist jede seiner Fasern durchschnitten. Beim Heilungsprozeß oder nachher, wenn die Zusammenziehung der Narbe oder irgend etwas

anderes einige der Fasern reizt, so kommt ein ähnliches Ergebnis zustande,
wie wenn die Faser sich noch bis zu ihrem ursprünglichen Bestimmungsort
fortsetzte und dort gereizt würde. Wenn z. B. die gereizten Fasern früher
zu der großen Zehe des rechten Fußes führten, so kann der Patient
in jenem Glied einen Schmerz oder ein Jucken verspüren, nachdem das
rechte Bein tatsächlich amputiert ist.

3. Augenblicklicher Gehorsam ist unmöglich.

Man sagt uns oft, daß wir dieses oder jenes augenblicklich tun sollen.
Diesem Befehl buchstäblich zu gehorchen, ist unmöglich.

Zuerst wird der erhaltene Befehl durch Nerven von dem Ohr oder dem
Auge zu dem Zentralverwaltungsbureau, dem Gehirn, befördert.
Nachdem hier der Empfang der Botschaft registriert und ihre Beziehung
zu anderen vorhergegangenen oder gleichzeitigen Ereignissen festgestellt
ist, sendet das Gehirn einen Befehl an die Hand oder den Fuß, welcher
die nötige Bewegung zur Ausführung des Befehls vorzunehmen hat.
Dieser letzte Befehl wird wieder durch Nerven an seinen Bestimmungsort geleitet. Nun verhalten sich die Nerven bei der Übermittlung von Botschaften ziemlich ebenso wie elektrische Leitungsdrähte. In einer Hinsicht
sind aber die Nerven von den Drähten sehr verschieden, nämlich in
der Geschwindigkeit, mit welcher sie ihre Botschaften übermitteln. Der
elektrische Strom bewegt sich in einem Draht mit einer Geschwindigkeit,
welche ihn befähigt, den Weg um die Erde mehrere Male in einer Sekunde
zu vollenden. Für geringe Entfernungen ist seine Wirkung also, praktisch gesprochen, eine augenblickliche. Die Geschwindigkeit der Nerven-
leitung ist nicht annähernd so groß. Man hat gefunden, daß sie nur
30 bis 45 Meter in der Sekunde beträgt.

Deshalb vergeht eine deutlich meßbare Zeit, während ein Befehl
vom Ohr oder Auge dem Gehirn übermittelt und der Befehl weiter vom
Gehirn zu den Muskeln befördert wird. Es ist deshalb für den willigsten
Diener theoretisch unmöglich, augenblicklich zu gehorchen. Dazu kommt,
daß es praktisch einen großen Unterschied macht, ob die Glocke zum Beginn
der Arbeit oder zur Beendigung derselben ruft.

4. Scheinbare Lückenlosigkeit von Berührungsreizen.

Die Haut des Rückens und der Arme kann Berührungsreize nicht
voneinander unterscheiden, wenn die berührten Punkte nur etwa 5 cm

voneinander entfernt sind. Wenn die Spitzen eines Zirkels so weit voneinander entfernt und gleichzeitig (nicht zu heftig, wenn sie sehr spitz sind) auf die Haut gesetzt werden, so hat man das Gefühl, als ob die Haut nur in einem Punkte berührt würde. So kann man feststellen, daß der Handrücken Berührungspunkte von 25 mm, die Handfläche solche von 10—12 mm, das Ende des Zeigefingers Punkte von etwa 2 mm Entfernung noch eben unterscheidet. Der empfindlichste Teil des Körpers ist in dieser Hinsicht die Zungenspitze; sie unterscheidet Reize von etwa 1 mm Entfernung.

Die kleinen Vorsprünge des Sandsteins oder einer ähnlichen Substanz, die voneinander eine geringere Entfernung haben als 1 mm, können deshalb nicht einzeln empfunden werden. Daß solche Vorsprünge vorhanden sind, kann allerdings durch die „Rauheit" dieser Gegenstände festgestellt werden, d. h. durch die bestimmte Art von Reibung, welche sie hervorbringen, sobald etwa ein Finger daran entlang bewegt wird.

Manche Stoffe aber, wie z. B. Glas, glasiertes Geschirr, poliertes Metall, machen selbst auf die empfindlichsten Teile unseres Berührungs-Sinnesorgans (der Haut) einen unbedingt glatten und lückenlosen Eindruck. Dann zeigt aber häufig das Mikroskop, daß die anscheinende Glätte und Lückenlosigkeit nur relativ sind. Polierte Metalloberflächen zeigen deutlich kristallinischen Bau und demgemäß eine Körnelung. Anscheinend ganz gerade Kanten zeigen ein sägeähnliches Aussehen, wenn sie genügend vergrößert werden. Es geht mit dem Berührungssinn wie mit den anderen Sinnen: die Lückenlosigkeit, welche wir an den Dingen festzustellen glauben, ist nur die Folge der Unvollkommenheit unserer Sinneseinrichtungen.

Das Feuerzeug. Von Ch. M. Tidy. Bearb. von Chemiker und Ingenieur P. Pfannenschmidt. Mit 40 Fig. Geb. M. 11.40

„Es ist dem Verfasser dieses spannenden Buches bestens gelungen, jugendlichen Lesern chemische und physikalische Erscheinungen ohne Vorkenntnisse klarzumachen."   (Himmel und Erde.)

Mathematische Experimentiermappe für den geometrischen Anfangsunterricht. Von Prof. Dr. G. Noodt. 9 Tafeln mit vorgezeichneten Figuren mathematischer Modelle, Werkzeug und Material zur Herstellung sowie erläuternder Leitfaden. Preis in Karton . . . . M. 24.—

„Ausgehend von ganz elementaren Gebilden, führt das Buch weiter bis zur Herstellung von Körpermodellen, von beweglichen Modellen usw. Wir meinen, daß die hübsche Beschäftigung unserer Jugend gefallen und die Liebe zur Mathematik wecken muß."   (Schlesische Zeitung.)

Physikalisches Experimentierbuch. Von Stud.-Rat Prof. H. Rebenstorff. I. Für jüngere und mittlere Schüler. 2. Aufl. Mit 99 Abb. M. 23.— II. Für mittlere und reife Schüler. Mit 87 Abb. Geb. M. 18.—

„Es ist ein großer Genuß zu lesen, wie der Verfasser selbst schwierige Dinge mit ganz einfachen Hilfsmitteln finden lehrt. Ganz reizende Versuche über Oberflächenspannung, Luftgewicht und Gasdruck, empfindliche Flammen usw. müssen ein Vergnügen für den experimentierenden Jungen sein."   (Blätter für das bayerische Gymnasialwesen.)

Chemisches Experimentierbuch. Von Prof. Dr. K. Scheid. 2 Teile. I. Für mittlere Schüler. 4. Aufl. Mit 77 Abb. Geb. M. 18.—. II. 2. Aufl. Mit 51 Abb. Für reifere Schüler. Geb. M. 20.—

In meisterhafter Weise leitet der Verfasser zum Experimentieren mit „alltäglichen" Dingen wie Soda, Kalk, Seife, Essig, Wasser, Kohlensäure, Sand usw. an und bietet damit eine Menge chemischer Tatsachen und Naturgesetze. Nicht Salonzauberkunst, sondern ernste Wissenschaft in heiterem Gewande.

Biologisches Experimentierbuch. Anleitung zum selbsttätigen Studium der Lebenserscheinungen für jugendliche Naturfreunde. Mit 100 Abbildungen. Von Prof. Dr. C. Schäffer. Geb. M. 20.—

„Man merkt es dem Buch fast auf jeder Seite an, daß es aus der Praxis heraus entstanden ist. Besonders ausführlich und empfehlenswert sind die Kapitel über Ameisen, Bienen und Wespen; hier ist viel von dem Material der modernen Tierpsychologie in vorbildlicher Weise verwertet. Die Ausstattung des Werkchens ist gut."   (Südwestdeutsche Schulblätter.)

Einführung in die Biologie. Von Prof. Dr. K. Kraepelin. Bearb. von Prof. Dr. C. Schäffer. Gr. Ausgabe. 5., verb. Aufl. Mit 461 Textb., 1 schw. Tafel, 4 Tafeln in Buntdruck und 3 Karten. Geb. M. 35.—. Kl. Ausgabe. Mit 333 Abb., 1 schw. Tafel sowie 4 Taf. u. 2 Kart. in Buntdruck. Geb. M. 16.20

„Jeder wird dieses Buch mit hohem Genuß lesen und zugeben müssen, daß hier ein Schatz kostbarer Gedanken ausgebreitet liegt, von dem der Gebildete, mehr, als es heute der Fall zu sein pflegt, mit ins Leben hinausnehmen müßte."   (Deutsche Literatur-Zeitung.)

Naturstudien. Von Prof. Dr. K. Kraepelin. Mit Zeichnungen von O. Schwindrazheim. Gebd. Im Hause. 5. Aufl. durchges. von Dr. C. W. Schmidt. M. 24.—. Im Garten. 4. Aufl. M. 24.—. In Wald und Feld. 4. Aufl. M. 24.—. In der Sommerfrische. 2. Aufl. M. 24.—. In fernen Zonen. M. 24.—. **Volksausgabe.** Eine Auswahl. 3. Aufl. M. 12.—

Der deutschen Jugend Handwerksbuch. Hrsg. von Geh. Ober-Reg.-Rat Prof. Dr. L. Pallat. Teil I. 3. Aufl. Mit 117 Abb. u. 1 farb. Tafel. Geb. M. 20.—. Teil II. 2. Aufl. Mit 136 Abb. u. 3 farb. Taf. Geb. M. 32.—

„Da lernt man spielend Bastelarbeiten, Zuschnitte aus Papier, Pappe und Blech und die Kunst des Leimens, Herstellung von Festschmuck und schön gezeichneten Schmuckpapieren, die Bearbeitung von Holz zu Spielgeräten und Schnitzwerk. Klar und einfach sind die zahlreichen Abbildungen, außerordentlich mannigfaltig die schönen Sachen, die man mit wenigen und billigen Hilfsmitteln selbst verfertigen kann. Das Buch wird viel Freude bereiten."   (Köln. Volkszeitung.)

Verlag von B. G. Teubner in Leipzig und Berlin